全国二级注册建造师继续教育教材

矿业工程

中国建设教育协会继续教育委员会　组织
本书编审委员会　编写

中国建筑工业出版社

图书在版编目（CIP）数据

矿业工程/中国建设教育协会继续教育委员会组织；
本书编审委员会编写. —北京：中国建筑工业出版
社，2019.4

全国二级注册建造师继续教育教材

ISBN 978-7-112-23496-7

Ⅰ.①矿…　Ⅱ.①中…②本…　Ⅲ.①矿业工程-继
续教育-教材　Ⅳ.①TD

中国版本图书馆 CIP 数据核字（2019）第 050681 号

按照国家关于开展注册建造师继续教育的方针和要求，本教材结合矿业工程
注册建造师从业的特点、性质和实际需要，坚持矿业工程技术和管理相结合，并
以建设法规为依据，按照《矿业工程注册建造师继续教育大纲》要求的内容，以
工程实例为主体，全面介绍我国矿业工程专业工程建设法规、标准及施工新技术
和管理案例。注重突出培养注册建造师组织、协调和综合管理的能力。

责任编辑：葛又畅　李　明
责任校对：张　颖

全国二级注册建造师继续教育教材
矿业工程
中国建设教育协会继续教育委员会　组织
本书编审委员会　编写
*
中国建筑工业出版社出版、发行（北京海淀三里河路 9 号）
各地新华书店、建筑书店经销
霸州市顺浩图文科技发展有限公司制版
天津安泰印刷有限公司印刷
*
开本：787×1092 毫米　1/16　印张：12 字数：293 千字
2019 年 6 月第一版　2019 年 6 月第一次印刷
定价：**48.00** 元
ISBN 978-7-112-23496-7
（32122）

本书编审委员会

主　　编：刘志强

主　　审：贺永年

副 主 编：黄　莺

编写人员：（以姓氏笔画为序）

　　　　　王鹏越　王　博　吕建青　李艮桥

　　　　　陈坤福　惠安社　韩　涛

前言
FOREWORD

根据住房和城乡建设部《注册建造师管理规定》和《注册建造师继续教育管理办法》的规定，由中国建设教育协会继续教育委员会组织相关专业技术和工程管理专家、学者编写完成了本教材。

按照国家关于开展注册建造师继续教育的方针和要求，本教材结合矿业工程注册建造师从业的特点、性质和实际需要，坚持矿业工程技术和管理相结合，并以建设法规为依据，按照《矿业工程注册建造师继续教育大纲》要求的内容，以工程实例为主体，全面介绍我国矿业工程专业工程建设法规、标准及施工新技术和管理案例，注重突出培养注册建造师组织、协调和综合管理的能力。

本教材主要内容包括三个部分，第一部分是矿业工程新颁布的法规和标准，重点介绍《煤矿安全规程》(2016)、《煤矿防治水细则》和煤与瓦斯防治的相关规定等新法规，以及矿山安全生产行业标准管理规定、《建筑基坑工程监测技术标准》和《建筑基坑支护技术规程》等新标准；第二部分是矿业工程施工新技术，具体介绍了立井井筒、巷道的施工新技术，矿用注浆堵水新技术以及地面工程施工新技术；第三部分是矿业工程项目施工管理，通过具体工程实例，介绍矿业工程项目施工和管理技术，包括矿山建设施工组织管理、井巷施工质量控制、井巷施工安全管理以及矿山地面建筑工程施工管理案例等。

教材在编写过程中，得到了矿业工程专业建造师所在行业各专业协会的大力支持，中国煤炭建设协会、中国冶金建设协会等单位，为教材的编写提供了许多有价值的资料。特别感谢中煤第一建设公司、中煤第五建设公司、中国华冶科工集团等单位，为教材编写提供的具体资料。同时也特别感谢中国矿业大学和西安建筑科技大学，在教材编写方面所做的大量具体撰写工作和对此工作所给予的大力支持。

本教材虽然经过反复论证、修改和征求意见，难免有不足之处，特别是部分案例的分析还不够充分和完整，诚请各位专家和读者提出宝贵意见，以待教材进一步修订和完善。

目录
CONTENTS

1

矿业工程新颁布的法规、标准

1.1　新法规

1.1.1　《煤矿安全规程》（2016）

1.《煤矿安全规程》由来与发展

《煤矿安全规程》作为一部部门规章是依据中华人民共和国国务院令（第322号）《规章制定程序条例》由国务院安全管理部门制定解释的。从1951年9月原燃料工业部组织制订的第一部煤矿规程《煤炭技术保安试行规程（草案）》，到2004年前后经过燃料工业部、煤炭工业部、能源部、国家安全生产监督总局的制订、修订，前后共制订、修订《煤炭技术保安试行规程》《煤矿保安暂行规程》《煤矿安全试行规程》《煤矿安全规程》9部《规程》（不包括2016版）。2004年到2011年前后7年间针对《煤矿安全规程》部分条款进行了4次局部修改。2015年针对《煤矿安全规程》中存在的问题国家安监总局启动了《煤矿安全规程》的再次修订，修订完成后经2015年12月22日国家安全生产监督管理总局第13次局长办公会议审议通过，2016年2月25日以国家安全生产监督管理总局第87号令发布，2016年10月1日起执行。

2.《煤矿安全规程》法律地位

我国安全生产法律体系为安全生产基本法律（安全生产法、煤炭法、矿山安全法、职业病防治法）等，安全生产法规（行政法规、地方性安全生产法规），安全生产规章（部门规章、地方性安全生产规章），安全规程的标准（国家标准、行业标准）几个层级。《煤矿安全规程》属于安全生产规章。

3.《煤矿安全规程》（2016）修订原则

（1）突出依法依规和预防为主原则。遵循国家安全生产和煤炭行业颁布的方针政策和法律法规，认真总结吸取近十几年来的煤矿事故教训，坚持"安全第一、预防为主、综合治理"的方针，体现经济社会发展要求和科学技术进步水平，落实煤矿企业主体责任，为实现煤炭行业健康快速发展提供有力保障。

（2）提高保安性和可操作性原则。新《规程》既要充分体现保障安全生产的基本要求，即"红线"不能突破，又要符合当前经济社会发展要求和煤矿生产力发展水平，具有可操作性特点。所有条款都坚持基于在煤矿企业能实现、可执行、用得上。新《规程》框架以外具体的技术方法、指标等可参考各专业的相关标准、规定执行。

（3）体现科学性和合理性原则。即划线指标要科学，符合市场经济和煤炭科技进步的客观规律。所有规定条款包括安全系数、气体浓度指标、设备检修频率等，既要体现科学性、求实性，又要考虑到区域地质状况和开采技术水平发展的不平衡性。

（4）保持权威性和稳定性原则。《规程》修订并非推倒重来，重点在完善、提升、查缺补漏上下功夫，这就要求科技术语、法定计量单位、技术标准、体例格式等与国家相关要求保持一致，辞令严谨，经得起推敲和实践检验。

（5）体现科技进步，鼓励新工艺、新技术、新材料、新装备的原则。随着信息化管控水平的提高，在井下某些地点甚至是重要地点推广无人值守、减人提效技术已经成为很多人的共识，即实现井下"无人则安"。《规程》修订确保体现先进生产力的发展方向，不迁就保护落后。

4.《煤矿安全规程》（2016）部分条款及解读

本次《煤矿安全规程》修订调整比较大，整体结构进行了大的调整，由原来的总则、井工部分、露天部分、职业危险四编调整整编为总则、地质保障、井工煤矿、露天煤矿、职业病危害防治、应急救援六大部分。地质保障一编从原来的内容中单独列出并进行了增补；在井工煤矿一编中又单独将建井时期的施工安全保障单独列为一章"矿井建设"。下面就相关条款及部分解读做介绍。

（1）总则部分修订保障规定

修订后明确了《煤矿安全规程》的立法宗旨和立法依据。胡锦涛——要始终把人民群众的生命安全放在首位；习近平——发展，不能以牺牲人的生命为代价。这要作为一条不可逾越的红线，是制定本规程的目的与依据。为保障煤矿安全生产和从业人员的人身安全与健康，防止煤矿事故与职业病危害，根据《煤炭法》《矿山安全法》《安全生产法》《职业病防治法》《煤矿安全监察条例》和《安全生产许可证条例》等，制定该规程。

从事煤炭生产与煤矿建设的企业（以下统称煤矿企业）必须遵守国家有关安全生产的法律、法规、规章、规程、标准和技术规范。

煤矿企业必须加强安全生产管理，建立健全各级负责人、各部门、各岗位安全生产与职业病危害防治责任制。煤矿企业必须建立健全安全生产与职业病危害防治目标管理、投入、奖惩、技术措施审批、培训、办公会议制度，安全检查制度，事故隐患排查、治理、报告制度，事故报告与责任追究制度等。煤矿企业必须建立各种设备、设施检查维修制度，定期进行检查维修，并做好记录。煤矿企业必须制定本单位的作业规程和操作规程。

新增要求煤矿企业必须设置专门机构负责煤矿安全生产与职业病危害防治管理工作，配备满足工作需要的人员及装备。煤矿建设项目的安全设施和职业病危害防护设施，必须与主体工程同时设计、同时施工、同时投入使用。对作业场所和工作岗位存在的危险有害因素及防范措施、事故应急措施、职业病危害及其后果、职业病危害防护措施等，煤矿企业应当履行告知义务，从业人员有权了解并提出建议。煤矿安全生产与职业病危害防治工作必须实行群众监督。煤矿企业必须支持群众组织的监督活动，发挥群众的监督作用。

针对煤矿建设及施工企业要求，煤矿企业在编制生产建设长远发展规划和年度生产建设计划时，必须编制安全技术与职业病危害防治发展规划和安全技术措施计划。安全技术措施与职业病危害防治所需费用、材料和设备等必须列入企业财务、供应计划。

煤炭生产与煤矿建设的安全投入和职业病危害防治费用提取、使用必须符合国家有关规定。

（2）地质保障

这是此次修订新增章节，原来分散在旧版《煤矿安全规程》各个章节的零星分散内容，这次相对集中在一编中进行了编排。

1）有关地质资料的规定

煤矿企业应当设立地质测量（简称地测）部门，配备所需的相关专业技术人员和仪器设备；应当及时编绘反映煤矿实际的地质资料和图件，建立健全煤矿地测工作规章制度。

当煤矿地质资料不能满足设计需要时，不得进行煤矿设计。矿井建设期间，因矿井地质、水文地质等条件与原地质资料出入较大时，必须针对所存在的地质问题开展补充地质勘探工作。

地质资料不全的情况所指：原勘探程度不能达到煤矿地质保障工作最低要求的；煤炭资源勘探遗留有重大地质、瓦斯地质、水文地质和工程地质问题或经采掘工程揭露证实地质、瓦斯地质、水文地质和工程地质条件有重大变化；井田内老窑或周边相邻井田采空区未查清；资源整合、水平延深、新采区或井田范围扩大时，原地质勘探报告不能满足煤矿设计要求；提高资源、储量级别或新增资源、储量；其他专项安全工程要求。

2）井筒设计施工有关地质保障规定

① 井筒设计前，必须按下列要求施工井筒检查孔：

立井井筒检查孔距井筒中心不得超过 25m，且不得布置在井筒范围内，孔深应当不小于井筒设计深度以下 30m。地质条件复杂时，应当增加检查孔数量。

斜井井筒检查孔距井筒纵向中心线不大于 25m，且不得布置在井筒范围内，孔深应当不小于该孔所处斜井底板以下 30m。检查孔的数量和布置应当满足设计和施工要求。

井筒检查孔必须全孔取芯，全孔数字测井；必须分含水层（组）进行抽水试验，分煤层采测煤层瓦斯、煤层自燃、煤尘爆炸性煤样；采测钻孔水文地质及工程地质参数，查明地质构造和岩（土）层特征；详细编录钻孔完整地质剖面。

② 新建矿井开工前必须复查井筒检查孔资料；调查、核实钻孔位置及封孔质量，采空区情况，邻近矿井生产情况和地质资料等，将相关资料标绘在采掘工程平面图上；编制主要井巷揭煤、过地质构造及含水层技术方案；编制主要井巷工程的预想地质图及其说明书。

③ 井筒施工期间应当验证井筒检查孔取得的各种地质资料。当发现影响施工的异常地质因素时，应当及时采取探测和预防措施。

④ 煤矿建设、生产阶段，必须对揭露的煤层、断层、褶皱、岩浆岩体、陷落柱、含水岩层、矿井涌水量及主要出水点等进行观测及描述，综合分析，实施地质预测、预报。

⑤ 井巷揭煤前，应当探明煤层厚度、地质构造、瓦斯地质、水文地质及顶底板等地质条件，编制揭煤地质说明书。

（3）矿井建设

本章是此次专门针对矿井建设的要求。以前版本的《规程》有关建井的内容是分散在井工煤矿一章中，此次修订本章单独列出并进行了补充。

1）基本规定

针对项目建设、设计、勘察、施工、监理参与方，在项目实施中各自承担的责任做出了明确的要求。

煤矿建设单位和参与建设的勘察、设计、施工、监理等单位必须具有与工程项目规模相适应的能力。国家实行资质管理的，应当具备相应的资质，不得超资质承揽项目。有突出危险煤层的新建矿井必须先抽后建。矿井建设开工前，应当对首采区突出煤层进行地面钻井预抽瓦斯，且预抽率应当达到 30％以上。建设单位必须落实安全生产管理主体责任，履行安全生产与职业病危害防治管理职责。煤矿建设、施工单位必须设置项目管理机构，配备满足工程需要的安全人员、技术人员和特种作业人员等。

2）矿井建设期间的安全出口要求

开凿或者延深立井时，井筒内必须设有在提升设备发生故障时专供人员出井的安全设施和出口；井筒到底后，应当先短路贯通，形成至少 2 个通达地面的安全出口。相邻的两条斜井或者平硐施工时，应当及时按设计要求贯通联络巷。

采用冻结法施工井筒时，应当在井筒具备试挖条件后施工。风硐口、安全出口与井筒连接处应当整体浇筑，并采取安全防护措施。拆除临时锁口进行永久锁口施工前，在永久锁口下方应当设置保护盘，并满足通风、防坠和承载要求。

3）采用冻结法开凿立井井筒应当遵守下列规定：

冻结深度应当穿过风化带延深至稳定的基岩 10m 以上。基岩段涌水较大时，应当加深冻结深度。第一个冻结孔应当全孔取芯，以验证井筒检查孔资料的可靠性。钻进冻结孔时，必须测定钻孔的方向和偏斜度，测斜的最大间隔不得超过 30m，并绘制冻结孔实际偏斜平面位置图。偏斜度超过规定时，必须及时纠正。因钻孔偏斜影响冻结效果时，必须补孔。

水文观测孔应当打在井筒内，不得偏离井筒的净断面，其深度不得超过冻结段深度。

冻结管应当采用无缝钢管，并采用焊接或者螺纹连接。冻结管下入钻孔后应当进行试压，发现异常时，必须及时处理。

开始冻结后，必须经常观察水文观测孔的水位变化。只有在水文观测孔冒水 7 天且水量正常，或者提前冒水的水文观测孔水压曲线出现明显拐点且稳定上升 7 天，确定冻结壁已交圈后，才可进行试挖。在冻结和开凿过程中，要定期检查盐水温度和流量、井帮温度和位移，以及井帮和工作面盐水渗漏等情况。检查应当有详细记录，发现异常，必须及时处理。

开凿冻结段采用爆破作业时，必须使用抗冻炸药，并制定专项措施，爆破技术参数应当在作业规程中明确。

在掘进施工过程中，必须有防止冻结壁变形和片帮、断管等的安全措施。生根壁座应当设在含水较少的稳定坚硬岩层中。

冻结深度小于 300m 时，在永久井壁施工全部完成后方可停止冻结；冻结深度大于300m 时，停止冻结的时间由建设、冻结、掘砌和监理单位根据冻结温度场观测资料共同研究确定。冻结井筒的井壁结构应当采用双层或者复合井壁，井筒冻结段施工结束后应当及时进行壁间充填注浆。注浆时壁间夹层混凝土温度应当不低于 4℃，且冻结壁仍处于封闭状态，并能承受外部静水压力。

在冲积层段井壁不应当预留或者后凿梁窝。当冻结孔穿过布有井下巷道和硐室的岩层时，应当采用缓凝浆液充填冻结孔壁与冻结管之间的环形空间。冻结施工结束后，必须及时用水泥砂浆或者混凝土将冻结孔全孔充满填实。

采用竖孔冻结法开凿斜井井筒应当遵守下列规定：

沿斜长方向冻结终端位置应当保证斜井井筒顶板位于相对稳定的隔水地层 5m 以上，每段竖孔冻结深度应当穿过斜井冻结段井筒底板 5m 以上。沿斜井井筒方向掘进的工作面，距离每段冻结终端不得小于 5m。冻结段初次支护及永久支护距掘进工作面的最大距离、掘进到永久支护完成的间隔时间必须在施工组织设计中明确，并制定处理冻结管和解冻后防治水的专项措施。永久支护完成后，方可停止该段井筒冻结。

采用装配式金属模板砌筑内壁时，应当严格控制混凝土配合比和入模温度。混凝土配合比除应当满足强度、坍落度、初凝时间、终凝时间等设计要求外，还应当采取措施减少水化热。脱模时混凝土强度不应当小于 0.7MPa，且套壁施工速度每 24h 不得超过 12m。

4）采用钻井法开凿立井井筒必须遵守规定：

钻井设计与施工的最终位置必须穿过冲积层，并进入不透水的稳定基岩中 5m 以上。

钻井临时锁口深度应当大于 4m，且应当进入稳定地层中不小于 3m，遇特殊情况应当采取专门措施。

钻井期间，必须封盖井口，并采取可靠的防坠措施；钻井泥浆浆面必须高于地下静止水位 0.5m，且不得低于临时锁口下端 1m；井口必须安装泥浆浆面高度报警装置。

泥浆沟槽、泥浆沉淀池、临时蓄浆池均应当设置防护设施。泥浆的排放和固化应当满足环保要求。

钻井时必须及时测定井筒的偏斜度。偏斜度超过规定时，必须及时纠正。井筒偏斜度及测点的间距必须在施工组织设计中明确。钻井完毕后，必须绘制井筒的纵横剖面图，井筒中心线和截面必须符合设计要求。

井壁下沉时井壁上沿应当高出泥浆浆面 1.5m 以上。井壁对接找正时，内吊盘工作人员不得超过 4 人。

下沉井壁、壁后充填及充填质量检查、开凿沉井井壁的底部和开掘马头门时，必须制定专项措施。

5）斜井（巷）施工应当遵守的规定：

明槽开挖必须制定防治水和边坡防护专项措施。由明槽进入暗硐或者由表土进入基岩采用钻爆法施工时，必须制定专项措施。施工 15°以上斜井（巷）时，应当制定防止设备、轨道、管路等下滑的专项措施。由下向上施工 25°以上的斜巷时，必须将溜矸（煤）道与人行道分开。人行道应当设扶手、梯子和信号装置。斜巷与上部巷道贯通时，必须有专项措施。

6）建井施工设备使用与配备的基本要求

① 使用伞钻应当遵守的规定：

井口伞钻悬吊装置、导轨梁等设施的强度及布置，必须在施工组织设计中验算和明确。伞钻摘挂钩必须由专人负责。伞钻在井筒中运输时必须收拢绑扎，通过各施工盘口时必须减速并由专人监视。伞钻支撑完成前不得脱开悬吊钢丝绳，使用期间必须设置保险绳。

② 使用抓岩机应当遵守的规定：

抓岩机应当与吊盘可靠连接，并设置专用保险绳。抓岩机连接件及钢丝绳，在使用期间必须由专人每班检查 1 次。抓矸完毕必须将抓斗收拢并锁挂于机身。

③ 使用挖掘机应当遵守的规定：

严禁在作业范围内进行其他工作和行人。2 台以上挖掘机同时作业或者与抓岩机同时作业时应当明确各自的作业范围，并设专人指挥。下坡运行时必须使用低速挡，严禁脱挡滑行，跨越轨道时必须有防滑措施。作业范围内必须有充足的照明。

④ 立井井筒装备安装施工应当遵守下列规定：

井筒未贯通严禁井筒装备安装施工。突出矿井进行煤巷施工，且井筒处于回风状态时，严禁井筒装备安装施工；封口盘预留通风口应当满足通风要求；吊盘、吊桶（罐）、悬吊装置的销轴在使用前应当进行无损探伤检测，合格后方可使用；吊盘上放置的设备、材料及工具箱等必须固定牢靠；在吊盘以外作业时，必须有牢靠的立足处；严禁吊盘和提升容器同时运行，提升容器或者钩头通过吊盘的速度不得大于 0.2m/s。

建井期间应当形成双回路供电。当任一回路停止供电时，另一回路应当能担负矿井全部用电负荷。暂不能形成双回路供电的，必须有备用电源，备用电源的容量应当满足通风、排水和撤出人员的需要。

高瓦斯、煤与瓦斯突出、水文地质类型复杂和极复杂的矿井进入巷道和硐室施工前，其他矿井进入采区巷道施工前，必须形成双回路供电。

⑤ 建井期间采用吊桶提升时，应当遵守的规定：

采用阻旋转提升钢丝绳；吊桶必须沿钢丝绳罐道升降，无罐道段吊桶升降距离不得超过 40m；悬挂吊盘的钢丝绳兼作罐道绳时，必须制定专项措施；吊桶上方必须装设保护伞帽；吊桶翻矸时，井盖门不得打开；在使用钢丝绳罐道时，最大不超过 7m/s；无罐道绳段，不得超过 1m/s。提升机松绳保护装置应当接入报警回路。乘坐人员必须挂牢安全绳，严禁身体任何部位超出吊桶边缘；不得人、物混装；严禁用自动翻转式、底卸式吊桶升降人员；吊桶提升到地面时，人员必须从井口平台进出吊桶，并只准在吊桶停稳和井盖门关闭后进出吊桶；吊桶内人均有效面积应当不小于 0.2m²，严禁超员。立井凿井期间，提升钢丝绳与吊桶的连接，必须采用具有可靠保险和回转卸力装置的专用钩头。钩头主要受力部件每年应当进行 1 次无损探伤检测。

⑥ 临时改绞的要求

立井井筒临时改绞必须编制施工组织设计。井筒井底水窝深度必须满足过放距离的要求。提升容器过放距离内严禁积水积物。同一工业广场内布置 2 个及以上井筒时，未与另一井筒贯通的井筒不得进行临时改绞。单井筒确需临时改绞的，必须制定专项措施。

⑦ 立井凿井期间的通风的规定：

局部通风机的安装位置距井口不得小于 20m，且应当位于井口主导风向上风侧；立井施工应当在井口预留专用回风口，以确保风流畅通，回风口的大小及安全防护措施应当在作业规程中明确。

主井、副井和风井布置在同一个工业广场内，主井或者副井与风井贯通后，应当先安装主要通风机，实现全风压通风。不具备安装主要通风机条件的，必须安装临时通风机，但不得采用局部通风机或者局部通风机群代替临时通风机。

主井、副井和风井布置在不同的工业广场内，主井或者副井短期内不能与风井贯通的，主井与副井贯通后必须安装临时通风机实现全风压通风。

矿井临时通风机应当安装在地面。低瓦斯矿井临时通风机确需安装在井下时，必须制定专项措施。

矿井采用临时通风机通风时，必须设置备用通风机，备用通风机必须能在 10min 内启动。

⑧ 建立瓦斯抽采系统要求

突出矿井在揭露突出煤层前；任一掘进工作面瓦斯涌出量大于 3m³/min，用通风方法解决瓦斯问题不合理的。

（4）应急救援

应急救援是本次修订变动内容和新增内容最多的一编，特别是第二章安全避险是全部新增内容。

1）基本规定

煤矿企业应当落实应急管理主体责任，建立健全事故预警、应急值守、信息报告、现场处置、应急投入、救援装备和物资储备、安全避险设施管理和使用等规章制度，主要负责人是应急管理和事故救援工作的第一责任人。

矿井必须根据险情或者事故情况下矿工避险的实际需要，建立井下紧急撤离和避险设施，并与监测监控、人员位置监测、通信联络等系统结合，构成井下安全避险系统。煤矿企业必须编制应急预案并组织评审，由本单位主要负责人批准后实施。

所有煤矿必须有矿山救护队为其服务。井工煤矿企业应当设立矿山救护队，不具备设立矿山救护队条件的煤矿企业，所属煤矿应当设立兼职救护队，并与就近的救护队签订救护协议；否则，不得生产。矿山救护队到达服务煤矿的时间应当不超过 30min。

矿山救护队在接到事故报告电话、值班人员发出警报后，必须在 1min 内出动救援。发生事故的煤矿必须全力做好事故应急救援及相关工作，并报请当地政府和主管部门在通信、交通运输、医疗、电力、现场秩序维护等方面提供保障。煤矿发生险情或者事故时，井下人员应当按应急预案和应急指令撤离险区，在撤离受阻的情况下紧急避险待救。

2）井下避险系统要求

井下所有工作地点必须设置灾害事故避灾路线。避灾路线指示应当设置在不易受到碰撞的显著位置，在矿灯照明下清晰可见，并标注所在位置。在巷道交叉口必须设置避灾路线标识。巷道内设置标识的间隔距离，采区巷道不大于 200m，矿井主要巷道不大于 300m。矿井应当设置井下应急广播系统，保证井下人员能够清晰听见应急指令。入井人员必须随身携带额定防护时间不低于 30min 的隔绝式自救器。矿井应当根据需要在避灾路线上设置自救器补给站。补给站应当有清晰、醒目的标识。采区避灾路线上应当设置压风管路，压风管路上设置的供气阀门间隔不大于 200m。

突出矿井，以及发生险情或者事故时井下人员依靠自救器或者 1 次自救器接力不能安全撤至地面的矿井，应当建设井下紧急避险设施。突出矿井必须建设采区避难硐室，采区避难硐室必须接入矿井压风管路和供水管路，并保证避险人员的避险需要，额定防护时间不低于 96h。

（5）其他

爆破与爆破材料一章与原《煤矿安全规程》修改不算很大，主要是名称的调整，爆炸材料、火工品、爆破器材统一修改为爆炸物品。去除了过时的、不适合煤矿使用的爆炸物品，如硝化甘油类、铵梯炸药，增加了安全性更好的煤矿许用数码电子雷管、离子交换安全炸药。

1.1.2 《煤矿防治水细则》

国家煤矿安全监察局 2018 年 6 月 4 日以煤安监调查〔2018〕14 号发布关于印发《煤矿防治水细则》的通知，公布了《煤矿防治水细则》。

《煤矿防治水细则》已经 2018 年 5 月 2 日国家煤矿安监局第 16 次局长办公会议审议通过，自 2018 年 9 月 1 日起施行，原《煤矿防治水规定》（国家安全监管总局令第 28 号）同时废止。

1. 《煤矿防治水细则》的特点

《煤矿防治水细则》是在原来《煤矿防治水规定》《煤矿安全规程》的基础上修编。从而对防治水的操作更加具体化，根据指导意见对防治水工作，防治水的设备、物资配备、储备，人员、机构的配置均有规定。

2. 《煤矿防治水细则》有关规定简介

（1）一般要求

煤矿防治水工作应当坚持预测预报、有疑必探、先探后掘、先治后采的原则，根据不同水文地质条件，采取探、防、堵、疏、排、截、监等综合防治措施。

煤矿必须落实防治水的主体责任，推进防治水工作由过程治理向源头预防、局部治理向区域治理、井下治理向井上下结合治理、措施防范向工程治理、治水为主向治保结合的转变，构建理念先进、基础扎实、勘探清楚、科技攻关、综合治理、效果评价、应急处置的防治水工作体系。

煤炭企业、煤矿的主要负责人（法定代表人、实际控制人，下同）是本单位防治水工作的第一责任人，总工程师（技术负责人，下同）负责防治水的技术管理工作。

煤矿应当根据本单位的水害情况，配备满足工作需要的防治水专业技术人员，配齐专用的探放水设备，建立专门的探放水作业队伍，储备必要的水害抢险救灾设备和物资。

水文地质类型复杂、极复杂的煤矿，还应当设立专门的防治水机构、配备防治水副总工程师。

煤炭企业、煤矿应当结合本单位实际情况建立健全水害防治岗位责任制、水害防治技术管理制度、水害预测预报制度、水害隐患排查治理制度、探放水制度、重大水患停产撤人制度以及应急处置制度等。

（2）矿井水文地质补充勘探的规定

矿井主要勘探目的层未开展过水文地质勘探工作的；矿井原勘探工作量不足，水文地质条件尚未查清的；矿井经采掘揭露煤岩层后，水文地质条件比原勘探报告复杂的；矿井水文地质条件发生较大变化，原有勘探成果资料难以满足生产建设需要的；矿井开拓延伸、开采新煤系（组）或者扩大井田范围设计需要的；矿井采掘工程处于特殊地质条件部位，强富水松散含水层下提高煤层开采上限或者强富水含水层上带压开采，专门防治水工程设计、施工需要的；矿井井巷工程穿过强含水层或者地质构造异常带，防治水工程设计、施工需要的。

矿井水文地质补充勘探应当针对具体问题合理选择勘查技术、方法，井田外区域以遥感水文地质测绘等为主，井田内以水文地质物探、钻探、试验、实验及长期动态观（监）测等为主，进行综合勘查。

矿井水文地质补充勘探应当根据相关规范编制补充勘探设计，经煤炭企业总工程师组织审批后实施。补充勘探工作完成后，应当及时提交矿井水文地质补充勘探报告和相关成果，由煤炭企业总工程师组织评审。

（3）水文地质补充调查规定

资料收集。收集降水量、蒸发量、气温、气压、相对湿度、风向、风速及其历年月平均值、两极值等气象资料。收集调查区内以往勘查研究成果，动态观测资料，勘探钻孔、供水井钻探及抽水试验资料；地貌地质。调查收集由开采或者地下水活动诱发的崩塌、滑坡、地裂缝、人工湖等地貌变化、岩溶发育矿区的各种岩溶地貌形态。对松散覆盖层和基岩露头，查明其时代、岩性、厚度、富水性及地下水的补排方式等情况，并划分含水层或者相对隔水层。查明地质构造的形态、产状、性质、规模、破碎带（范围、充填物、胶结程度、导水性）及有无泉水出露等情况，初步分析研究其对矿井开采的影响；地表水体。调查收集矿区河流、水渠、湖泊、积水区、山塘、水库等地表水体的历年水位、流量、积水量、最大洪水淹没范围、含泥沙量、水质以及与下伏含水层的水力联系等。对可能渗漏补给地下水的地段应当进行详细调查，并进行渗漏量监测；地面岩溶。调查岩溶发育的形态、分布范围。详细调查对地下水运动有明显影响的补给和排泄通道，必要时可进行连通试验和暗河测绘工作。分析岩溶发育规律和地下水径流方向，圈定补给区，测定补给区内的渗漏情况，估算地下水径流量。对有岩溶塌陷的区域，进行岩溶塌陷的测绘工作；井泉。调查井泉的位置、标高、深度、出水层位、涌水量、水位、水质、水温、气体溢出情况及类型、流量（浓度）及其补给水源。素描泉水出露的地形地质平面图和剖面图；老空。调查老空的位置、分布范围、积水量及补给情况等，分析空间位置关系以及对矿井生产的影响；周边矿井。调查周边矿井的位置、范围、开采层位、充水情况、地质构造、采煤方法、采出煤量、隔离煤柱以及与相邻矿井的空间关系，以往发生水害的观测资料，并收集系统完整的采掘工程平面图及有关资料；本矿井历史资料。收集整理矿井充水因素、突水情况、矿井涌水量动态变化情况、防治水措施及效果等。

（4）井下探放水规定

在地面无法查明水文地质条件时，应当在采掘前采用物探、钻探或者化探等方法查清采掘工作面及其周围的水文地质条件。

采掘工作面遇有下列情况之一的，必须进行探放水：

接近水淹或者可能积水的井巷、老空或者相邻煤矿时；接近含水层、导水断层、溶洞或者导水陷落柱时；打开隔离煤柱放水时；接近可能与河流、湖泊、水库、蓄水池、水井等相通的导水通道时；接近有出水可能的钻孔时；接近水文地质条件不清的区域时；接近有积水的灌浆区时；接近其他可能突水的地区时。严格执行井下探放水"三专"要求。由专业技术人员编制探放水设计，采用专用钻机进行探放水，由专职探放水队伍施工。严禁使用非专用钻机探放水。严格执行井下探放水"两探"要求。采掘工作面超前探放水应当同时采用钻探、物探两种方法，做到相互验证，查清采掘工作面及周边老空水、含水层富水性以及地质构造等情况。有条件的矿井，钻探可采用定向钻机，开展长距离、大规模探放水。

（5）井下排水系统

矿井应当配备与矿井涌水量相匹配的水泵、排水管路、配电设备和水仓等，并满足矿井排水的需要。除正在检修的水泵外，应当有工作水泵和备用水泵。工作水泵的能力，应当能在 20h 内排出矿井 24h 的正常涌水量（包括充填水及其他用水）。备用水泵的能力，应当不小于工作水泵能力的 70%。检修水泵的能力，应当不小于工作水泵的 25%。工作和备用水泵的总能力，应当能在 20h 内排出矿井 24h 的最大涌水量。

水文地质类型复杂、极复杂的矿井，除符合本条第一款规定外，可以在主泵房内预留一定数量的水泵安装位置，或者增加相应的排水能力。

矿井主要泵房至少有 2 个出口，一个出口用斜巷通到井筒，并高出泵房底板 7m 以上；另一个出口通到井底车场，在此出口通路内，应当设置易于关闭的既能防水又能防火的密闭门。泵房和水仓的连接通道，应当设置控制闸门。

1.1.3 煤与瓦斯防治的相关规定

1.《防治煤与瓦斯突出规定》

2009 年 5 月 14 日国家安全生产监督管理总局令第 19 号，《防治煤与瓦斯突出规定》已经 2009 年 4 月 30 日国家安全生产监督管理总局局长办公会议审议通过，自 2009 年 8 月 1 日起施行。原煤炭工业部 1995 年 1 月 25 日发布的《防治煤与瓦斯突出细则》同时废止。

（1）规定制定的目的与依据

煤矿企业在生产建设过程中，必须消除危险，预防事故，确保职工人身不受伤害，国家财产免遭损失，保证生产的正常进行。这是煤矿安全生产的一项基本任务。煤与瓦斯突出（以下简称"突出"）是煤矿严重自然灾害之一，在煤矿事故中，瓦斯事故无论在事故总次数还是死亡人数，仅次于顶板事故。而在煤矿瓦斯灾害中，因煤与瓦斯突出造成的人身伤害和财产损失所占的比例大，而且一旦发生突出事故，往往都是较大、重大或特别重大事故。突出是煤矿一种极其复杂的动力现象，其影响因素多，随机性大。迄今为止，突出机理仍处于假说阶段。在当前条件下要完全控制这种灾害还有一定的难度。因此，必须制定具有一定法律法规效应的规章，从技术、管理、装备和人员素质方面全面加强，以达到减少或消除突出的目的。

《防治煤与瓦斯突出规定》（以下简称《规定》）是我国安全生产法律体系中一部重要的行政法规，它是《安全生产法》《矿山安全法》《国务院关于预防煤矿生产安全事故的特别规定》等法律、法规的具体化。因此，《安全生产法》《矿山安全法》《国务院关于预防煤矿生产安全事故的特别规定》等法律、法规是《规定》制定的直接依据。

（2）规定的适用范围及其地位

《规定》适用于在中华人民共和国领土从事煤炭生产、建设活动的主体，包括国有重点煤矿、国有地方煤矿、股份制煤矿、乡镇集体和个体煤矿、中外合资（合作）经营等煤矿企业；煤炭行业管理部门、煤矿安全监督与监察机构；高等院校、科研与设计单位；中介机构等。

《规定》与《煤矿安全规程》一样同属于部门规章，但高于《煤矿安全规程》以及相关规范、标准、规定。并规定现行煤矿安全规程、规范、标准、规定等有关防治突出的内容与《规定》不一致的，依照《规定》执行。

（3）基本要求

《规定》第三条对突出煤层和突出矿井进行了定义，突出煤层是指在矿井井田范围内发生过突出的煤层或者经鉴定有突出危险的煤层。突出矿井是指在矿井的开拓、生产范围内有突出煤层的矿井。第四条明确指出有突出矿井的煤矿企业主要负责人及突出矿井的矿长是本单位防突工作的第一责任人。有突出矿井的煤矿企业、突出矿井应当设置防突机构，建立健全防突管理制度和各级岗位责任制。这符合《安全生产法》第五条"生产经营单位的主要负责人对本单位的安全生产工作全面负责"的规定。体现了安全生产"谁主管，谁负责"的精神；规定煤矿企业、矿井应设置防突专门机构，建立健全防突管理制度和责任制。这同样也符合《安全生产法》第十九条、第四条的规定。防突工作难度大、技术要求高，非专业人员不能胜任此项工作，因此，有突出的煤矿企业和矿井，完全有必要建立专门的防突机构和队伍，以满足防突工作的实际需要。制度是规范工作的依据和前提，也是检查工作和进行责任追究的重要依据和尺度，为了确保防突工作有章可循，建立并不断完善企业和矿井防突管理制度是非常必要的。

《规定》第五条指出，有突出矿井的煤矿企业、突出矿井应当根据突出矿井的实际状况和条件，制定区域综合防突措施和局部综合防突措施。区域综合防突措施包括：区域突出危险性预测、区域防突措施、区域措施效果检验、区域验证。局部综合防突措施包括：工作面突出危险性预测、工作面防突措施、工作面措施效果检验和安全防护措施。这比以往的"四位一体"综合防突措施（相当于《规定》中局部综合防突措施的内容）的提法更科学、更合理。它把综合防突措施的使用从程序上或时空上，既而在内容上有了区别，强调了防突措施必须先从区域再到局部的分步实施的要求。规定煤矿企业和矿井应制定符合自身实际情况的区域综合防突措施和局部综合防突措施。从突出发生的自然条件而言，由于各矿井煤层的赋存条件不同，则瓦斯的生成、保存和运移条件不相同，也就决定了其煤与瓦斯突出的条件不同；从突出发生的人为因素而论，由于各矿井开采方法、采掘工艺、开采范围、开采深度、抗灾能力的不同，同样会在一定程度上影响突出发生的条件和矿井抵抗突出灾害的能力。因而规定有突出矿井的煤矿企业、突出矿井应当根据突出矿井的实际状况和条件，制定区域综合防突措施和局部综合防突措施。

《规定》第六条明确了防突工作坚持区域防突措施先行、局部防突措施补充的原则。

1）突出煤层和突出矿井鉴定

地质勘探单位应当查明矿床瓦斯地质情况。井田地质报告应当提供煤层突出危险性的基础资料。

新建矿井在可行性研究阶段，应当对矿井内采掘工程可能揭露的所有平均厚度在0.3m以上的煤层进行突出危险性评估。评估结果作为矿井立项、初步设计和指导建井期间揭煤作业的依据。经评估认为有突出危险的新建矿井，建井期间应当对开采煤层及其他可能对采掘活动造成威胁的煤层进行突出危险性鉴定。矿井有下列情况之一的，应当立即进行突出煤层鉴定；鉴定未完成前，应当按照突出煤层管理：煤层有瓦斯动力现象的；相邻矿井开采的同一煤层发生突出的；煤层瓦斯压力达到或者超过0.74MPa的。

2）矿井建设和开采基本要求

　　有突出危险的新建矿井及突出矿井的新水平、新采区，必须编制防突专项设计。设计应当包括开拓方式、煤层开采顺序、采区巷道布置、采煤方法、通风系统、防突设施（设备）、区域综合防突措施和局部综合防突措施等内容。

　　突出矿井新水平、新采区移交生产前，必须经当地人民政府煤矿安全监管部门按管理权限组织防突专项验收；未通过验收的不得移交生产。突出矿井必须建立满足防突工作要求的地面永久瓦斯抽采系统。

　　对于突出煤层的采掘作业规定：严禁水力、倒台阶、非正规采煤。急斜煤层适用伪斜正台阶和掩护支架采煤法。急倾斜正台阶和掩护支架采煤法有利于防止因煤层自重造成工作面煤体垮落而诱发的突出。急斜煤层要采用双上山或伪上山掘进。在突出煤层掘进上山，因煤体自重应力的作用，增加了突出的危险性。可见，在急倾斜煤层中掘进上山，其突出危险性更大。且上山掘进发生突出，突出物容易堵塞巷道，埋压风筒，使人员撤退或躲避突出物的危害困难。

　　巷道贯通，被贯通巷道超前贯通点 5m；贯通点周围 10m 内巷道加强支护；掘进工作面距被贯通巷道小于 60m 时，被贯通巷道停工不停风，爆破撤人。巷道贯通点是产生集中应力的地方。因此，工作面与工作面应相隔一定距离，避免其应力叠加，并要通过加强巷道的支护，防止因应力集中造成巷道变形和垮塌，诱发突出。对被贯通巷道必须加强通风，防止瓦斯积聚而造成瓦斯窒息和瓦斯爆炸事故。

　　（4）区域综合防突措施

　　突出矿井应当对突出煤层进行区域突出危险性预测（以下简称区域预测）。经区域预测后，突出煤层划分为突出危险区和无突出危险区。未进行区域预测的区域视为突出危险区。

　　区域预测分为新水平、新采区开拓前的区域预测（以下简称开拓前区域预测）和新采区开拓完成后的区域预测（以下简称开拓后区域预测）。

　　1）区域突出危险性预测

　　区域预测一般根据煤层瓦斯参数结合瓦斯地质分析的方法进行，也可以采用其他经试验证实有效的方法。

　　根据煤层瓦斯压力或者瓦斯含量进行区域预测的临界值应当由具有突出危险性鉴定资质的单位进行试验考察。在试验前和应用前应当由煤矿企业技术负责人批准。

　　区域预测新方法的研究试验应当由具有突出危险性鉴定资质的单位进行，并在试验前由煤矿企业技术负责人批准。

　　2）区域防突措施

　　区域防突措施是指在突出煤层进行采掘前，对突出煤层较大范围采取的防突措施。区域防突措施包括开采保护层和预抽煤层瓦斯两类。开采保护层分为上保护层和下保护层两种方式。

　　预抽煤层瓦斯可采用的方式有：地面井（钻孔）预抽煤层瓦斯以及井下穿层钻孔或顺层钻孔预抽区段煤层瓦斯、穿层钻孔预抽煤巷条带煤层瓦斯、顺层钻孔或穿层钻孔预抽回采区域煤层瓦斯、穿层钻孔预抽石门（含立、斜井等）揭煤区域煤层瓦斯、顺层钻孔预抽煤巷条带煤层瓦斯等。预抽煤层瓦斯区域防突措施应当按上述所列方式的优先顺序选取，或一并采用多种方式的预抽煤层瓦斯措施。

（5）局部综合防突措施

采掘工作面经突出危险性预测后划分为突出危险工作面和无突出危险工作面。未进行工作面预测的采掘工作面，应当视为突出危险工作面。突出危险工作面必须采取工作面防突措施，并进行措施效果检验。经检验证实措施有效后，即判定为无突出危险工作面；当措施无效时，仍为突出危险工作面，必须采取补充防突措施，并再次进行措施效果检验，直到措施有效。无突出危险工作面必须在采取安全防护措施并保留足够的突出预测超前距或防突措施超前距的条件下进行采掘作业。煤巷掘进和回采工作面应保留的最小预测超前距均为2m。工作面应保留的最小防突措施超前距为：煤巷掘进工作面5m，回采工作面3m；在地质构造破坏严重地带应适当增加超前距，但煤巷掘进工作面不小于7m，回采工作面不小于5m。

1）工作面突出危险性预测

对于各类工作面，除本规定载明应该或可以采用的工作面预测方法外，其他新方法的研究试验应当由具有突出危险性鉴定资质的单位进行；在试验前，应当由煤矿企业技术负责人批准。应针对各煤层发生煤与瓦斯突出的特点和条件试验确定工作面预测的敏感指标和临界值，并作为判定工作面突出危险性的主要依据。试验应由具有突出危险性鉴定资质的单位进行，在试验前和应用前应当由煤矿企业技术负责人批准。

预测煤巷掘进工作面的突出危险性可采用下列方法：钻屑指标法、复合指标法、R 值指标法和其他经试验证实有效的方法。

2）工作面防突措施

工作面防突措施是针对经工作面预测尚有突出危险的局部煤层实施的防突措施。其有效作用范围一般仅限于当前工作面周围的较小区域。

石门和立井、斜井揭穿突出煤层的专项防突设计至少应当包括下列主要内容：

石门和立井、斜井揭煤区域煤层、瓦斯、地质构造及巷道布置的基本情况；建立安全可靠的独立通风系统及加强控制通风风流设施的措施；控制突出煤层层位、准确确定安全岩柱厚度的措施，测定煤层瓦斯压力的钻孔等工程布置、实施方案；揭煤工作面突出危险性预测及防突措施效果检验的方法、指标，预测及检验钻孔布置等；工作面防突措施；安全防护措施及组织管理措施；加强过煤层段巷道的支护及其他措施。

石门揭煤工作面的防突措施包括预抽瓦斯、排放钻孔、水力冲孔、金属骨架、煤体固化或其他经试验证明有效的措施。立井揭煤工作面可以选用前款规定中除水力冲孔以外的各项措施。

根据工作面岩层情况，实施工作面防突措施时要求揭煤工作面与突出煤层间的最小法向距离为：预抽瓦斯、排放钻孔及水力冲孔均为5m，金属骨架、煤体固化措施为2m。当井巷断面较大、岩石破碎程度较高时，还应适当加大距离。

在石门和立井揭煤工作面采用预抽瓦斯、排放钻孔防突措施时，钻孔直径一般为75～120mm。石门揭煤工作面钻孔的控制范围是：石门的两侧和上部轮廓线外至少5m，下部至少3m。立井揭煤工作面钻孔控制范围是：近水平、缓倾斜、倾斜煤层为井筒四周轮廓线外至少5m；急倾斜煤层沿走向两侧及沿倾斜上部轮廓线外至少5m，下部轮廓线外至少3m。钻孔的孔底间距应根据实际考察情况确定。

揭煤工作面施工的钻孔应当尽可能穿透煤层全厚。当不能一次打穿煤层全厚时，可分段施工，但第一次实施的钻孔穿煤长度不得小于 15m，且进入煤层掘进时，必须至少留有 5m 的超前距离（掘进到煤层顶或底板时不在此限）。

2.《煤矿瓦斯等级鉴定办法》

（1）《煤矿瓦斯等级鉴定办法》的发布情况

2018 年 4 月国家煤矿安监局和国家能源局以煤安监技装〔2018〕9 号《国家煤矿安监局国家能源局关于印发〈煤矿瓦斯等级鉴定办法〉的通知》形式发布了《煤矿瓦斯等级鉴定办法》同时实施，原国家安全监管总局、国家发展改革委和国家能源局、国家煤矿安监局印发的《煤矿瓦斯等级鉴定暂行办法》（安监总煤装〔2011〕第 162 号）同时废止。

（2）主要内容

该办法对煤矿瓦斯鉴定的规范性、鉴定机构的资质、瓦斯等级分类进行了系统的规范。共分七章：总则、矿井瓦斯等级划分、鉴定管理、高瓦斯等级鉴定、突出矿井鉴定、鉴定责任、附则。共 45 条。

（3）瓦斯鉴定相关规定

1）矿井瓦斯鉴定基本规定

井工煤矿（包括新建矿井、改扩建矿井、资源整合矿井、生产矿井等）、鉴定机构（单位）应当按照本办法进行煤矿瓦斯等级鉴定。国家煤矿安全监察局指导、协调和监督全国煤矿瓦斯等级鉴定工作。各省级煤炭行业管理部门负责辖区内煤矿瓦斯等级鉴定的管理工作。各级地方煤矿安全监管部门、各驻地煤矿安全监察机构负责辖区内煤矿瓦斯等级鉴定的监管监察工作。矿井瓦斯等级鉴定应当以独立生产系统的矿井为单位。

2）鉴定内容及等级规定

矿井瓦斯等级应当依据实际测定的瓦斯涌出量、瓦斯涌出形式以及实际发生的瓦斯动力现象、实测的突出危险性参数等确定。矿井瓦斯等级划分为：低瓦斯矿井；高瓦斯矿井；煤（岩）与瓦斯（二氧化碳）突出矿井（以下简称"突出矿井"）。在矿井的开拓、生产范围内有突出煤（岩）层的矿井为突出矿井。

有下列情形之一的煤（岩）层为突出煤（岩）层：发生过煤（岩）与瓦斯（二氧化碳）突出的；经鉴定或者认定具有煤（岩）与瓦斯（二氧化碳）突出危险的。

非突出矿井具备下列情形之一的为高瓦斯矿井，否则为低瓦斯矿井：矿井相对瓦斯涌出量大于 10m³/t；矿井绝对瓦斯涌出量大于 40m³/min；矿井任一掘进工作面绝对瓦斯涌出量大于 3m³/min；矿井任一采煤工作面绝对瓦斯涌出量大于 5m³/min。

低瓦斯矿井每两年应当进行一次高瓦斯矿井等级鉴定，高瓦斯、突出矿井应当每年测定和计算矿井、采区、工作面瓦斯（二氧化碳）涌出量，并报省级煤炭行业管理部门和煤矿安全监察机构。经鉴定或者认定为突出矿井的，不得改定为非突出矿井。

3）矿井建设时期的瓦斯鉴定规定

新建矿井在可行性研究阶段，应当依据地质勘探资料、所处矿区的地质资料和相邻矿井相关资料等，对井田范围内采掘工程可能揭露的所有平均厚度在 0.3m 及以上的煤层进行突出危险性评估，评估结果应当在可研报告中表述清楚。

经评估为有突出危险煤层的新建矿井，建井期间应当对开采煤层及其他可能对采掘活动造成威胁的煤层进行突出危险性鉴定，鉴定工作应当在主要巷道进入煤层前开始。所有需要进行鉴定的新建矿井在建井期间，鉴定为突出煤层的应当及时提交鉴定报告，鉴定为非突出煤层的突出鉴定工作应当在矿井建设三期工程竣工前完成。

新建矿井在设计阶段应当按地勘资料、瓦斯涌出量预测结果、邻近矿井瓦斯等级、煤层突出危险性评估结果等综合预测瓦斯等级，作为矿井设计和建井期间井巷揭煤作业的依据。

4）瓦斯鉴定阶段的规定

低瓦斯矿井应当在以下时间前进行并完成高瓦斯矿井等级鉴定工作：①新建矿井投产验收；②矿井生产能力核定完成；③改扩建矿井改扩建工程竣工；④新水平、新采区或开采新煤层的首采面回采满半年；⑤资源整合矿井整合完成。

非突出矿井或者突出矿井的非突出煤层出现下列情况之一的，应当立即进行煤层突出危险性鉴定，或直接认定为突出煤层；鉴定完成前，应当按照突出煤层管理：有瓦斯动力现象的；煤层瓦斯压力达到或者超过 0.74MPa 的；相邻矿井开采的同一煤层发生突出事故或者被鉴定、认定为突出煤层的。

直接认定为突出煤层或者按突出煤层管理的，煤矿企业应当报省级煤炭行业管理部门和煤矿安全监察机构。

1.1.4 《生产安全事故应急预案管理办法》

1. 管理办法发布的背景及修订意义

2016 年 6 月 3 日国家安全生产监督管理总局以总局第 88 号令发布修订后的《生产安全事故应急预案管理办法》，《生产安全事故应急预案管理办法》经 2016 年 4 月 15 日国家安全生产监督管理总局第 13 次局长办公会议审议通过，自 2016 年 7 月 1 日起施行。

如果《生产安全事故应急预案管理办法》（以下简称《办法》）缺乏可操作性，那么应急预案如同纸上谈兵。因此，预案编制要强调实际操作为导向。新修订的《办法》明确要求，根据本单位的具体情况来编制真实、实用的预案。预案编制后还要定期演练，让相应岗位的人员具备相应的技能。《办法》第三十一条规定：各级安全生产监督管理部门应当将本部门应急预案的培训纳入安全生产培训工作计划，并组织实施本行政区域内重点生产经营单位的应急预案培训工作。

生产经营单位应当组织开展本单位的应急预案、应急知识、自救互救和避险逃生技能的培训活动，使有关人员了解应急预案内容，熟悉应急职责、应急处置程序和措施。应急培训的时间、地点、内容、师资、参加人员和考核结果等情况应当如实记入本单位的安全生产教育和培训档案。

此外，还要告知周边，提醒周边的利益相关群体和部门，都要提前做足准备。《办法》第二十四条规定：生产经营单位的应急预案经评审或者论证后，由本单位主要负责人签署公布，并及时发放到本单位有关部门、岗位和相关应急救援队伍。

事故风险可能影响周边其他单位、人员的，生产经营单位应当将有关事故风险的性质、影响范围和应急防范措施告知周边的其他单位和人员。预防生产安全事故，重在事前的准备工作。要做好事前准备，应急预案管理应符合 4 项要求：以现实情况为基础，应该开展事故风险评估和应急资源调查；明晰岗位责任，应该进行岗位分析并明确相应的责任；设定便于信息传递和快速响应的流程；实现应知应会，开展宣传普及和培训演练。

2. 管理办法的主要内容

（1）应急预案的管理、评审、备案要求

生产安全事故应急预案的编制、评审、公布、备案、宣传、教育、培训、演练、评估、修订及监督管理工作，依据《生产安全事故应急预案管理办法》。应急预案的管理实行属地为主、分级负责、分类指导、综合协调、动态管理的原则。国家安全生产监督管理总局负责全国应急预案的综合协调管理工作。县级以上地方各级安全生产监督管理部门负责本行政区域内应急预案的综合协调管理工作。县级以上地方各级其他负有安全生产监督管理职责的部门按照各自的职责负责有关行业、领域应急预案的管理工作。生产经营单位主要负责人负责组织编制和实施本单位的应急预案，并对应急预案的真实性和实用性负责；各分管负责人应当按照职责分工落实应急预案规定的职责。

应急预案编制单位应当建立应急预案定期评估制度，对预案内容的针对性和实用性进行分析，并对应急预案是否需要修订做出结论。

矿山、金属冶炼、建筑施工企业和易燃易爆物品、危险化学品等危险物品的生产、经营、储存企业、使用危险化学品达到国家规定数量的化工企业、烟花爆竹生产、批发经营企业和中型规模以上的其他生产经营单位，应当每三年进行一次应急预案评估。

应急预案评估可以邀请相关专业机构或者有关专家、有实际应急救援工作经验的人员参加，必要时可以委托安全生产技术服务机构实施。

（2）预案的类型及基本编制要求

生产经营单位应急预案分为综合应急预案、专项应急预案和现场处置方案。综合应急预案，是指生产经营单位为应对各种生产安全事故而制定的综合性工作方案，是本单位应对生产安全事故的总体工作程序、措施和应急预案体系的总纲。专项应急预案，是指生产经营单位为应对某一种或者多种类型生产安全事故，或者针对重要生产设施、重大危险源、重大活动防止生产安全事故而制定的专项性工作方案。现场处置方案，是指生产经营单位根据不同生产安全事故类型，针对具体场所、装置或者设施所制定的应急处置措施。

应急预案的编制应当符合下列基本要求：有关法律、法规、规章和标准的规定；本地区、本部门、本单位的危险性分析情况；应急组织和人员的职责分工明确，并有具体的落实措施；有明确、具体的应急程序和处置措施，并与其应急能力相适应；有明确的应急保障措施，满足本地区、本部门、本单位的应急工作需要；应急预案基本要素齐全、完整，应急预案附件提供的信息准确；应急预案内容与相关应急预案相互衔接。

编制应急预案应当成立编制工作小组，由本单位有关负责人任组长，吸收与应急预案有关的职能部门和单位的人员，以及有现场处置经验的人员参加。编制应急预案前，编制单位应当进行事故风险评估和应急资源调查。事故风险评估，是指针对不同事故种类及特点，识别存在的危险危害因素，分析事故可能产生的直接后果以及次生、衍生后果，评估各种后果的危害程度和影响范围，提出防范和控制事故风险措施的过程。应急资源调查，是指全面调查本地区、本单位第一时间可以调用的应急资源状况和合作区域内可以请求援助的应急资源状况，并结合事故风险评估结论制定应急措施的过程。

（3）应急预案的培训演练要求

各级安全生产监督管理部门应当将本部门应急预案的培训纳入安全生产培训工作计划，并组织实施本行政区域内重点生产经营单位的应急预案培训工作。生产经营单位应当组织开展本单位的应急预案、应急知识、自救互救和避险逃生技能的培训活动，使有关人员了解应急预案内容，熟悉应急职责、应急处置程序和措施。应急培训的时间、地点、内容、师资、参加人员和考核结果等情况应当如实记入本单位的安全生产教育和培训档案。

各级安全生产监督管理部门应当定期组织应急预案演练，提高本部门、本地区生产安全事故应急处置能力。

生产经营单位应当制定本单位的应急预案演练计划，根据本单位的事故风险特点，每年至少组织一次综合应急预案演练或者专项应急预案演练，每半年至少组织一次现场处置方案演练。应急预案演练结束后，应急预案演练组织单位应当对应急预案演练效果进行评估，撰写应急预案演练评估报告，分析存在的问题，并对应急预案提出修订意见。

3. 生产安全事故应急体系与避灾措施

（1）应急体系的有关要求

应急救援原则：矿山事故应急救援工作是在预防为主的前提下，贯彻统一指挥，分级负责，区域为重，矿山企业单位自救和互救以及社会救援相结合的原则。其中，做好预防工作是事故应急救援工作的基础，除平时做好安全防范、排除隐患，避免和减少事故外，要落实好救援工作的各项准备措施，一旦发生事故，能得到及时施救。

矿山重大事故具有发生突然，扩散迅速，造成的危害极大的特点，决定了救援工作必须迅速、准确和有效。采取单位自救、互救和矿山专业救援队相结合。并根据事故的发展情况，充分发挥事故单位及地方的优势和作用。

事故应急救援的基本任务：

1）立即组织营救受害人员，组织撤离或者采取其他措施保护危害区域内的其他人员，抢救遇险人员是应急救援的首要任务。

2）迅速控制危险源，尽可能地消除灾害。

3）做好现场清理，消除危害后果。

4）查清事故原因，评估危害程度。

应急救援行动的一般程序：

接警与响应→应急启动→救援行动→应急恢复→应急结束。

接警与响应，按事故性质、严重程度、事态发展趋势及控制能力应急救援实行分级响应机制。政府按生产安全事故的可控性、严重程度和影响范围启动不同的响应等级，对事故实行分级响应。目前我国对应急响应级别划分了四个级别：Ⅰ级为国家响应；Ⅱ级为省、自治区、直辖市响应；Ⅲ级为市、地、盟响应；Ⅳ级为县响应。

（2）避灾措施要求

国家安全监管总局、国家煤矿安监局关于印发《煤矿井下安全避险"六大系统"建设完善基本规范（试行）的通知》（安监总煤装〔2011〕33号）；国家安全生产监督管理总局安监总管〔2010〕168号《金属非金属地下矿山安全避险"六大系统"安装使用和监督检查暂行规定》。这两个规定明确了矿山安全避险必须具备的基本安全避险设施：煤矿井下及金属非金属地下矿山安全避险"六大系统"（以下简称"六大系统"）是指监测监控系统、人员定位系统、紧急避险系统、压风自救系统、供水施救系统和通信联络系统。所有井工煤矿必须按规定建设完善"六大系统"，达到"系统可靠、设施完善、管理到位、运转有效"的要求。

1.2 新标准

1.2.1 矿山安全生产行业标准管理规定

1.《岩土锚杆与喷射混凝土支护工程技术规范》GB 50086—2015

中华人民共和国住房和城乡建设部与中华人民共和国国家质量监督检验检疫总局2015年5月11日发布《岩土锚杆与喷射混凝土支护工程技术规范》GB 50086—2015，2016年2月1日实施。该规范是由中冶建筑研究总院有限公司会同有关单位在原《锚杆喷射混凝土支护技术规范》GB 50086—2001基础上修订完成。

修订主要内容：增加边坡、基础、基坑、抗浮及坝工等工程岩土锚杆设计、施工内容；增加Ⅰ、Ⅱ级围岩中跨度25～35m、Ⅲ级围岩中跨度20～35m，高跨比大于1.2的大跨度、高边墙硐室工程锚喷支护工程类比法设计内容；增补土层预应力锚杆设计施工内容；增加可重复高压灌浆锚杆、涨壳式中空注浆锚杆等新型预应力锚杆内容，细化压力分散与拉力分散型锚杆的设计施工内容；增加预应力锚杆防腐等级及相应的防腐构造要求；增加喷射混凝土或喷射钢纤维混凝土的抗弯强度和残余抗弯强度试验方法内容；调整预应力锚杆设计计算方法，在锚杆承载力计算中引入了锚固长度对粘结强度影响系数"ψ"；调整喷射混凝土的配合比设计、1天抗压强度及喷射混凝土与岩石间粘结强度最小值规定，增加高应力、大变形隧洞喷射混凝土最小抗弯强度与残余抗弯强度（韧性）要求；补充修改预应力锚杆验收试验及锚杆验收合格的相关内容。

（1）锚杆基本规定

岩土锚杆与喷射混凝土支护设计及施工前应进行工程勘察，当拟建主体工程详细勘察资料不能满足设计要求时，应进行专项岩土工程勘察；岩土锚杆与喷射混凝土支护工程的工程勘察应包括调查、工程地质与水文地质勘察；锚固地层为特殊地层、采用新型锚杆及锚固结构的工程应进行专项试验研究。

1）预应力锚杆

预应力锚杆是一种将张拉力传递到稳定的或适宜的岩土体中的一种受拉杆件（体系），一般由锚头、锚杆自由段和锚杆锚固段组成。主要有拉力型锚杆、压力型锚杆、拉力分散型锚杆、压力分散性锚杆、永久性拉力型锚杆、后（重复）高压灌浆型锚杆和可拆芯式锚杆。

锚杆材料的要求：钢绞线、环氧涂层钢绞线、无粘结钢绞线应符合现行国家标准《预应力混凝土用钢绞线》GB/T 5224—2014的有关规定；对拉锚杆及压力型锚杆宜采用无粘结钢绞线；除修复外，钢绞线不得连接。

锚杆预应力钢筋宜采用预应力螺纹钢筋；当锚杆极限承载力小于200kN且锚杆长度小于20m的锚杆，也可采用普通钢筋；锚杆连接构件均应能承受100%的杆体极限抗拉承载力。

注浆水泥宜采用普通硅酸盐水泥或复合硅酸盐水泥，水泥应符合现行国家标准《通用硅酸盐水泥》GB 175—2007的有关规定，对有防腐有特殊要求时可采用抗硫酸盐水泥，不得采用高铝水泥；水泥强度等级不应低于32.5MPa，压力型和压力分散型锚杆用水泥强度等级不应低于 42.5MPa。

设计要求：锚杆的间距与长度应满足锚杆所锚固的结构物及地层整体稳定要求；锚杆锚固段的间距不应小于 1.5m，当需要锚杆间距下雨 1.5m 时，应将相邻锚杆的倾角调整至相差 3°以上；锚杆与相邻基础或地下设施的间距应大于 3.0m；锚杆的钻孔直径应满足锚杆抗拔承载力和防腐保护要求，压力型或压力分散型锚杆的钻孔直径尚应满足承载体尺寸的要求；锚杆锚固段上覆土层厚度不小于 4.5m，锚杆的倾角宜避开与水平面成 −10°~+10°的范围，10°范围内锚杆的注浆应采取保证浆液灌注密实的措施。

锚杆锚固段注浆体与地层间的粘结抗拔安全系数应满足表 1-1。

锚杆锚固段注浆体与地层间的粘结抗拔安全系数 表 1-1

锚固工程安全等级	破坏后果	安全系数	
		临时锚杆	永久锚杆
		<2 年	≥2 年
I	危害大，会构成公共安全问题	1.8	2.2
II	危害较大，但不致出现公共安全问题	1.6	2.0
III	危害较轻，不构成公共安全问题	1.5	2.0

锚杆锚固段长度对粘结强度影响系数应由试验确定，无试验资料时可按规范中建议数值选取。

锚杆锚固段长度除应根据地层条件外还应满足：拉力型或压力型锚杆锚固段长度宜为 3~8m（岩石）和 6~12m（土层）；压力分散型与拉力分散型锚杆的单元锚固段长宜为 2~3m（岩石）和 3~6m（土层）。

预应力锚杆的自由段穿过潜在滑移面的长度不应小于 1.5m。自由段长度不应小于 5.0m，且应能保证锚杆和被锚固结构体系的稳定。预应力锚杆锚固段注浆体的抗压强度，应根据锚杆结构类型与锚固地层按表 1-2 确定。

预应力锚杆锚固段注浆体强度 表 1-2

锚固地层	锚杆类型	强度标准值（MPa）
土层	拉力型及拉力分散型	≥20
	压力型及压力分散型	≥30
岩石	拉力型及拉力分散型	≥30
	压力型及压力分散型	≥35

预应力锚杆初始预加力的确定要求：

对地层及被锚固结构位移控制要求高的工程，初始预加力值宜为锚杆拉力设计值；对地层及被锚固结构位移控制要求较低的工程，初始预加力值宜为锚杆拉力设计值的 0.7~0.8 倍；对显现明显流变特征的高应力低强度岩体中隧洞和硐室支护工程，初始预加力值宜为拉力设计值 0.5~0.6 倍；对用于特殊地层或被锚固结构有特殊要求的锚杆，其初始预加力可根据设计要求确定。

施工要求：锚杆施工前，应根据锚固工程的设计条件、现场地层条件和环境条件，编制出能确保安全及有利于环保的施工组织设计。施工前确认检查原材料和施工设备的主要技术性能是否符合设计要求；在裂隙发育及富含地下水的岩层中进行锚杆施工时，应对钻孔周边孔壁进行渗水试验。

钻孔应按设计图所示位置、孔径、长度和方向进行，并应选择对钻孔周边地层扰动小的施工方法；钻孔应保持直线和设定的方位；安放锚杆杆体前，应将孔内岩粉和土屑清洗干净；在不稳定土层中或地层受扰动导致水土流失会危及邻近建筑物或公共设施的稳定时，宜采用套管护壁钻孔；在土层中安设荷载分散型锚杆和可重复高压注浆型锚杆宜采用套管护壁钻孔。

预应力锚杆的锚杆孔注浆要求：注浆设备应具有1h内完成单根锚杆连续注浆的能力；对下倾的钻孔注浆时，注浆管应插入距孔底300～500mm处；对上倾的钻孔注浆时，应在孔口设置密封装置，并应将排气管内端设于孔底；注浆材料应根据设计要求确定，并不得对杆体产生不良影响，对锚杆孔的首次注浆，宜采用水灰比为0.5～0.55的纯水泥浆或1：0.5～1：1的水泥砂浆，对改善注浆料有特殊要求时，可加入一定量的外加剂或外掺料；注入水泥砂浆浆液中砂子直径不应大于2mm。

张拉锁定要求：锚杆张拉时注浆体育台座混凝土的抗压强度不应小于表1-3；锚头台座的承压面应平整，并与锚杆轴线方向垂直；张拉应有序进行，张拉顺序应防止邻近锚杆的相互影响；张拉设备、仪表事先进行标定。

锚杆张拉时注浆体与台座混凝土的抗压强度值　　　　表1-3

锚杆类型		抗压强度（MPa）	
		注浆体	台座混凝土
土层锚杆	拉力型	15	20
	压力型及压力分散型	25	20
岩石锚杆	拉力型	25	25
	压力型及压力分散型	30	25

质量控制与检验要求：锚杆的位置、孔径、倾斜度、自由段长度和预加力，应符合标准规定；对不合格的锚杆，若具有能二次高压灌浆的条件，应进行二次灌浆处理，待灌浆体达到75%设计强度时再按试验标准进行试验；否则应按实际达到的试验荷载最大值的50%（永久性锚杆）或70%（临时性锚杆）进行锁定，该锁定荷载可按实际提供的锚杆承载力设计值予以确认。

2）低预应力锚杆和非预应力锚杆

低预应力锚杆与非预应力锚杆宜用于加固隧道洞室围岩和加固边坡岩土体的系统锚杆并允许被锚固地层有适度变形的工程。低预应力锚杆包括树脂卷锚杆、快硬水泥卷锚杆、涨壳式预应力中空注浆锚杆、管缝式摩擦锚杆、水胀式锚杆等类型；非预应力锚杆包括普通水泥浆（砂浆）锚杆、普通中空注浆锚杆、自钻式锚杆、纤维增强塑料锚杆。

材料要求：树脂卷锚杆应由不饱和树脂卷锚固剂、钢质杆体组成；快硬水泥卷锚杆应由快硬锚固剂、钢质杆体等组成；普通水泥浆（砂浆）锚杆杆体宜由普通钢筋、垫板和螺母组成；普通中空注浆锚杆杆体宜由表面带标准螺纹的中空高强钢管、等强度连接器组成；普通水泥砂浆锚杆杆体宜采用普通钢筋，受采动影响的巷道、塑性流变岩体、承受爆破震动的锚杆宜采用高强热处理钢筋；中空注浆锚杆和自钻式中空注浆锚杆杆体宜采用

Q420、37MnSi 钢管轧制而成，杆体直接宜为 24～52mm；塑料锚杆宜采用抗拉强度不低于 HRB335 钢筋的纤维增强塑料，杆体直接宜为 20mm、22mm；注浆用水泥、水、砂宜采用水灰比为 0.5～0.55 的纯水泥浆或 1∶0.5～1∶1 的水泥砂浆，对改善注浆料有特殊要求时，可加入一定量的外加剂或外掺料；注入水泥砂浆浆液中砂子直径不应大于 2mm；锚杆垫板可用 Q235 钢板，厚度不宜小于 6mm，尺寸不宜小于 150mm×150mm。

锚杆设计要求：不同类型工程的非预应力锚杆设计参数可根据地层条件按经验或稳定性分析确定；锚杆的布置宜为菱形或矩形，锚杆间距不应大于锚杆长度的 1/2；永久性非预应力锚杆杆体水泥浆或水泥砂浆保护层厚度不小于 20mm；锚杆杆体与孔壁间的水泥浆或水泥砂浆结石体的强度等级不应低于 M20。

施工要求：钻孔应按设计图所示的位置、孔径、长度和方位进行，并不得破坏周边地层；严格按设计要求自备杆体、垫板、螺母等锚杆部件，除摩擦型锚杆外，杆体上应附有居中隔离架，间距不应大于 2.0m；锚杆杆体放入孔内或注浆前，应清除孔内岩粉、土屑和积水；锚杆安装后，在注浆体强度达到 70%设计强度前，不得敲击、碰撞或牵拉。

（2）喷射混凝土规定

喷射混凝土适用于隧道、洞室、边坡和基坑等工程的支护或面层防护；喷射混凝土的设计强度等级不应低于 C20；用于大型洞室及特殊条件下的工程支护时，其设计强度等级不宜低于 C25；喷射混凝土厚度设计应满足隧道洞室工程稳定要求及对不稳定危石冲切效应的抗力要求，最小设计厚度不得小于 50mm；开挖后呈现明显塑性流变或高应力易发生岩爆的岩体中的隧道、受采动影响、高速水流冲刷或矿石冲击磨损的隧道和竖井，宜采用喷射钢纤维混凝土支护；大断面隧道及大型洞室喷射混凝土支护，应采用湿拌喷射法施工；矿山井巷、小断面隧道及露天工程喷射混凝土支护，可采用骨料含水率 5%～6%的干拌（半湿拌）喷射法施工。

原材料的要求：水泥宜采用硅酸盐水泥或普通硅酸盐水泥，有特殊要求时，可采用特种水泥；粗骨料应选用坚硬耐久的卵石或碎石，粒径不宜大于 12mm；但使用碱性速凝剂时，不得使用含有活性二氧化硅的石料；细骨料应选用坚硬耐久的中砂或粗砂，细度模数宜大于 2.5；干拌法喷射时，骨料的含水率应保持恒定并不大于 6%；掺加正常量速凝剂的水泥净浆初凝不应大于 3min，终凝不应大于 12min；加速凝剂的喷射混凝土试件，28 天强度不应低于不加速凝剂强度的 90%；钢纤维的抗拉强度宜不低于 1000N/mm²，直径宜为 0.4～0.8mm，长度宜为 25～35mm，并不得大于混合料输送管内径的 0.7 倍，长径比为 35～80；合成纤维的抗拉强度不应低于 280N/mm²，直径宜为 10～100μm，长度宜为 4μm～25mm。

（3）隧道与地下工程锚喷支护规定

隧道与地下工程锚杆喷射混凝土（锚喷）支护设计，应采用工程类比与监测量测相结合的设计方法。对于大跨度、高边墙的隧道洞室，还应辅以理论验算法复核。对于复杂的大型地下洞室群可用地质力学模型试验验证。

锚喷支护的工程类比法设计应根据围岩级别及隧道开挖跨度确定锚喷支护类型和参数；对围岩整体稳定性验算，可采用数值解法、数值极限解法或解析解法；对局部可能失稳的围岩块体稳定性验算，可采用块体极限平衡方法。抗震设防烈度为 9 度的地下结构或抗震设防烈度为 8 度的地下结构，当围岩有断层破碎带时，应验算锚喷支护和围岩的抗震强度及稳定性。抗震设防烈度大于7度的地下结构进出口部位，其所处岩体破碎或节理裂隙发育时，应验算其抗震稳定性。

局部地质或工程条件复杂区段的锚喷设计还应符合下列规定：

隧道洞口段、洞室交叉口洞段、断面变化处、洞室轴线变化洞段特殊部位，均应加强支护结构；围岩较差地段的支护，应向围岩较好地段适当延伸；断层、破碎带或不稳定块体，应进行局部加固；当遇岩溶时，应进行处理或局部加固；对可能发生大体积围岩失稳或需对围岩提供较大支护力时，宜采用预应力锚杆加固。

对于未胶结的松散岩体；有严重湿陷性的黄土层；大面积淋水地段；能引起严重腐蚀的地段；严寒地区的冻胀岩体的锚喷支护设计，应通过试验或专门研究后确定。

2.《企业安全生产标准化基本规范》GB/T 33000—2016

（1）《企业安全生产标准化基本规范》GB/T 33000—2016的颁发背景

1）背景和目标

国家安监总局陆续在煤矿、危险化学品、烟花爆竹等行业开展了安全生产标准化创建活动，有效地提升了企业的安全生产管理水平。但各行业的安全标准化工作要求不尽相同，有必要出台一个规范，对各行业已开展的安全生产标准化工作在形式要求、基本内容、考评办法等方面做出比较一致的规定。同时，为调动企业的积极性和主动性，结合企业安全生产工作的共性特点，制定可操作性较强的安全生产工作规范也非常必要。国家安全生产监督管理总局于2017年3月28日发布了新版《企业安全生产标准化基本规范》GB/T 33000—2016，自2017年4月1日起实施。

2）安全生产标准化的基本要求和作用

"安全生产标准化"要求通过建立安全生产责任制，制定安全管理制度和操作规程，排查治理隐患和监控重大危险源，建立预防机制，规范生产行为，使各生产环节符合有关安全生产法律法规和标准规范的要求，人、机、物、环（境）处于良好的生产状态，并持续改进，不断加强企业安全生产规范化建设。这一定义涵盖了企业安全生产工作的全局，是企业开展安全生产工作的基本要求和衡量尺度，也是企业加强安全管理的重要方法和手段。

3）实施《企业安全生产标准化基本规范》GB/T 33000—2016的意义

《企业安全生产标准化基本规范》GB/T 33000—2016（以下简称《基本规范》）的重要意义：企业通过落实企业安全生产主体责任，通过全员全过程参与，建立并保持安全生产管理体系，全面管控生产经营活动各环节的安全生产与职业卫生工作，实现安全健康管理系统化、岗位操作行为规范化、设备设施本质安全化、作业环境器具定置化，并持续改进。

（2）《基本规范》的内涵

1）基本内容

《基本规范》的内容包括：范围、规范性引用文件、术语和定义、一般要求、核心要求等五章。在核心要求这一章中，对企业安全生产的目标、组织机构、安全投入、安全管理制度、人员教育培训、设备设施运行管理、作业安全管理、隐患排查和治理、重大危险源监控、职业健康、应急救援、事故的报告和调查处理、绩效评定和持续改进等方面的内容作了具体规定。

2）《基本规范》的主要特点

管理方法的先进性。采用了国际通用 PDCA 动态循环的现代安全管理模式。通过企业自我检查、自我纠正、自我完善这一动态循环的管理模式，能够更好地促进企业安全绩效的持续改进和安全生产长效机制的建立，具有管理方法上的先进性。

内容的系统性。《基本规范》的内容涉及安全生产的各个方面，而且这些方面是有机、系统的结合，具有系统性和全面性。

较强的可操作性。《基本规范》对核心要素都提出了具体、细化的内容要求，同时要求企业在贯彻时，全员参与规章制度、操作规程的制定，并进行定期的评估检查，使得规章制度、操作规程与企业的实际情况紧密结合，避免"两张皮"情况的发生，有较强的可操作性，便于企业实施。

广泛适用性。《基本规范》总结归纳了煤矿、危险化学品、金属非金属矿山、烟花爆竹、冶金、机械等已经颁布的行业安全生产标准化标准中的共性内容，提出了企业安全生产管理的共性基本要求，是各行各业安全生产标准化的"基本"标准，保证了各行各业安全生产管理工作的一致性。

管理的可量化性。《基本规范》吸收了传统标准化量化分级管理的思想，有配套的评分细则，可得到量化的评价结果，能较真实地反映企业安全管理的水平和改进方向，也便于企业有针对性地改进和完善。

强调预测预报。《基本规范》要求企业根据生产经营状况及隐患排查治理情况，运用定量的安全生产预测预警技术，建立企业安全生产状况及发展趋势的预警指数系统。并据此对企业安全生产的目标、指标、规章制度、操作规程等进行修改完善，持续改进，不断提高安全绩效。

3.《金属非金属矿山安全标准化规范》AQ/T 2050—2016

《金属非金属矿山安全标准化规范》AQ/T 2050—2016 是我国金属与非金属矿山安全生产的强制性标准，是国家实行"安全生产标准化"的一部分。

（1）《金属非金属矿山安全标准化规范》AQ/T 2050—2016（以下简称《标准化规范》）以矿山风险控制为核心，充分体现以人为本，以提升本质安全和提高安全管理水平为目的安全方针，对矿山企业标准化建设进行全方位、全过程系统的规范。在实现的方式上，《标准化规范》注重全员参与、过程控制和持续改进，运用 PDCA 动态管理循环，是全新的矿山安全管理系统，对所有矿山企业的安全标准化和矿山安全生产管理工作都有重要的意义。

《标准化规范》由导则、地下矿山实施指南、露天矿山实施指南、尾矿库实施指南、小型露天采石场实施指南等 5 个子标准组成。

（2）《标准化规范》导则

1）基本内容

《标准化规范》导则对非金属矿山企业建设安全标准化提出了 14 项总体要求，并进一步明确提出了与之相应的核心内容。14 项总体要求包括：安全生产方针和目标；安全生产法律法规和其他要求；安全生产组织保障；危险源辨识和风险评价；安全教育培训；生产工艺系统安全管理；设备设施安全管理；作业现场安全管理；职业卫生管理；安全投入、安全科技和工伤保险；检查；应急管理；事故、事件调查与分析；绩效测量与评价。

2）安全标准化的实施原则

安全标准化系统建设应注重科学性、规范性和系统性原则，立足于危险源的辨识和风险评价，贯穿风险管理和事故预防的思想，并与企业其他方面的管理有机结合。

安全标准化的创建应确保全员参与，通过有效方式实现信息的交流和沟通，反映企业自身的特点及安全绩效的持续改进和提高。

3）《标准化规范》导则明确了创建安全标准化的步骤，它包括：准备、策划、实施与运行、监督与评价、改进与提高，并对各个步骤提出了具体内容。

4）安全标准化评定原则和方法

地下矿山企业评定原则和方法如下：

评定采用标准化得分和安全绩效两个指标，其中标准化得分由 14 个元素（即 14 项总体要求）组成，每个元素的分值有 100 分到 500 分不等，总分为 4000 分。每个元素的最终得分值应换算为百分制，即：百分制得分＝（评定时的得分/4000）×100。

每个元素总分值由若干子元素组成；子元素又分为策划、执行、符合、绩效四部分，它们分别占有 10%、20%、30%、40%的权重。这四部分又分别由若干个问题组成。

标准化等级分为 3 级，一级为最高。评分等级须同时满足标准化的两个指标要求。其划分标准见表 1-4。

企业安全标准化评定指标　　　　　　　　　　表 1-4

评审等级	标准化得分	安全绩效
一级	≥90	评审年度内未发生人员死亡的生产安全事故
二级	≥75	评审年度内生产安全事故死亡人数在 2 人(不含 2 人)以下
三级	≥60	评审年度内生产安全事故死亡人数在 3 人(不含 3 人)以下

安全标准化评定每三年至少一次。

企业安全标准化评定等级有效期为三年。在有效期内如一级、二级、三级企业发生相应生产安全事故死亡 1 人（含 1 人）、2 人（含 2 人）、3 人（含 3 人）以上的，取消其安全生产标准化等级，经整改合格后，可重新进行评审。

5）安全标准化总体要求的核心内容

① 制定和建立企业安全生产方针和目标：企业应根据"安全第一，预防为主，综合治理"的方针，遵循以人为本、风险控制、持续改进的原则，制定企业安全生产方针和目标，并为实现安全方针和目标提供所需的资源和能力，建立有效的支持保障机制。安全生产方针的内容，应包括遵守法律法规以及事故预防、持续改进安全生产绩效的承诺，体现企业生产特点和安全生产现状，并随企业情况变化及时更新。安全生产的目的，应基于安全生产方针、现场评估的结果和其他内外部要求；应适合企业安全生产的特点和不同职能、层次的具体要求。目标应具体，可测量，并确保能实现。

② 安全生产的法律法规贯彻和组织保障：企业应建立相应的机制，识别适用的安全生产法律法规和其他要求；并能确保及时更新。这些安全生产的法律法规和其他要求应融入企业的管理制度。企业应设置安全管理机构或配备专职安全管理人员，明确规定相关人员的安全生产职责和权限，尤其是高级管理人员的职责。建立健全并执行各种安全生产管理制度。

③ 危险源辨识和风险评价：危险源辨识和风险评价是安全生产管理工作的基础，是安全标准化系统的核心和关键。危险源辨识和风险评价应覆盖生产工艺、设备、设施、环境以及人的行为、管理等各方面。危险源辨识和风险评价应跟随实际变化，及时评审与更新。危险源辨识和风险评价应有充足的信息，为策划风险控制措施和监督管理提供依据。

④ 安全教育培训：安全教育培训应充分考虑企业的实际需求，使有关人员具备良好的安全意识和完成任务所需的知识和能力。

⑤ 生产工艺系统、设备设施和作业现场的安全管理：建立管理制度，控制生产工艺设计、布置和使用等过程，以提高生产过程的安全水平；通过改进和更新生产工艺系统，降低生产系统风险；建立必要的设备设施安全管理制度，有效控制设备和设施的设计、采购、制造、安装、使用、维修、拆除等活动过程的安全影响因素；应按规定执行安全设施"三同时"制度，按规定进行设备、设施的检测检验，并保证检测、检验方法的有效性。建立相应的管理档案，保存检测试验结果；加强企业作业现场的安全管理，包括对物料、设备、设施、器材、通道、作业环境的有效控制。保证作业场所布置合理，现场标识清楚。

⑥ 职业卫生管理：建立职业危害和职业病控制制度，有效控制职业病危害；通过技术、工艺、管理等手段，消除或降低粉尘、放射性等职业危害的影响。

⑦ 安全投入、安全科技和工伤保险：企业应承诺提供并合理使用安全生产所需的资源，主动研究和引进有效控制安全风险的先进技术和方法；企业应根据法律法规要求为员工缴纳工伤保险费，建立并完善工伤保险管理制度。

⑧ 应急管理：企业应识别可能发生的事故与紧急情况，确保应急救援的针对性、有效性和科学性；建立应急体系，编制应急预案。应急体系应重点关注透水、地压灾害、尾矿库溃坝、火灾、中毒和窒息等金属非金属矿山生产重大风险；应定期进行应急演练，检验并确保应急体系的有效性。

⑨ 安全检查和事故、事件调查与分析：建立和完善安全检查制度，对目标实现、安全标准化系统运行，法律法规遵守情况等进行检查，检查结果作为改进安全绩效的依据。检查的方式、方法应切实有效，并根据实际情况确定合适的检查周期；检查制度应明确有关职责和权限，调查、分析各种事故、事件和其他不良绩效表现的原因、趋势与共同特征，为改进提供依据；调查、分析过程应考虑专业技术需要和纠正与预防措施。

⑩ 绩效测量与评价：建立并完善制度，对企业的安全生产绩效进行测量，为安全标准化系统的完善提供足够信息；测量方法应适应企业生产特点，测量的对象包括各生产系统、安全措施、制度遵守情况、法律法规遵守情况、事故事件发生情况等；应定期对安全标准化系统进行评价，评价结果作为采取进一步控制措施的重要依据。安全标准化是动态完善的过程，企业应根据内外部条件的变化，定期和不定期对安全标准化系统进行评定，不断提高安全标准化的水平，持续改进安全绩效。企业内部评定每年至少进行一次。

4.《煤矿巷道锚杆支护技术规范》GB/T 35056—2018

《煤矿巷道锚杆支护技术规范》GB/T 35056—2018 是国家市场监督管理总局、中国国家标准化管理委员会 2018 年 5 月 14 日发布、从 2018 年 12 月 1 日起实施的一项推荐标准。

标准主要有适用范围、规范性引用文件、术语和定义、技术要求、施工质量检测、锚杆支护监测等六部分。

标准中所涉及的锚杆种类主要有预应力锚杆、无预应力锚杆、树脂锚杆、注浆锚杆、钻锚注锚杆、玻璃纤维增强塑料锚杆、管缝锚杆、锚索等。

（1）主要技术要求

1）现场调查与巷道围岩地质力学评估

锚杆支护设计前应进行现场调查与巷道围岩地质力学评估。现场调查内容包括巷道工程地质条件，巷道顶板、两帮、底板岩层岩性，岩层厚度及变化，岩层倾角及变化，周围断层、褶皱、陷落柱及破碎带等地质构造分布情况，围岩节理、裂隙、层理分布情况，矿井涌水、地温等，巷道用途、服务年限、断面尺寸、掘进方式等。地质力学评估基础参数包括巷道揭露岩层厚度、岩层倾角、顶底板岩层层数、厚度，岩层力学性能、分层厚度、节理裂隙间距、巷道埋深、原岩应力大小方向等。

2）锚杆支护设计

锚杆支护设计应采用动态设计方法。设计应在巷道围岩地质力学评估的基础上，按"初始设计→井下监测→信息反馈→正式设计"的程序进行。

初始设计可采用一种或多种方法组合。如工程类比法、理论计算法、数值模拟法等。设计内容包括：巷道用途及服务年限；地质与生产条件及巷道围岩地质力学评估结果；巷道断面设计；巷道掘进方式；空顶距设计；锚杆支护形式与参数设计；锚索支护形式与参数设计；喷射混凝土参数设计；支护材料选择和施工机具设备配套；施工工艺、安全技术措施和施工质量指标；矿压监测设计；辅助支护设计；巷道复杂地段的支护设计；巷道受到采动影响时的超前支护设计等。

支护形式与参数设计应包括以下内容：锚杆类型；锚杆杆体支护参数（直径和长度等）、锚杆杆体力学参数（屈服力、拉断力、伸长率和冲击吸收功等）；锚杆附件（托盘、球形垫圈、减摩垫圈和螺母的）材料和规格；树脂锚固剂规格及数量，锚固剂物理力学性能；锚杆预紧力；锚杆设计锚固力；锚杆布置参数（锚杆间距、排距、安装角度等）；锚杆锚固参数（钻孔直径、锚固方式和锚固长度）；锚杆组合构件（钢筋托梁、钢带等）形式、规格和力学性能；护网形式、材料和规格；注浆锚杆用注浆材料物理力学性能及注浆参数；锚索形式与参数；喷射混凝土参数；巷道支护布置图；支护构件加工示意图；支护材料消耗清单。

巷道支护应优先采用预应力螺纹钢树脂锚杆。在软岩巷道、煤层顶板巷道、破碎围岩、深部高应力巷道、采动影响明显的巷道及大断面巷道等复杂困难巷道，宜采用高预应力（大于锚杆屈服力的 30%）、高强度（杆体屈服强度大于 500MPa）螺纹钢树脂锚杆。必要时，可采用锚杆、锚索联合支护，锚杆与锚索的力学性能与支护参数应相互匹配。

回采巷道被采煤机截割的煤帮应优先采用玻璃纤维增强塑料锚杆等可切割锚杆。

锚杆支护施工设计应包括施工工艺、施工设备与机具、施工质量指标和安全技术措施等。锚杆支护矿压监测设计应包括监测内容、监测仪器、测站布置、测站安设方法、数据测读方法、测读频率等。综合监测应给出反馈指标和锚杆支护初始设计修改准则，日常监测应给出监测方法、合格标准和异常情况处理措施。

锚杆支护初始设计在井下实施后应及时进行矿压监测。将巷道手掘进影响结束时的监测结果用于验证或修正初始设计。修正后的支护设计作为正式设计在井下使用。巷道受到采动影响期间的监测结果可用于其他类似条件巷道支护设计验证与修正。锚杆支护正式设计实施过程中，应进行日常监测。当地质条件发生显著变化时应及时修正。

3）锚杆材料与构件

锚杆材料与构件应符合国家标准和相关行业标准，并具有产品合格证。煤矿巷道锚杆杆体、附件、组合构件、护网、喷层等各构件的力学性能应相互匹配。

4）锚杆支护施工

锚杆支护施工应按掘进工作面作业规程的有关规定进行。锚杆支护巷道掘进工作面应采用临时支护，不应空顶作业，其临时支护形式、规格、要求等应在作业规程、措施中明确规定。

树脂锚杆的锚杆孔施工要求：顶板锚杆孔优先采用顶板锚杆钻机施工，巷帮锚杆孔优先采用帮锚杆钻机施工；当围岩比较坚硬时可采用凿岩机施工。应根据巷道围岩条件、断面形状与尺寸选择合适的锚杆钻机型号、规格及配套的钻杆与钻头。锚杆孔实际直径与设计直径的偏差应不大于1mm，锚杆孔深度误差应在0～30mm范围内，锚杆实际钻孔角度与设计角度偏差应不大于5°，锚杆孔间排距误差不超过100mm，孔内煤岩粉应清理干净。

树脂锚杆的锚杆安装要求：锚杆安装应优先选用快速安装工艺。树脂锚固剂使用前应进行检查，严禁使用过期、硬结、破裂等失效变质的锚固剂；锚杆的搅拌时间、等待时间应严格准守树脂锚固剂安装说明书；螺母应采用机械设备紧固，需要二次紧固时，其预紧力矩大小、紧固时间应在作业规程、措施中明确规定；螺母安装达到规定预紧力矩或预紧力后，不得将螺母卸下重新安装。

（2）锚杆支护施工质量检测

锚杆支护施工质量检测由煤矿相关部门负责。各矿应配备专职施工质量检测人员。检测内容包括锚杆孔施工质量、锚杆锚固力、锚杆安装几何参数、锚杆预紧力矩、锚杆托盘暗安装质量、组合构件和护网及护板安装质量、喷射混凝土的强度和喷层厚度。

检测要求按设计要求进行。检测结果不符合设计要求，应停止施工进行整改。施工质量不达标的应及时采区补救措施。

锚杆锚固力检测应采用拉拔试验进行。锚杆锚固力检测抽样率为3%，并按每300根顶、帮锚杆各抽样一组（共9根）进行检查，不足300根时，视作300根为一个抽样组。

锚杆预紧力矩检测抽样率为5%，每300根顶、帮锚杆各抽样一组（共15根）进行检测，不足300根时，视作300根为一个抽样组。检测采用力矩扳手检测。

（3）锚杆支护监测

锚杆支护监测分为综合监测与日常监测；综合监测的目的是验证或修正锚杆支护初始设计，评价和调整支护设计，日常监测的目的是及时发现异常情况，采取必要措施，保证巷道安全。

综合监测主要内容为巷道表面位移、围岩深部位移、顶板离层、锚杆工作面荷载、锚索工作荷载及喷层受力；日常监测主要内容为顶板离层。

1.2.2 《建筑基坑工程监测技术标准》GB 50497—2009

矿业工程项目中地面建筑工程施工时，常需要进行基坑的开挖。《建筑基坑工程监测技术标准》GB 50497—2009 适用于建（构）筑物的基坑及周边环境监测。对于冻土、膨胀土、湿陷性黄土、老粘土等其他特殊岩土和侵蚀性环境的基坑及周边环境监测，尚应结合当地工程经验应用。

建筑基坑工程监测应综合考虑基坑工程设计方案、建设场地的工程地质和水文地质条件、周边环境条件、施工方案等因素，制定合理的监测方案，精心组织和实施监测。

1. 基坑监测的一般规定

开挖深度超过 5m 或开挖深度未超过 5m 但现场地质情况和周围环境较复杂的基坑工程，均应实施基坑工程监测。

建筑基坑工程设计阶段应由设计方根据工程现场及基坑设计的具体情况，提出基坑工程监测的技术要求，主要包括监测项目、测点位置、监测频率和监测报警值等。

基坑工程施工前，应由建设方委托具备相应资质的第三方对基坑工程实施现场监测。监测单位应编制监测方案。监测方案应经建设、设计、监理等单位认可，必要时还需与市政道路、地下管线、人防等有关部门协商一致后方可实施。

编写监测方案前，委托方应向监测单位提供下列资料：

（1）岩土工程勘察成果文件；

（2）基坑工程设计说明书及图纸；

（3）基坑工程影响范围内的道路、地下管线、地下设施及周边建筑物的有关资料。

监测单位编写监测方案前，应了解委托方和相关单位对监测工作的要求，并进行现场踏勘，搜集、分析和利用已有资料，在基坑工程施工前制定合理的监测方案。

监测方案应包括工程概况、监测依据、监测目的、监测项目、测点布置、监测方法及精度、监测人员及主要仪器设备、监测频率、监测报警值、异常情况下的监测措施、监测数据的记录制度和处理方法、工序管理及信息反馈制度等。

某些基坑工程的监测方案应进行专门论证，如：地质和环境条件很复杂的基坑工程；邻近重要建（构）筑物和管线，以及历史文物、近代优秀建筑、地铁、隧道等破坏后果很严重的基坑工程；已发生严重事故，重新组织实施的基坑工程；采用新技术、新工艺、新材料的一、二级基坑工程；其他必须论证的基坑工程。

监测工作的程序，应按下列步骤进行：接受委托；现场踏勘，收集资料；制定监测方案，并报委托方及相关单位认可；展开前期准备工作，设置监测点、校验设备、仪器；设备、仪器、元件和监测点验收；现场监测；监测数据的计算、整理、分析及信息反馈；提交阶段性监测结果和报告；现场监测工作结束后，提交完整的监测资料。

2. 基坑监测项目

基坑工程的现场监测应采用仪器监测与巡视检查相结合的方法。基坑工程现场监测的对象包括：支护结构；相关的自然环境；施工工况；地下水状况；基坑底部及周围土体；周围建（构）筑物；周围地下管线及地下设施；周围重要的道路；其他应监测的对象。基坑工程的监测项目应抓住关键部位，做到重点观测、项目配套，形成有效的、完整的监测系统。监测项目尚应与基坑工程设计方案、施工工况相配套。

（1）仪器监测

基坑工程仪器监测项目应根据表 1-5 进行选择。

建筑基坑工程仪器监测项目表　　　　　　　　　　表 1-5

基坑类别 监测项目		一级	二级	三级
围护墙(边坡)顶部水平位移		应测	应测	应测
围护墙(边坡)顶部竖向位移		应测	应测	应测
深层水平位移		应测	应测	宜测
立柱竖向位移		应测	宜测	宜测
围护墙内力		宜测	可测	可测
支撑内力		应测	宜测	可测
立柱内力		可测	可测	可测
锚杆内力		应测	宜测	可测
土钉内力		宜测	可测	可测
坑底隆起(回弹)		宜测	可测	可测
围护墙侧向土压力		宜测	可测	可测
孔隙水压力		宜测	可测	可测
地下水位		应测	应测	应测
土体分层竖向位移		宜测	可测	可测
周边地表竖向位移		应测	应测	宜测
周边建筑	竖向位移	应测	应测	应测
	倾斜	应测	宜测	可测
	水平位移	应测	宜测	可测
周边建筑、地表裂缝		应测	应测	应测
周边管线变形		应测	应测	应测

注：基坑类别的划分按照国家标准《建筑地基基础工程施工规范》GB 51004—2015 执行。

当基坑周围有地铁、隧道或其他对位移（沉降）有特殊要求的建（构）筑物及设施时，具体监测项目应与有关部门或单位协商确定。

（2）巡视监测

基坑工程整个施工期内，每天均应有专人进行巡视检查。基坑工程巡视检查应包括支护结构、施工工况、基坑周边环境、监测设施及根据设计要求或当地经验确定的其他巡视检查内容。

巡视检查的检查方法以目测为主，可辅以锤、钎、量尺、放大镜等工器具以及摄像、摄影等设备进行。

巡视检查应对自然条件、支护结构、施工工况、周边环境、监测设施等的检查情况进行详细记录。如发现异常，应及时通知委托方及相关单位。巡视检查记录应及时整理，并与仪器监测数据综合分析。

3. 监测点的布设

（1）监测点布设的一般规定

基坑工程监测点的布置应最大程度地反映监测对象的实际状态及其变化趋势，并应满足监控要求。监测标志应稳固、明显、结构合理，监测点的位置应避开障碍物，便于观测。在监测对象内力和变形变化大的代表性部位及周边重点监护部位，监测点应适当加密。应加强对监测点的保护，必要时应设置监测点的保护装置或保护设施。

（2）基坑及支护结构监测点布设

基坑边坡顶部的水平位移和竖向位移监测点应沿基坑周边布置，基坑周边中部、阳角处应布置监测点。监测点间距不宜大于20m，每边监测点数目不应少于3个。监测点宜设置在基坑边坡坡顶上。

围护墙顶部的水平位移和竖向位移监测点应沿围护墙的周边布置，围护墙周边中部、阳角处应布置监测点。监测点间距不宜大于20m，每边监测点数目不应少于3个。监测点宜设置在冠梁上。

深层水平位移监测孔宜布置在基坑边坡、围护墙周边的中心处及代表性的部位，数量和间距视具体情况而定，但每边至少应设1个监测孔。当用测斜仪观测深层水平位移时，设置在围护墙内的测斜管深度不宜小于围护墙的入土深度；设置在土体内的测斜管应保证有足够的入土深度，保证管端嵌入到稳定的土体中。

围护墙内力监测点应布置在受力、变形较大且有代表性的部位，监测点数量和横向间距视具体情况而定，但每边至少应设1处监测点。竖直方向监测点应布置在弯矩较大处，监测点间距宜为3～5m。

锚杆的拉力监测点应选择在受力较大且有代表性的位置，基坑每边跨中部位和地质条件复杂的区域宜布置监测点。每层锚杆的拉力监测点数量应为该层锚杆总数的1%～3%，并不应少于3根。每层监测点在竖向上的位置宜保持一致。每根杆体上的测试点应设置在锚头附近位置。

土钉的拉力监测点应沿基坑周边布置，基坑周边中部、阳角处宜布置监测点。监测点水平间距不宜大于30m，每层监测点数目不应少于3个。各层监测点在竖向上的位置宜保持一致。每根杆体上的测试点应设置在受力、变形有代表性的位置。

（3）周围环境监测点的布设

基坑边缘以外1～3倍开挖深度范围内需要保护的建（构）筑物、地下管线等均应作为监控对象。

建（构）筑物的竖向位移监测点布置应符合下列要求：

1）建（构）筑物四角、沿外墙每10～15m处或每隔2～3根柱基上，且每边不少于3个监测点；

2）不同地基或基础的分界处；

3）建（构）筑物不同结构的分界处；

4）变形缝、抗震缝或严重开裂处的两侧；

5）新、旧建筑物或高、低建筑物交接处的两侧；

6）烟囱、水塔和大型储仓罐等高耸构筑物基础轴线的对称部位，每一构筑物不得少于4点。

建（构）筑物倾斜监测点应符合下列要求：

1）监测点宜布置在建（构）筑物角点、变形缝或抗震缝两侧的承重柱或墙上；

2）监测点应沿主体顶部、底部对应布设，上、下监测点应布置在同一竖直线上；

3）当采用铅锤观测法、激光铅直仪观测法时，应保证上、下测点之间具有一定的通视条件。

4. 监测方法及精度要求

监测方法的选择应根据基坑等级、精度要求、设计要求、场地条件、地区经验和方法适用性等因素综合确定，监测方法应合理易行。

（1）变形监测

变形测量点分为基准点、工作基点和变形监测点。其布设应符合下列要求：

1）每个基坑工程至少应有 3 个稳固可靠的点作为基准点；

2）工作基点应选在稳定的位置。在通视条件良好或观测项目较少的情况下，可不设工作基点，在基准点上直接测定变形监测点；

3）施工期间，应采用有效措施，确保基准点和工作基点的正常使用；

4）监测期间，应定期检查工作基点的稳定性。

（2）水平位移监测

测定特定方向上的水平位移时可采用视准线法、小角度法、投点法等；测定监测点任意方向的水平位移时可视监测点的分布情况，采用前方交会法、自由设站法、极坐标法等；当基准点距基坑较远时，可采用 GPS 测量法或三角、三边、边角测量与基准线法相结合的综合测量方法。

水平位移监测基准点应埋设在基坑开挖深度 3 倍范围以外不受施工影响的稳定区域，或利用已有稳定的施工控制点，不应埋设在低洼积水、湿陷、冻胀、胀缩等影响范围内；基准点的埋设应按有关测量规范、规程执行。宜设置有强制对中的观测墩；采用精密的光学对中装置，对中误差不宜大于 0.5mm。

（3）竖向位移监测

竖向位移监测可采用几何水准或液体静力水准等方法。

坑底隆起（回弹）宜通过设置回弹监测标，采用几何水准并配合传递高程的辅助设备进行监测，传递高程的金属杆或钢尺等应进行温度、尺长和拉力等项修正。

（4）深层水平位移监测

围护墙体或坑周土体的深层水平位移的监测宜采用在墙体或土体中预埋测斜管、通过测斜仪观测各深度水平位移的方法。

测斜管宜采用 PVC 工程塑料管或铝合金管，直径宜为 45～90mm，管内应有两组相互垂直的纵向导槽。

测斜管应在基坑开挖 1 周前埋设，埋设时应符合下列要求：

1）埋设前应检查测斜管质量，测斜管连接时应保证上、下管段的导槽相互对准顺畅，接头处应密封处理，并注意保证管口的封盖；

2）测斜管长度应与围护墙深度一致或不小于所监测土层的深度；当以下部管端作为位移基准点时，应保证测斜管进入稳定土层 2～3m；测斜管与钻孔之间孔隙应填充密实；

3）埋设时测斜管应保持竖直无扭转，其中一组导槽方向应与所需测量的方向一致。

（5）倾斜监测

建筑物倾斜监测应测定监测对象顶部相对于底部的水平位移与高差，分别记录并计算监测对象的倾斜度、倾斜方向和倾斜速率。应根据不同的现场观测条件和要求，选用投点法、水平角法、前方交会法、正垂线法、差异沉降法等。

（6）裂缝监测

裂缝监测应包括裂缝的位置、走向、长度、宽度及变化程度，需要时还包括深度。裂缝监测数量根据需要确定，主要或变化较大的裂缝应进行监测。

裂缝监测可采用以下方法：

1）对裂缝宽度监测，可在裂缝两侧贴石膏饼、划平行线或贴埋金属标志等，采用千分尺或游标卡尺等直接量测的方法；也可采用裂缝计、粘贴安装千分表法、摄影量测等方法；

2）对裂缝深度量测，当裂缝深度较小时宜采用凿出法和单面接触超声波法监测；深度较大裂缝宜采用超声波法监测。

5. 监测频率

基坑工程监测频率应以能系统反映监测对象所测项目的重要变化过程，而又不遗漏其变化时刻为原则。

基坑工程监测工作应贯穿于基坑工程和地下工程施工全过程。监测工作一般应从基坑工程施工前开始，直至地下工程完成为止。对有特殊要求的周边环境的监测应根据需要延续至变形趋于稳定后才能结束。

监测项目的监测频率应考虑基坑工程等级、基坑及地下工程的不同施工阶段以及周边环境、自然条件的变化。当监测值相对稳定时，可适当降低监测频率。对于应测项目，在无数据异常和事故征兆的情况下，开挖后仪器监测频率的确定可参照表1-6。

现场仪器监测的监测频率 表1-6

基坑类别	施工进程		基坑设计深度			
			≤5m	5～10m	10～15m	>15m
一级	开挖深度（m）	≤5	1次/1天	1次/2天	1次/2天	1次/2天
		5～10		1次/1天	1次/1天	1次/1天
		>10			2次/1天	2次/1天
	底板浇筑后时间（天）	≤7	1次/1天	1次/1天	2次/1天	2次/1天
		7～14	1次/3天	1次/1天	1次/1天	1次/1天
		14～28	1次/5天	1次/3天	1次/2天	1次/1天
		>28	1次/7天	1次/5天	1次/3天	1次/3天
二级	开挖深度（m）	≤5	1次/2天	1次/2天		
		5～10		1次/1天		
	底板浇筑后时间（天）	≤7	1次/2天	1次/2天		
		7～14	1次/3天	1次/3天		
		14～28	1次/7天	1次/5天		
		>28	1次/10天	1次/10天		

6. 监测报警

基坑工程监测报警值应符合基坑工程设计的限值、地下主体结构设计要求以及监测对象的控制要求。基坑工程监测报警值由基坑工程设计方确定。

当出现下列情况之一时，必须立即报警；若情况比较严重，应立即停止施工，并对基坑支护结构和周边的保护对象采取应急措施。

1）当监测数据达到报警值；

2）基坑支护结构或周边土体的位移出现异常情况或基坑出现渗漏、流砂、管涌、隆起或陷落等；

3）基坑支护结构的支撑或锚杆体系出现过大变形、压屈、断裂、松弛或拔出的迹象；

4）周边建（构）筑物的结构部分、周边地面出现可能发展的变形裂缝或较严重的突发裂缝；

5）根据当地工程经验判断，出现其他必须报警的情况。

7. 监测数据处理与信息反馈

监测分析人员应具有岩土工程与结构工程的综合知识，具有设计、施工、测量等工程实践经验，具有较高的综合分析能力，做到正确判断、准确表达，及时提供高质量的综合分析报告。

现场测试人员应对监测数据的真实性负责，监测分析人员应对监测报告的可靠性负责，监测单位应对整个项目监测质量负责。监测记录、监测当日报表、阶段性报告和监测总结报告提供的数据、图表应客观、真实、准确、及时。

监测成果应包括当日报表、阶段性报告、总结报告。报表应按时报送。报表中监测成果宜用表格和变化曲线或图形反映。

当日报表应包括下列内容：当日的天气情况和施工现场的工况；仪器监测项目各监测点的本次测试值、单次变化值、变化速率以及累计值等，必要时绘制有关曲线图；巡视检查的记录；对监测项目应有正常或异常的判断性结论；对达到或超过监测报警值的监测点应有报警标示，并有原因分析及建议；对巡视检查发现的异常情况应有详细描述，危险情况应有报警标示，并有原因分析及建议；其他相关说明。

阶段性监测报告应包括下列内容：该监测期相应的工程、气象及周边环境概况；该监测期的监测项目及测点的布置图；各项监测数据的整理、统计及监测成果的过程曲线；各监测项目监测值的变化分析、评价及发展预测；相关的设计和施工建议。

基坑工程监测总结报告的内容应包括：工程概况；监测依据；监测项目；测点布置；监测设备和监测方法；监测频率；监测报警值；各监测项目全过程的发展变化分析及整体评述；监测工作结论与建议。

1.2.3 《建筑基坑支护技术规程》JGJ 120—2012

建筑基坑支护设计、施工中应做到安全适用、保护环境、技术先进、经济合理、确保质量。基坑支护设计、施工与基坑开挖，应综合考虑地质条件、基坑周边环境要求、主体地下结构要求、施工季节变化及支护结构使用期等因素，因地制宜、合理选型、优化设计、精心施工、严格监控。《建筑基坑支护技术规程》JGJ 120—2012适用于一般地质条件下临时性建筑基坑支护的勘察、设计、施工、检测、基坑开挖与监测。对湿陷性土、多年冻土、膨胀土、盐渍土等特殊土或岩石基坑，应结合当地工程经验应用本规程，并应符合相关技术标准的规定。

1. 基坑支护基本规定

(1) 设计原则

基坑支护设计应规定其设计使用期限。基坑支护的设计使用期限不应小于一年。基坑支护应满足下列功能要求：1）保证基坑周边建（构）筑物、地下管线、道路的安全和正常使用；2）保证主体地下结构的施工空间。

基坑支护设计时，应综合考虑基坑周边环境和地质条件的复杂程度、基坑深度等因素，按表 1-7 采用支护结构的安全等级。对同一基坑的不同部位，可采用不同的安全等级。

支护结构的安全等级 表 1-7

安全等级	破坏后果
一级	支护结构失效、土体过大变形对基坑周边环境或主体结构施工安全的影响很严重
二级	支护结构失效、土体过大变形对基坑周边环境或主体结构施工安全的影响严重
三级	支护结构失效、土体过大变形对基坑周边环境或主体结构施工安全的影响不严重

支护结构设计应考虑其结构水平变形、地下水的变化对周边环境的水平与竖向变形的影响，对于安全等级为一级和对周边环境变形有限定要求的二级建筑基坑侧壁，应根据周边环境的重要性、对变形的适应能力及土的性质等因素确定支护结构的水平变形限值。

当场地内有地下水时，应根据场地及周边区域的工程地质条件、水文地质条件、周边环境情况和支护结构与基础形式等因素，确定地下水控制方法。当场地周边有地表水汇流、排泄或地下水管渗漏时，应对基坑采取保护措施。在主体建筑地基的初步勘察阶段，应根据岩土工程条件，搜集工程地质和水文地质资料，并进行工程地质调查，必要时可进行少量的补充勘察和室内试验，提出基坑支护的建议方案。

(2) 勘察要求与环境调查

基坑工程的岩土勘察应符合下列规定：

1）勘探点范围应根据基坑开挖深度及场地的岩土工程条件确定；基坑外宜布置勘探点，其范围不宜小于基坑深度的 1 倍；当需要采用锚杆时，基坑外勘探点的范围不宜小于基坑深度的 2 倍；当基坑外无法布置勘探点时，应通过调查取得相关勘察资料并结合场地内的勘察资料进行综合分析；

2）勘探点应沿基坑边布置，其间距宜取 15～25m；当场地存在软弱土层、暗沟或岩溶等复杂地质条件时，应加密勘探点并查明其分布和工程特性；

3）基坑周边勘探孔的深度不宜小于基坑深度的 2 倍；基坑面以下存在软弱土层或承压含水层时，勘探孔深度应穿过软弱土层或承压含水层；

4）应按现行国家标准《岩土工程勘察规范》GB 50021—2001 的规定进行原位测试和室内试验并提出各层土的物理性质指标和力学参数；对主要土层和厚度大于 3m 的素填土，应按规定进行抗剪强度试验并提出相应的抗剪强度指标；

5）当有地下水时，应查明各含水层的埋深、厚度和分布，判断地下水类型、补给和排泄条件；有承压水时，应分层测量其水头高度；

6）应对基坑开挖与支护结构使用期内地下水位的变化幅度进行分析；

7）当基坑需要降水时，宜采用抽水试验测定各含水层的渗透系数与影响半径；勘察报告中应提出各含水层的渗透系数；

8）当建筑地基勘察资料不能满足基坑支护设计与施工要求时，宜进行补充勘察。

基坑支护设计前，应查明下列基坑周边环境条件：①既有建筑物的结构类型、层数、位置、基础形式和尺寸、埋深、使用年限、用途等；②各种既有地下管线、地下构筑物的类型、位置、尺寸、埋深、使用年限、用途等；对既有供水、污水、雨水等地下输水管线，尚应包括其使用状况及渗漏状况；③道路的类型、位置、宽度、道路行驶情况、最大车辆荷载等；④确定基坑开挖与支护结构使用期内施工材料、施工设备的荷载；⑤雨季时的场地周围地表水汇流和排泄条件，地表水的渗入对地层土性影响的状况。

（3）支护结构选型

支护结构可根据基坑周边环境、开挖深度、工程地质与水文地质、施工作业设备和施工季节等条件，按表1-8选用排桩、地下连续墙、水泥土墙、逆作拱墙、土钉墙、原状土放坡或采用上述型式的组合。

支护结构选型表 表1-8

结构型式	适用条件
排桩或地下连续墙	1. 适用基坑侧壁安全等级一、二、三级； 2. 悬臂式结构在软土场地中不宜大于5m； 3. 当地下水位高于基坑底面时,宜采用降水、排桩加截水帷幕或地下连续墙
水泥土墙	1. 基坑侧壁安全等级宜为二、三级； 2. 水泥土桩施工范围内地基土承载力不宜大于150kPa； 3. 基坑深度不宜大于6m
土钉墙	1. 基坑侧壁安全等级宜为二、三级的非软土场地； 2. 基坑深度不宜大于12m； 3. 当地下水位高于基坑底面时,应采取降水或截水措施
逆作拱墙	1. 基坑侧壁安全等级宜为二、三级； 2. 淤泥和淤泥质土场地不宜采用； 3. 拱墙轴线的矢跨比不宜小于1/8； 4. 地下水位高于基坑底面时,应采取降水或截水措施
放坡	1. 基坑侧壁安全等级宜为三级； 2. 施工场地应满足放坡条件； 3. 可独立与上述其他结合使用； 4. 当地下水位高于坡脚时,应采取降水措施

（4）基坑开挖

基坑开挖应根据支护结构设计、降排水要求，确定开挖方案。

基坑边界周围地面应设排水沟，且应避免漏水、渗水进入坑内；放坡开挖时，应对坡顶、坡面、坡脚采取降排水措施。

基坑周边严禁超堆荷载。

软土基坑必须分层均衡开挖，层高不宜超过1m。

基坑开挖过程中，应采取措施防止碰撞支护结构、工程桩或扰动基底原状土。

发生异常情况时，应立即停止挖土，并应立即查清原因和采取措施，方能继续挖土。

开挖至坑底标高后坑底应及时满封闭并进行基础工程施工。

地下结构工程施工过程中应及时进行夯实回填土施工。

2. 排桩、地下连续墙构造及支护技术

排桩是以某种桩型按队列式布置组成的基坑支护结构。地下连续墙是用机械施工方法成槽浇灌钢筋混凝土形成的地下墙体。

(1) 构造要求

1) 排桩的构造要求

悬臂式排桩结构桩径不宜小于 600mm，桩间距应根据排桩受力及桩间土稳定条件确定。

排桩顶部应设钢筋混凝土冠梁连接，冠梁宽度（水平方向）不宜小于桩径，冠梁高度（竖直方向）不宜小于 400mm。排桩与桩顶冠梁的混凝土强度等级宜大于 C20；当冠梁作为连系梁时可按构造配筋。

基坑开挖后，排桩的桩间土防护可采用钢丝网混凝土护面、砖砌等处理方法，当桩间渗水时，应在护面设泄水孔。当基坑面在实际地下水位以上且土质较好，暴露时间较短时，可不对桩间土进行防护处理。

悬臂式现浇钢筋混凝土地下连续墙厚度不宜小于 600mm，地下连续墙顶中应设置风筋混凝土冠梁，冠梁宽度不宜小于地下连续墙厚度，高度不宜小于 400mm。

2) 地下连续墙的构造要求

水下灌注混凝土地下连续墙混凝土强度等级宜大于 C20，地下连续墙作为地下室外墙时还应满足抗渗要求。

地下连续墙的受力钢筋应采用Ⅱ级或Ⅲ级钢筋，直径不宜小于 20mm。构造钢筋宜采用Ⅰ级钢筋，直径不宜小于 16mm。净保护层不宜小于 70mm，构造筋间距宜为 200～300mm。

地下连续墙段之间的连接接头形式，在墙段间对整体刚度或防渗有特殊要求时，应采用刚性、半刚性连接接头。

地下连续墙与地下室结构的钢筋连接可采用在地下连续墙内预埋钢筋、接驳器、钢板等，预埋钢筋宜采用Ⅰ级钢筋，连接钢筋直径大于 20mm 时，宜采用接驳器连接。

(2) 施工要求

1) 排桩的施工要求

排桩施工应符合下列要求：

① 桩位偏差，轴线和垂直轴线方向均不宜超过 50mm。垂直度偏差不宜大于 0.5%；

② 钻孔灌注桩桩底沉渣不宜超过 200mm；当用作承重结构时，桩底沉渣按《建筑桩基技术规范》JGJ 94—2008 要求执行；

③ 排桩宜采取隔桩施工，并应在灌注混凝土 24h 后进行邻桩成孔施工；

④ 非均匀配筋排桩的钢筋笼在绑扎、吊装和埋设时，应保证钢筋笼的安放方向与设计方向一致；

⑤ 冠梁施工前，应将支护桩桩顶浮浆凿除清洁干净，桩顶以上出露的钢筋长度应达到设计要求。

2) 地下连续墙的施工要求

地下连续墙施工应符合下列要求：

① 地下连续墙单元槽段长度可根据槽壁稳定性及钢筋笼起吊能力的划分，宜为 4～8m；

② 施工前宜进行墙槽成槽试验，确定施工工艺流程，选择操作技术参数；

③ 槽段的长度、厚度、深度、倾斜度应符合下列要求：槽段长度（沿轴线方向）允许偏差 ±50mm；槽段厚度允许偏差 ±10mm；槽段倾斜度不超过 1/150。

地下连续墙宜采用声波透射法检测墙身结构质量，检测槽段数应不少于总槽段数的 20%，且不应少于 3 个槽段。

（3）水泥土墙构造及支护技术

1）水泥土墙构造

水泥土墙采用格栅布置时，水泥土的置换率对于淤泥不宜小于 0.8m，淤泥质土不宜小于 0.7，一般粘性土及砂土不宜小于 0.6；格栅长宽比不宜大于 2。

水泥土桩与桩之间的搭接宽度应根据挡土及截水要求确定，考虑截水作用时，桩的有效搭接宽度不宜小于 150mm；当不考虑截水作用时，搭接宽度不宜小于 100mm。

当变形不能满足要求时，宜采用基坑内侧土体加固或水泥土墙插筋加混凝土面板及加大嵌固深度等措施。

2）水泥土墙施工要求

水泥土墙应采取切割搭接法施工。应在前桩水泥土尚未固化时进行后序搭接桩施工。施工开始和结束的头尾搭接处，应采取加强措施，消除搭接勾缝。

深层搅拌水泥土墙施工前，应进行成桩工艺及水泥渗入量或水泥浆的配合比试验，以确定相应的水泥掺入比或水泥浆水灰比，浆喷深层搅拌的水泥掺入量宜为被加固土重度的 15%～18%；粉喷深层搅拌的水泥掺入量宜为被加固土重度的 13%～16%。

高压喷射注浆施工前，应通过试喷试验，确定不同土层旋喷固结体的最小直径、高压喷射施工技术参数等。高压喷射水泥水灰比宜为 1.0～1.5。

深层搅拌桩和高压喷射桩水泥土墙的桩位偏差不应大于 50mm，垂直度偏差不宜大于 0.5%。

当设置插筋时桩身插筋应在桩顶搅拌完成后及时进行。插筋材料、插入长度和出露长度等均应按计算和构造要求确定。

水泥土桩应在施工后一周内进行开挖检查或采用钻孔取芯等手段检查成桩质量，若不符合设计要求应及时调整施工工艺。泥土墙应在设计开挖龄期采用钻芯法检测墙身完整性，钻芯数量不宜少于总桩数的 2%，且不应少于 5 根；并应根据设计要求取样进行单轴抗压强度试验。

（4）土钉墙构造及支护技术

1）土钉墙构造

土钉墙设计及构造应符合下列规定：

① 土钉墙墙面坡度不宜大于 1：0.1；

② 土钉必须和面层有效连接，应设置承压板或加强钢筋等构造措施，承压板或加强钢筋应与土钉螺栓连接或钢筋焊接连接；

③ 土钉的长度宜为开挖深度的 0.5～1.2 倍，间距宜为 1～2m，与水平面夹角宜为 5°～20°；

④ 土钉钢筋宜采用Ⅱ、Ⅲ级钢筋，钢筋直径宜为 16～32mm，钻孔直径宜为 70～120mm；

⑤ 注浆材料宜采用水泥浆或水泥砂浆，其强度等级不宜低于 M10；

⑥ 喷射混凝土面层宜配置钢筋网，钢筋直径宜为 6～10mm，间距宜为 150～300mm；喷射混凝土强度等级不宜低于 C20，面层厚度不宜小于 80mm；

⑦ 坡面上下段钢筋网搭接长度应大于 300mm。

当地下水位高于基坑底面时，应采取降水或截水措施；土钉墙墙顶应采用砂浆或混凝土护面，坡顶和坡脚应设排水措施，坡面上可根据具体情况设置泄水孔。

2）土钉墙的施工与检测

上层土钉注浆体及喷射混凝土面层达到设计强度的 70% 后方可开挖下层土方及下层土钉施工。

基坑开挖和土钉墙施工应按设计要求自上而下分段分层进行。在机械开挖后，应辅以人工修整坡面，坡面平整度的允许偏差宜为 ±20mm，在坡面喷射混凝土支护前，应清除坡面虚土。

土钉墙施工可按下列顺序进行：

① 应按设计要求开挖工作面，修整边坡，埋设喷射混凝土厚度控制标志；

② 喷射第一层混凝土；

③ 钻孔安设土钉、注浆，安设连接件；

④ 绑扎钢筋网，喷射第二层混凝土；

⑤ 设置坡顶、坡面和坡脚的排水系统。

喷射混凝土作业应符合下列规定：

① 喷射作业应分段进行，同一分段内喷射顺序应自下而上，一次喷射厚度不宜小于 40mm；

② 喷射混凝土时，喷头与受喷面应保持垂直，距离宜为 0.6～1.0m；

③ 喷射混凝土终凝 2h 后，应喷水养护，养护时间根据气温确定，宜为 3～7h。

喷射混凝土面层中的钢筋网铺设应符合下列规定：

① 钢筋网应在喷射一层混凝土后铺设，钢筋保护层厚度不宜小于 20mm；

② 采用双层钢筋网时，第二层钢筋网应在第一层钢筋网被混凝土覆盖后铺设；

③ 钢筋网与土钉应连接牢固。

土钉注浆材料应符合下列规定：

① 注浆材料宜选用水泥浆或水泥砂浆；水泥浆的水灰比宜为 0.5，水泥砂浆配合比宜为 1：1～1：2（重量比），水灰比宜为 0.38～0.45；

② 水泥浆、水泥砂浆应拌合均匀，随拌随用，一次拌合的水泥浆、水泥砂浆应在初凝前用完。

注浆作业应符合以下规定：

① 注浆前应将孔内残留或松动的杂土清除干净；注浆开始或中途停止超过 30min 时，应用水或稀水泥浆润滑注浆泵及其管路；

② 注浆时，注浆管应插至距孔底 250～500mm 处，孔口部位宜设置止浆塞及排气管；

③ 土钉钢筋应设定位支架。

土钉墙应按下列规定进行质量检测：

① 土钉采用抗拉试验检测承载力，同一条件下，试验数量不宜少于土钉总数的 1%，且不应少于 3 根；

② 墙面喷射混凝土厚度应采用钻孔检测，钻孔数宜每 $100m^2$ 墙面积一组，每组不应少于 3 点。

2

矿业工程施工新技术

2.1 立井井筒施工新技术

矿山井巷工程开拓过程中，井筒施工是全部开拓工作的起点，也是所有工作中的重点和难点。采用立井开拓的矿井，其井筒工程量仅占矿井建设总工程量的 3.5%～5%，但其建设工期却占总工期的 40% 左右。为适应现代化矿山的建设需要，加快立井施工速度，是缩短矿井建设工期的关键，特别是大于 800m 的深立井井筒，加快施工速度尤其重要。

2.1.1 超大立井井筒施工技术

1. 超大立井井筒施工工艺

（1）施工工艺

超大立井井筒施工工艺过程包括打眼、放炮、出渣、支护和清底等。具体施工工艺工艺流程见图 2-1，每一循环时间控制为 20～24h。

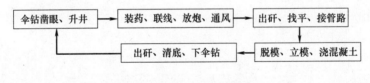

图 2-1 施工工艺流程图

（2）操作要点

1）最佳提升设备的配套

立井施工所需的各种材料、施工人员上下，尤其是爆破后的矸石等全部需提升设备从井下工作面提到地面（或从地面下放到工作面）。因此要确保立井快速施工得以实现，前提条件之一就是要配备足够的提升能力来满足快速施工的需要。对于超大立井井筒宜布置两套以上单钩提升。提升机选型应根据井筒直径、深度等综合确定，吊桶大小应与提升机相配套。

2）最优打眼设备及爆破技术

立井施工速度与爆破效果有直接联系，而爆破效果由打眼设备及爆破技术所决定。立井施工打眼宜优选伞形钻架，配 YGZ-70 型导轨式高频凿机凿岩。当井筒净直径在 8m 以上时宜选用 9 臂伞钻较为有利，或者采用双伞钻，满足大断面施工要求。爆破宜采用深孔光面爆破技术，T220 型高威力水胶炸药，反向连续式装药结构，5 段毫秒延期电雷管分组并联的联线方式。

3）装矸与排矸设备的配套

立井快速施工的每一循环中，出矸时间往往占 40%～50%，缩短出矸占用的时间是快速施工得以实现的重要因素。目前国内立井快速施工出矸一般均优选 HZ-6 型中心回转抓岩机出矸，当井筒净直径在 8m 以上时，应优先考虑 2 台甚至 3 台中心回转抓岩机出矸，同时配置挖掘机进行辅助出矸。

4）砌壁模板及下料工艺相配套

砌壁模板是立井快速施工具有工艺特征的关键设备，模板性能好坏直接影响到施工速度的快慢及质量的好坏。目前，立井快速砌壁模板一般均采用 MJY 型整体金属下行模板，该模板具有脱模能力强、刚度大、变形小、立模方便等优点，一般在地面由 3～4 台稳车悬吊。模板段高一般为 3～5m，砌壁混凝土由井口混凝土搅拌站提供，由底卸式吊桶下料至吊盘，经分灰器输送入模，当井筒较浅时也可以用溜灰管下料。

5）地面排矸能力要与装岩、提升能力相适应

根据立井快速施工经验总结，地面排矸能力应以不影响装岩、提升来配置，一般采用落地矸石仓储矸，待浇灌混凝土时用 1～2 台自卸汽车及装载机集中排矸。

6）提升、吊挂和信号系统要安全、可靠，布置合理

提升机采用八大保护和后备保护系统，实现自动保护的目的。井内悬吊设备所用的凿井绞车（稳车）操控台安装在井口信号室，由专人采用集中控制，有效地保证了模板、吊盘等提升、下放时的同步性。提升机、凿井绞车宜采用两面对称布置，这样既简化了天轮平台的布置，同时又改善了井架的受力状况。井内风水管路采用井壁吊挂工艺，有利于大吊桶的使用。井上下各要害场所采用电视监控系统，即在吊盘、翻矸平台、井口、绞车房、信号室和调度室等重要场所设置探头、显示器，各岗位之间能更直观地相互了解工作状态，实现主观人为保护的目的。

7）劳动组织及作业制度

立井井筒施工采用"四大一深"技术和工艺，将作业人员按打眼放炮、出矸找平、立模砌壁、出矸清底四道工序实行"滚班制"作业，改变通常按工时交接班为按工序交接班，按照循环图表要求控制作业时间，保证正规循环作业。

2. 超大立井井筒施工装备

超大直径立井井筒的特点主要是直径或断面较大，相应的对凿井井架的跨度及承载力、井筒吊挂能力、伞钻打眼、出渣以及吊桶提升能力、吊盘结构、模板结构及刚度、通风等都提出了较高的要求。

（1）凿井井架

我国原有型号的最大凿井井架为 V 型凿井井架，其天轮平台尺寸为 7.5m×7.5m，井架底部跨距为 16m×16m，原设计适用最大井筒直径为 8m，深度为 1000m，最大静荷重为 427t。井筒直径大幅度增加之后，由于原有的凿井井架天轮平台的尺寸限制，井筒的吊盘绳和模板绳的悬吊都将出现问题。包括井筒悬挂设备重量的增加、需要容绳量的增加等，都给井筒吊挂提出了新的难题。

随着井筒直径的增大，必须增大单位时间排矸量，即提高单位时间提升设备的提升

量，这就增加了井架荷载；与此同时，井架上诸多悬挂设备，如排水管、模板、风筒、压风供水管、溜灰管、安全梯、监控电缆等的提升数量增加需要改变现有井架的设备布置方式。

新型井架的研制必须考虑能够安全承担施工荷载，保证足够的过卷高度，角柱跨距和天轮平台尺寸应满足井口施工材料、设备运输及天轮布置的需要。

基于以上出发点，新的Ⅵ型（尚未定型）凿井井架天轮平台仍旧设置一层，设计采用在传统天轮平台形式基础上增加一个天轮平台主梁的方法来满足荷载和受力的要求，使"日"字形天轮平台变成"目"字形。其天轮平台支撑方式仍采用Ⅴ型井架结构形式。在此基础上，对Ⅵ型凿井井架天轮平台、主体架及基础等主要构件的强度、稳定性及刚度进行设计、计算。

新的Ⅵ型凿井井架，适用井筒掘进直径为 8.0～10.0m，掘进深度为 1000～1200m。凿井井架角柱跨距 17.55m×17.55m，天轮平台尺寸 9.05m×9.05m，天轮平台高度 26.678m，由基础顶面至翻矸平台中线高度 10.4m，井架重量（不包括天轮房和扶梯）94422kg。悬吊总荷重工作载荷 5590kN，断绳载荷 11590kN。

新的Ⅶ型凿井井架（尚未定型），适用井筒掘进直径为 9.0～14m，掘进深度为 1200～1600m。采用了双层天轮平台，井架角柱跨距更大，达到了 21m，支撑结构也改成了 M 型支撑体系。凿井井架角柱跨距 21.0m×21.0m，上层天轮平台尺寸 9.0m×9.0m，下层天轮平台尺寸 12.0m×12.0m，下层天轮平台高度 22.2m，上层天轮平台高度 29.2m。由基础顶面至翻矸平台中线高度 12.0m，井架重量（不包括天轮房和扶梯）21000kg。悬吊总荷重工作载荷 6748kN，断绳载荷 8412kN。

（2）提升系统

随着井筒直径的大幅度增加，矸石量以及材料运输量呈几何级数增加，对提升能力提出了更高的要求。

为了满足提升能力的需要，一般可以布置 2～3 套独立的单钩提升系统，可以配 2JK-4 型提升机、2JKZ-5 型提升机、JK-2.8E 型等大型提升机，用 5m³ 矸石吊桶甚至是 7m³ 矸石吊桶提升，以大幅度增加提升能力。最新大型凿井提升机的主要技术参数见表 2-1。

新型凿井提升机技术参数　　　　　　　　　　　　　　表 2-1

型　号	最大静张力(kN)	最大静张力差(kN)	提升速度(m/s)	最大绳径(mm)	电机功率(kW)	最大提升高度(m)
JKZ-4×3.5	290		7	φ50	2×1250	1570
JKZ-4.5×3.7	360		7	φ56		1590
JKZ-5×4	410		7	φ62		1740
JKZ-5.5×5	590		8	φ75		2000
2JKZ-4×2.65	290	255	7	φ50	2×1000	1000
2JKZ-5×3	410	290	6.42	φ62	2×1600	1260
2JKZ-5.5×4	590	410	7	φ75		1600

注：最大提升高度按两层缠绕计算。

（3）凿井吊盘

凿井施工吊盘大多采用多层、盘状钢结构，上下层盘由梁格、铺板、喇叭口、孔口和扇形活页等组成。利用刚性立柱将吊盘上、下层盘连接成整体。上、下层盘间距按井筒施工要求和永久罐道梁间距确定，一般取 4~6m。吊盘直径应与井筒内径相匹配，既要便于吊盘上下移动，又要使吊盘与井壁的间隙不大于 100mm。上下盘主梁多采用工字钢，次梁采用工字钢或槽钢，圈梁采用槽钢。

随着井筒直径增大，井筒施工需要更大直径的吊盘系统，吊盘直径的加大，将带来一系列新的问题，如：吊盘直径和空间的加大造成吊盘梁系结构受力发生变化；吊盘悬吊设备数量增加，盘面的空间布局需要改变；吊盘悬挂设备重量加大、承担的荷载增大；吊盘圈梁需要承受额外的荷载。

以某净直径 10.5m 井筒吊盘设计为例，根据井筒布置及井内荷载特征，设计采用三层钢结构吊盘，主梁采用工字钢 I25B 截面，通梁结构；副梁采用工字钢 I20A 截面；[25B 槽钢作为圈梁及部分盘体连接构件；立柱采用工字钢 I25B 截面；盘面铺板采用 4mm 厚网纹钢板；钢材均采用 Q235 钢。盘面荷载、悬吊点、立柱连接点基本对称均匀布置。

根据井筒施工要求和设备配套情况，吊盘设钢丝绳通过口及提升喇叭口，为方便挖掘机快速上下井，将主钩喇叭口设计为矩形形式，其净尺寸 2600mm×3000mm，并采用特制滑架结构。喇叭口一侧设扶梯，便于人员上下吊桶。吊盘上设信号室、压风配风装置、中心回转抓岩机和水泵水箱。吊盘上下层盘加踢脚板，三层盘管路间及中层盘大抓口设围栏踢脚板。吊盘管路间平台设计成转轴结构的折页门利于风筒管路拆装，周围加防护栏。正常施工期间，折页门拉起固定在吊盘立柱上便于吊盘起落；井筒冻结段施工，上下层吊盘增设外圈变径，中层吊盘增设围栏踢脚板；吊盘立柱设保险绳。吊盘悬吊稳车实行集中控制。

设计凿井吊盘直径 10.2m，变径后最大直径为 13.8m，高 9.0m。设计充分考虑抓岩机、分灰器、人员、水箱重量，确定吊盘自重 42.68t，加荷载总重约 95t。

经现场实际使用监测，该大直径变径吊盘具有良好的力学性能和工作状态。

针对大直径吊盘的稳盘装置可采用轮胎微调式、轮胎底座可调式或者是弹簧式吊盘稳盘装置。

对于大直径井筒吊盘，为了增加吊盘的平稳和受力均衡，通常会增加吊盘的悬吊点数量，这也给吊盘稳车的同步增加了难度。稳车是建井施工中的关键设备，用于悬吊吊盘、吊泵、风筒、压缩空气管、注浆管、安全标等建井设备和拉紧提升容器的导向绳，其中吊盘是稳车群升降和悬吊的主要对象。传统提升吊盘的四台稳车绳受力不均匀，升降不协调，使得吊盘经常倾斜碰井壁，在升降过程中易被拉坏，人员安全受到威胁。

（4）凿井绞车及集中控制

随着井筒直径和井深的加大，立井井筒施工机械化设备越来越多，设备的总量和体量越来越大，因而对稳车集中控制技术的要求也越来越高。传统的吊盘稳车群控制方式已不适应超大直径深立井井筒施工稳车的安全、高效、精细控制。

凿井稳车主要由主轴装置、减速器、带制动轮的弹性联轴器、工作制动器、安全制动器、机座、电动机等部件组成。

在稳车群运行中，采用行程控制多台稳车平衡，以一台稳车实际行程为参数，其他稳车与其相比较进行调节。手动调节时，根据触摸屏上各稳车实际运行距离，调节相应电位器，改变电机运行速度，使其平衡；自动调节时，控制 PLC 将各稳车运行距离偏差值通过网络（数字量 RS485 数据传输格式）或者是模拟量（4～20mA 标准信号）传递给变频器，从而控制变频器输出频率，改变电机运行速度，使之同步。

该系统主控单元采用 PLC，被控元件为变频或工频运行的稳车电机，主控参数为轴编码器输出信号和设备操作运行要求。系统通过稳车提升钢丝绳运转带动轴编码器，轴编码器输出的控制信号通过 PLC 进行分析处理后送给变频器，控制稳车电机转速，使之实现同步运行。

系统具有变频/工频切换功能，当变频器出现故障时可将电动机切换到工频状态，同时具有近控/远控转换、声光报警及保护功能，提高了系统的可靠性。将最高工作频率限制在 50Hz 以内，保障恒转矩调速；负力吸收采用变频器制动单元外置制动电阻能耗制动；系统设置工频旁路运行切换功能，保障设备变频改造过程中建井施工的正常进行。

稳车群集控系统和装置具有如下特点：

1）四根吊盘绳受力基本一致，并能自动调平，吊盘运行平稳，设备、人员安全；

2）采用变频和工频旁路互换备用运行方式，确保了机组安全、稳定运转；

3）可编程序控制器、人机界面与变频器的联合使用，大大降低了设备故障率；

4）完善的监控和可靠性措施提高了系统工作效率；

5）减少启动时的峰值功率损耗，改善了电网供电质量；

6）减少电机启、停对传动机构的冲击，延长设备使用寿命；

7）变频软启动解决了传统四台电机同时启动噪声过大的问题；

8）变频软启动使吊盘上施工人员舒适度大大提高；

9）减少调整吊盘的次数，施工工期缩短 20%；节省电能 20% 左右。

（5）伞钻

目前井筒施工伞形钻架大多采用压缩空气驱动。由于凿岩机工作压力和额定转相对较小，在硬岩中钻进时常常出现断钎、掉钻、卡钻等现象。气动伞钻工作能耗高、噪声大。

YSJ4.8 型液压伞钻主要由液压凿岩机、推进系统、动臂、立柱、摆动架、支撑臂、液压水气系统、电气系统、调高器等九部分组成。推进器总长度 6774mm，推进行程 5160mm，推进力 7000N，推进速度 4000mm/min，空载返回速度 8000mm/min。主要技术参数见表 2-2。

YSJ4.8 型液压伞钻主要技术参数 表 2-2

基本性能参数		单位	参数值
整机性能	钻臂数量		4
	炮眼圈径	mm	1650～9000
	收拢后外形尺寸	mm	1900×7900
	支撑臂支撑外接圆直径	mm	5000～7000
	动臂左右摆动角度		左右各 60°
	钻孔直径	mm	51
	钻孔深度	mm	5160
	适应钎具	mm	B35 钎杆 φ51 钻头

续表

基本性能参数			单位	参数值
钻孔机械		类型特征		冲击回转式
	冲击机构	冲击能	J	200
		冲击频率	Hz	≥33
		工作压力	MPa	14～16
		工作流量	L/min	≤45
		蓄能器充氮压力	MPa	6
	回转机构	额定转矩	N·m	220
		额定转速	r/min	200
		工作压力	MPa	15
		工作流量	L/min	≤45
推进器		类型特征		导轨式
		推进方式		油缸—钢丝绳
		总长度	mm	6774
		推进行程	mm	5160
		推进力	N	7000
		推进速度	mm/min	4000
		工作压力	MPa	≤12
		工作流量	L/min	15
		空载返回速度	mm	8000
液压泵站		工作压力	MPa	20
		工作流量	L/min	200
	电动机	额定功率	kW	55×2
		额定电压	V	660
		额定电流	A	84.2
		额定转速	r/min	1480
	主泵	类型		齿轮泵
		额定压力	MPa	28
		排量	mL	(32＋32＋32＋32)×2
		油箱容积	L	520
辅助工作装置	供水装置	工作压力	MPa	0.6～1.2
		工作流量	L/min	60
		水泵类型		多级离心
		最大进口压力	MPa	1
		额定流量	m³/h	8
	辅助泵站	工作压力	MPa	12～14
		工作流量	m³/min	0.2
		工作气压	MPa	0.5～0.7
		总耗气量	m³/min	8

新型液压伞钻具有如下优点：

1) 能耗低。液压系统功率损失小，相同钻进能力液压系统所需功率仅为气动功系统的1/3；

2) 效率高。试验表明，相同条件下的深孔凿岩，液压凿岩机凿岩速度可达 0.8～1.5m/min，比气动凿岩机的凿岩速度提高 2 倍以上；

3) 成本低。液压系统转速、压力等参数可调，钻杆能适应不同的岩层条件，而且液压凿岩冲击应力波平缓，传递效率高，钻具和钎杆可节约 15%～20%；液压比气压高 10 倍左右，相同冲击功率工作时液压凿岩机活塞受力面积小，且接近钎尾面积，受力均匀，故障少，凿岩成本可降低 30% 左右；

4) 环境好。液压系统不排出废气，提高了工作面能见度，改善了工作环境。液压系统无废气排放声音，工作噪声大大降低；

5) 质量高。液压凿岩机能保证钻孔深度和间距的精度，可提高炮孔施工质量。

超大直径深立井打眼的最大特点是井筒直径大，现有伞钻打眼圈径受限，如果无限制地增加打眼圈径，会造成伞钻大臂和支撑臂刚度不够，抑或是伞钻重量过大，带来深立井施工时提升难题。

新的 XFJD6.11S 双联伞钻由两台独立的钻架组成。工作时，通过安装在其中一台钻架上的连接机构与另一台钻架刚性连接并保证工作过程中连接稳固，然后调整每台钻架的调高器和支撑臂。每台钻架均具有独立的系统。

XFJD6.11S 型双联伞钻的技术参数示于表 2-3。

XFJD6.11S 型双联伞钻技术参数 表 2-3

适应最大施工直径(m)	配备钻机台数(m)	双钻固定中心距(m)	收拢后外形尺寸(m)	动力	液压系统工作压力(MPa)	工作水压(MPa)	工作气压(MPa)	总耗气量(m³/min)
14.6	12	3.3	$\phi 2.0 \times 7.8$	气动-液压	7～14	0.3～0.5	0.5～0.7	140

相对立井井筒常用 8 臂伞钻，XFJD6.11S 型双联伞钻具有一次成眼多、单台重量轻、钻眼无死角等显著优点。

（6）装岩设备

超大直径深井的掘进断面较大，掘进断面可以达到 150m²，每循环出渣量可以达到 1000m³，目前的单或双抓岩机出渣、人工清底满足不了需要，如果想进度不受影响。一般可配备多台 HZ-6 型或是 HZ-10 型中心回转抓岩机装岩以及电动挖掘机配合出矸、清底，这样可以大大提升装岩和清底速度，降低工人劳动强度。

电动挖掘机具有下列优点：

1) 结构合理、外形紧凑，便于井上、下提升；

2) 保留了挖掘机操作方便、故障率低、易于维修的特点；

3) 易于与破碎锤等多种挖掘构件的配套，增加其功能；

4) 易于与抓岩机实现双机配合作业，更大程度地发挥两者的优势；

5) 适用于表土和基岩施工，工作能力大，适用范围广。

现场工程应用表明，在表土段掘进施工中，与传统风镐掘进相比，劳动力投入由原来的 0.7～0.8 人/m² 减到 0.3～0.5 人/m²，减少约 45%；而施工速度提高达 50% 以上。即使土层硬度较大，施工速度也能提高 20% 左右。在基岩段清底施工中，与传统人工操作相比，人员投入减少一半多，清底速度提高一倍多，且清底质量高。

新型电动挖掘机的应用，极大地提高了机械化水平，降低了工人劳动强度，提高了井下施工安全性，加快了超大直径深立井井筒施工速度。

电动挖掘机与中心回转装岩机双机协同配套作业在多个井筒中得到了成功应用，并在工程实践中不断创新、完善。该方法可以应用到：

1) 净直径大于 6m 的井筒，且直径越大，其优势越能充分发挥；

2) 未冻土层和硬度不大的冻土层，且表土层越深，其优势越能发挥优势。

大量实践表明，采用双机协同配套技术，立井井筒平均施工效率较普通施工方法提高了 20%～40%，取得了明显的社会和经济效益：

1) 与普通风镐掘进工艺相比，工作面劳动力投入减少了约 50%，节省电力 50%；

2) 平均施工速度可达 140～150m/月。当土层硬度较低时可提高 40% 以上，当土层硬度较高时可提高约 20%；

3) 减少了冻结凿井井帮暴露时间，掘进时间一般为 10h 左右，为大段高模板的投入使用和膨胀性粘土层的安全施工奠定了基础；

4) 全液压设备机械磨损减少，机器故障相对减少，降低维修量，节约成本；

5) 工作面噪声大幅降低到 70dB 以下，有效改善了施工作业环境。

（7）井筒支护

井筒直径的增大，给支护带来一定的难度。混凝土浇筑体积、模板承受压力也呈几何指数增加，给施工造成一定的难题。

通常在井口设混凝土集中搅拌站拌制混凝土，站内可配两台带自动计量装置的 JS-1000 型搅拌机，HTD3.0 型底卸式吊桶运送混凝土。表土冻结段、基岩冻结段和正常段砌壁均采用 MJY4.0 系列液压整体模板。超大直径模板通过增加悬吊点、T 形加强筋等措施，保证了模板的刚度和可靠性。

3. 工程实例和主要技术措施

（1）工程概况

某矿井设计生产能力 13.0Mt/a，矿井设计服务年限 90a。矿井采用立井开拓，工业广场内布置有主、副、风三个井筒，副井井筒净直径 10m，井筒总深度 702.658m，冻结深度 525m。井筒主要技术特征见表 2-4。

井筒主要技术特征表　　　　　　　　　　　　　　　　　表 2-4

序号	项　　目		单位	副　　井
1	设计净直径		m	10
2	设计净断面		m	78.5
3	井底车场标高		m	+640（井深 667.8）
4	冻结深度		m	525
5	井筒深度		m	704.658
6	水平以下深度		m	36.342
7	井壁厚度	冻结段	mm	950/1450
		基岩段	mm	700

根据该井田勘探报告资料以及勘探施工的井筒检查钻孔揭露资料，井田内地层自上而下有：第四系（Q）、白垩系下统志丹群（K_1zh）、侏罗系中统直罗组（J_2z）、安定组（J_2a）、延安组（J_2y）及三叠系上统延长组（T_3y）。最大荒断面掘进主要穿过第四系及白垩系下统志丹群。

（2）凿井施工机械化作业线及配套方式

井架：采用新型双层天轮平台凿井井架。

提升：采用三套独立的单钩提升系统。主提选用一台 2JK-4.0×2.65/15 型提升机配 $5m^3$ 矸石吊桶，副提选用两台 JKZ-2.8E 型提升机配 $5m^3$ 矸石吊桶。

挖土、凿岩和装土、装岩：表土冻结段采用两台 HZ-6 型中心回转抓岩机、一台 SW30 电动挖掘机进行挖土、装土工作；基岩冻结段和正常段采用两台 XFJD-6.11S 型伞钻凿岩，两台 HZ-6 型中心回转抓岩机装岩，一台 SW30 电动挖掘机配合清底。

排矸：翻矸平台设三套落地式矸石溜槽，采用 ZL-50B 型装载机配合 12t 自卸汽车排矸。

混凝土搅拌及运输：井口设混凝土集中搅拌站拌制混凝土，站内配两台带自动计量装置的 JS-1000 型搅拌机，HTD2.4 型底卸式吊桶运送混凝土。

砌壁：表土冻结段、基岩冻结段和正常段砌壁均采用 MJY4.0 系列液压整体模板，表土冻结段内壁砌筑采用 12 圈金属装配式模板。

排水：采用二级排水方式排水，即在吊盘下层盘上安装两台 DC50-80×10 型水泵（一台使用，一台备用），吊盘上层盘上安装 $5m^3$ 水箱一个，工作面涌水由风泵排至吊盘上的水箱，再由吊盘上的水泵排至地面。

压风：配置 2 台 DLG-132 和 4 台 DLG-250 型单螺杆式空气压缩机，总压风量为 $200m^3/min$。

通风：选用两台 FBDNo.7.5/2×45 型对旋式局部通风机，配用两趟 $\phi800mm$ 玻璃钢风筒，压入式通风。

详细配置见表 2-5。

综合机械化作业线配套设施一览表　　　　　　　　　　　表 2-5

序号	设备名称		型号规格	单位	数量
1	提升	主提升机	2JK-4.0×2.65/15	台	1
		副提升机	JKZ-2.8×2.2/15.5	台	1
		副提升机	JKZ-2.8×2.2/18	台	1
		吊桶	$5m^3$	个	3
		提升天轮	$\phi3.0m$	个	3
		提升钩头	11t	个	3
2	凿井绞车		JZ-16/1000	台	2
			2JZ-16/1000	台	2
			JZ-25/1300	台	11
			2JZ-25/1320	台	4
			JZA-5/1000	台	1

序号	设备名称		型号规格	单位	数量
3	凿岩	伞钻	XFJD6.11S	台	2
4	装岩	中心回转抓岩机	HZ-6	台	2
		电动挖掘机	SW30	台	1
5	排矸	矸石溜槽	落地式	套	3
		装载机	ZL-50B 型	台	3
		自卸汽车	12t	台	5
6	砌壁	搅拌机	JS-1000	台	2
		配料机	PL-1600	台	1
		液压整体模板	MJY-4.0/10	套	1
		模板	组合式	圈	12
		底卸式吊桶	HTD2.4	个	3
7	井架	自行研发	双层天轮平台	座	1
8	吊盘	凿井吊盘	两层 ϕ9.6m	套	1
9	辅助系统	排水　排水泵	DC50-80×10	台	2
		压风　压风机	DLG-250 40m³	台	4
			DLG-132 20m³	台	2
		信号　通信、信号装置	DX-1	套	3
		照明　灯具	DDC250/127-EA	套	7
		通风　通风机	FBDNo.7.5/2×45	台	4

（3）施工工艺流程及主要技术措施

井筒施工工艺流程图详见图 2-2，装矸工艺流程装岩出矸主要工序图详见图 2-3。

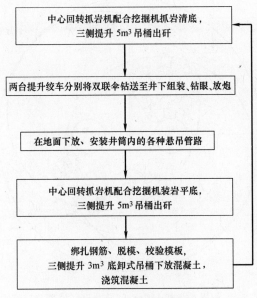

图 2-2　工艺流程图

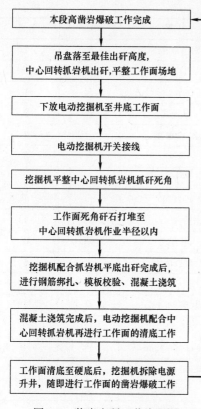

本段高凿岩爆破工作完成

吊盘落至最佳出矸高度，
中心回转抓岩机出矸，平整工作面场地

下放电动挖掘机至井底工作面

电动挖掘机开关接线

挖掘机平整中心回转抓岩机抓矸死角

工作面死角矸石打堆至
中心回转抓岩机作业半径以内

挖掘机配合抓岩机平底出矸完成后，
进行钢筋绑扎、模板校验、混凝土浇筑

混凝土浇筑完成后，电动挖掘机配合中
心回转抓岩机再进行工作面的清底工作

工作面清底至硬底后，挖掘机拆除电源
升井，随即进行工作面的凿岩爆破工作

图 2-3　装岩出矸工艺流程图

井下钻眼爆破完成后，首先用两台中心回转进行装矸出矸，将工作面找平。工作面在中心回转装矸找平后，下放电动挖掘机至工作面，待动力电缆接线完成后，电动挖掘机配合双中心回转抓岩机装矸、出矸。为了提高中心回转抓岩机装矸的效率和预防吊桶起钩时的摇摆，电动挖掘机首先分别在三个吊桶的位置挖出 1～1.5m 的筒窝；然后在图 2-4 所示虚线以外将中心回转抓岩机工作死角处的矸石，搬运至抓岩机工作半径以内。开始清底时，电动挖掘机将井壁及虚线以外的矸石先倒至抓岩机工作半径以内，抓岩机再抓起装入吊桶。

工作面平底完成后，随即进行工作面的钢筋绑扎、模板校验、混凝土的浇筑。混凝土浇筑完成后，工作面进行清底工作，挖掘机配合中心回转抓岩机的作业方式等同工作面平底工作，待进入钻眼爆破工序前将挖掘机升井。

XFJD6.11S 双联伞钻由两台独立的钻架组成。工作时，通过安装在其中一台钻架上的连接机构与另一台钻架刚性连接并保证工作过程中连接稳固，然后调整每台钻架的调高器和支撑臂。每台钻架均具有独立的操作系统。双联伞钻在下放至工作面后，利用中心回转稳绳将两台伞钻牵引至连接位置处，待双联伞钻液压连接装置连接完成及伞钻支撑臂与井壁模板固定完成后，双联伞钻在工作面进行相关的调节，并坐落于实

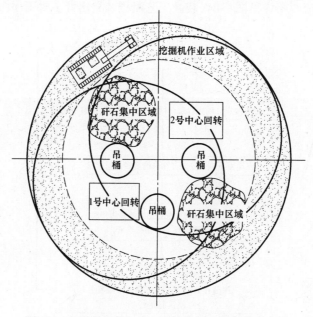

图 2-4　电动挖掘机与中心回转装矸区域划分示意图

底。双联伞钻施工工艺流程见图 2-5，双联伞钻施工区域作业示意见图 2-6。

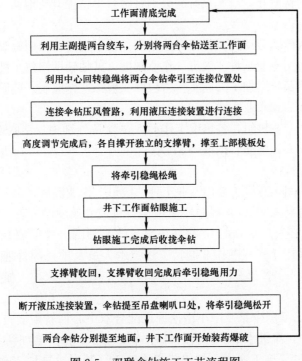

图 2-5　双联伞钻施工工艺流程图

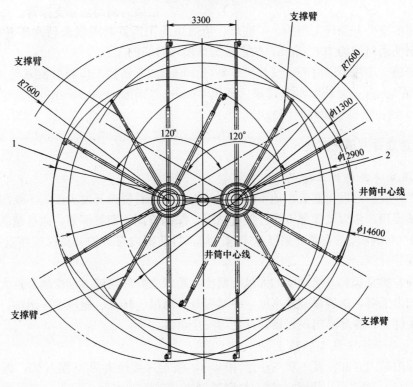

图 2-6　双联伞钻施工区域施工作业示意图

1——台单独的伞钻；2—另一台单独的伞钻

井底工作面钻眼完成后，伞钻支撑臂与液压连接臂收臂，伞钻液压中心顶收起。利用牵引绳将两台连接伞钻分开，绞车提升绳分别将两台伞钻提升至地面。

（4）劳动组织

井筒施工时，掘砌队劳动力实行综合队编制。井下掘砌工按照施工顺序合理划分专业掘砌班组，直接工采用专业工种"滚班"作业制度；其他辅助岗位工种，实行"三八"作业制；此外设备维修及材料加工人员实行"包修、包工"作业制。井筒表土冻结段及壁基段外壁掘砌采用一掘一砌作业方式。

井下共划分 4 个专业班组，各班组工作面人员配备分别为：钻眼爆破班 16 人；清底班 15 人；平底班 15 人；钢筋、砌壁班 37 人。

（5）循环作业方式

井筒掘砌施工期间，直接工采用专业工种"滚班"作业制度，井筒基岩冻结段每 25h 完成一循环，循环进尺 4.0m，正规循环率 80%，月成井速度保持在 90m 以上。正常段每 25h 完成一循环，循环进尺 4.0m，正规循环率 80%，月成井速度超 90m。机电运转维修及施工辅助工种均采用"三八"作业制，工程技术人员及项目部管理人员实行全天值班制度。

（6）进度指标

通过 XFJD6.11S 双联伞钻及中小型挖掘机配合双中心回转配套技术的成功运用，使该矿副立井的施工中，单进水平从开始的每月 60m 左右，稳步增加到 90m 以上，最高月进尺为 104m，整个井筒施工速度，与传统方法施工（基岩段每月 70m）相比，提前了 1 个月。

在正常的立井井筒施工当中，平底班、清底班施工所需时间较长，针对该案例来说，两个出矸班所需时间为 10h25min，约占掘砌单循环时间的 3/5。

打眼班施工工序所需时间：交接班装钻杆 30min；下钻到工作面组装完成 30min；打眼 2h；拆钻 30min；装药 1.5h；爆破后通风 40min；工作面检查 20min。单班全部完成需用时间 6h，约占掘砌单循环时间的 1/5。

2.1.2 超深立井井筒施工技术

1. 超深立井井筒施工特点

我国矿产资源开发由露天、地下两种形式组成，随着资源开发力度的不断加大，探矿水平的不断提高，地表及浅部资源已接近枯竭，深部资源不断被探明，而且储量和品位惊人，超过 1000m 深度的资源开采已越来越迫切，目前国内普遍把井筒深度超过 1200m 的定义为超深井井筒。

伴随着井筒直径和井筒深度的大幅度增加，超深立井井筒施工难度越来越大，具体体现在提升能力下降，凿岩爆破效率低，井筒提升、悬吊、排水、通风工作困难，深井温度高，施工条件差，深部易出现岩爆、片帮等安全事故。

2. 超深井普通法施工的难点

目前国内矿山立井深度一般均小于 1000m，施工井架最大为 V 型井架，提升机滚筒直径小于 4.0m，凿岩采用风动伞钻，针对超深立井施工的实际，超深立井采用普通法施工存在如下难点：

（1）随着井筒深度增加，提升深度和重量相应增加，排矸、运料、上下人等提升时间增加，导致施工速度成比例地降低，对提升能力提出了更高的要求，而且提升安全系数逐步降低，这个矛盾是目前超深立井施工工艺面临的最大挑战。

（2）随着井筒深度增加，含水层数增加，地下水的埋深增加，在竖井掘进工作面遭遇地层地下水的干扰倍增，涌水量也会增加，而深度增加，排水难度也会增加，目前水泵的有效扬程在1000m之内，超过1000m需要接力排水，接力排水水泵安装在吊盘上，还要配备水箱对井底排至吊盘的水进行沉淀，影响吊盘上设备布置。

（3）随着井筒深度增加，软弱破碎地层的地层压力增加，支护强度要求增加，岩爆发生的概率加大，加上施工空间约束，围岩加固和支护技术的难度都倍增，效率降低。

（4）原有型号的最大凿井井架为V型凿井井架，其天轮平台尺寸为7.5m×7.5m，井架底部跨距为16m×16m，原设计适用最大井筒直径为8m、深度为1000m，最大静荷重为427t。井筒深度大幅度增加之后，井筒悬挂设备重量、钢丝绳自身重量等也加倍增加，井架承载的最大静荷载不能满足要求，都给井筒吊挂提出了新的难题。

（5）超深立井凿岩爆破的最大难点是爆破效率问题，模板选型与爆破进尺密切相关，且爆破效率低下造成清底次数增加，影响施工作业循环时间，提高爆破效率是超深立井爆破施工的难题。

（6）随着深度的增加，通风难度也会相应增加很多。

3. 施工方案及工艺改进

（1）施工方案

超深立井施工的方案根据井筒直径、深度、表土层厚度、围岩稳定性及硬度、涌水量等的不同采取不同的施工方案，其作业方式仍以常见的短段掘砌混合作业为主。

（2）施工工艺改进

1）凿井井架：对于井筒直径小于8m的超深立井，V型井架规格尺寸大，天轮平台梁能覆盖井筒内的提升和悬吊设备设施；井架结构好，强度高，承载力大，整体稳定性好，能够基本满足超深井筒悬吊要求。对于大于8m的超深立井现有井架规格已不能满足井筒布置及承载力要求，必须采用新研发的大规格凿井井架，凿井井架天轮平台可布置多套提升天轮，满足多台绞车同时提升的空间布置和承载力需要。

2）提升系统：为了满足提升能力需要，一般布置2～3台滚筒直径4m以上的提升机。大直径提升机滚筒宽度大，容绳量多，可承担超深竖井施工；静张力大，且张力差大，可满足竖井大提升量要求。提升吊桶选用5m³以上吊桶出渣，不仅提升能力大，提升效率高，而且节省电能，出渣速度快。

3）提升、悬吊钢丝绳：随着提升深度和提升能力的增加，提升钢丝绳采取高强度新型不旋转钢丝绳；吊盘、模板、风筒、压风供水管和排水管等荷载较大的凿井设施均采用国产高强钢丝绳悬吊。同时也可以减少井架的承载力。

4）凿岩系统：采用新型液压高效伞钻。液压压力大，凿岩速度快，能满足钻凿坚硬岩石的要求；凿岩深度大，可钻凿深5.2m的钻孔；节省能源，无粉尘污染，噪声小，作业环境好。

5）出渣：采用HZ-6B中心回转抓岩机和电动挖掘机配合出渣、清底，故障率低，抓岩效率高，加大了抓岩能力，加快清底速度，清底效果好。

6）支护：采用液压整体移动模板，模板强度高，防变形、防炮崩和防旋转。模板采用防粘模技术，免清理，井壁混凝土表面光洁美观。模板段高大，一掘一支成井 4.5m。混凝土采用成品商品混凝土，减少自拌混凝土污染问题，HTD4.0 型底卸式吊桶运送混凝土。

7）通风：采用隧道专用对旋式通风机，压入式通风，配大直径密封性能好的玻璃钢风筒，解决工作面需风量的难题。该风机高效低噪，可保证超深竖井通风降温要求。当井筒地温较高时，采用风机压入冷空气降温。

8）排水：采用"截流、篷淋、壁注、超前集水"等工作面综合治水和自动化接力排水技术将对凿掘进度和砌筑质量等工作面的水害影响降为最低。对于超深立井可采用二级排水方式排水，每级排水扬程控制在 800m 左右，在井深 800m 上下设置转水站，然后在吊盘下层盘上安装两台水泵（一台使用，一台备用），吊盘上层盘上安装水箱一个，工作面涌水由风泵排至吊盘上的水箱，再由吊盘上的水泵排至转水站，经由转水站再排水至地面。施工过程中要加强混凝土质量控制，减少接茬漏水，井筒有涌水时要及时进行工作面注浆封堵。

4. 工程实例和主要技术措施

（1）工程概况

某矿井设计生产能力 15.0Mt/a. 矿井设计服务年限 90a。矿井采用立井开拓. 工业广场内布置有主、混合、措施、风四个井筒，混合井井筒净直径 10m，井筒总深度 1503.9m。井筒主要技术特征见表 2-6。

井筒主要技术特征表　　　　　　　　　　　　　　　　　　　表 2-6

序号	项　　目		单位	副井
1	设计净直径		m	10
2	设计净断面		m	78.50
3	井口标高		m	＋215.20
4	井底标高		m	－1287.70
5	井筒深度		m	1503.90
6	井壁厚度	井颈段	mm	1000
		基岩段	mm	600
7	马头门	单侧		20
		双侧		3
8	混凝土标号	－585.50m 以上		C30
		－585.50m 以下		C40

根据该井田勘探报告资料以及勘探施工的井筒检查钻孔揭露资料，出露地层为上元古界青白口系南芬组一段，主要岩性为泥灰岩、千枚岩、石英岩等。

（2）凿井施工机械化作业线及配套方式

井架：采用超深大型亭式凿井井架一座，井架天轮平台为目字结构，天轮平台尺寸为 9.5m×9.5m，井架底部跨距为 18m×18m。

提升：采用两套独立的提升系统。主提选用一台 2JK-4.5×2.4/20 型提升机配 6m³ 矸石吊桶双钩提升，副提选用两台 JKZ-4.0×2.1/20 型提升机配 5m³ 矸石吊桶单钩提升。

吊盘：三层吊盘一座，吊盘绳及稳车选用同一型号，保证吊盘起落平稳。同时在上下层盘各安装六套轮胎稳盘装置，保证吊盘升降平稳，不磨井壁。

凿岩：采用一台 YSJZ-6.12 型液压伞钻配 HYD200 凿岩机凿岩。

装岩：采用两台 HZ-6B 型中心回转抓岩机装岩，一台 SW30 电动挖掘机配合清底。

排矸：翻矸平台设两套座钩式自动翻矸溜槽，地表采用 ZL-50B 型装载机配合 20t 自卸汽车排矸。

混凝土搅拌及运输：井口设混凝土集中搅拌站拌制混凝土，站内配两台带自动计量装置的 JS-1000 型搅拌机，配备 PDL-1600 配料机组成的地表自动混凝土搅拌站，TDX3.5 型底卸式吊桶运送混凝土。

砌壁：均采用段高 4.5m 的液压整体模板，机械化振捣。

排水：采用二级排水方式排水，即在吊盘下层盘上安装两台 DC50-80×10 型水泵（一台使用，一台备用），吊盘上层盘上安装 5m³ 水箱一个，工作面涌水由风泵排至吊盘上的水箱，再由吊盘上的水泵排至地面。

压风：配置 4 台 27m³/min 单螺杆式空气压缩机，凿井期间最大耗风量约为 60m³/min，三台工作，一台备用。

通风：选用一台 FBD-2×55 型对旋式局部通风机，配 φ1000mm 玻璃钢风筒，压入式通风。

详细配置见表 2-7。

副井综合机械化作业线配套设施一览表　　　　表 2-7

序号	设备名称		型号规格	单位	数量
1	提升	主提升机	2JK-4.5×2.4/20	台	1
		副提升机	2JK4.0×2.1/20	台	1
		吊桶	56m³	个	2
		吊桶	5m³	个	1
		提升天轮	φ3.5m	个	3
		提升钩头	13t	个	3
2	悬吊	凿井绞车	JZ-25/1800	台	14
			2JZ-25/1800	台	1
			JZ-40/1800	台	4
			JZA-10/1800	台	1
3	凿岩	伞钻	YSJZ6.12	台	1
4	装岩	中心回转抓岩机	HZ-6B	台	2
		电动挖掘机	SW30	台	1
5	排矸	矸石溜槽	座钩式	套	2
		装载机	ZL-50B 型	台	2
		自卸汽车	20t	台	5

序号	设备名称		型号规格	单位	数量
6	砌壁	搅拌机	JS-1000	台	2
		配料机	PL-1600	台	1
		液压整体模板	MJY-4.5/10	套	1
		底卸式吊桶	TDX3.5	个	2
7	井架	超深大型亭式	目字型天轮平台	座	1
8	吊盘	凿井吊盘	三层 ϕ9.6m	套	1
9	辅助系统	排水　耐磨离心泵	MD50-80×11	台	4
			MD50-80×6	台	2
		压风　压风机	R160IU-8.5/AC 27m³	台	4
		信号　通信、信号装置	DX-1	套	3
		照明　灯具	DdC250/127-EA	套	7
		通风　通风机	FBD-2×55	台	1

（3）工艺流程及主要技术措施

1）井筒施工工艺

该井筒施工采用短段掘砌混合作业方式。采用超深大型亭式井架一座，副提采用 2JK-4.0×2.1/20 型矿井提升机单钩提升 5m³ 吊桶。主提采用 2JK-4.5×2.4/20 型矿井提升机双钩提升 6m³ 吊桶。采用 YSJZ-6.12 型液压伞钻配 HYD200 液压凿岩机凿岩。抓岩采用 HZ-6B 中心回转抓岩机 2 台，座钩式自动翻矸，地表由自 20t 卸汽车排矸。浇筑支护采用地表设一套 JS-1000，搅拌机配备 PLD-1600 配料机组成地表混凝土自动搅拌站。主副提升机均单钩提升 3.5m³ 底卸式吊桶下放混凝土，段高 4.5m 的整体移动金属模板，机械化振捣，一掘一支成井 4.5m。

① 凿岩作业：采用 YSJZ6.12 液压伞钻配六台 HYD200 液压凿岩机钻眼，按定人、定机、定眼位的"三定"方法进行凿岩，以保证凿岩质量，提高凿岩效率。液压凿岩机配 LG32mm 中空六角长 5525mm 成品钎杆和 ZQ45-R32 柱齿合金钻头。每次钻眼前应清至实底，施工人员按设计尺寸标出开挖轮廓线及各炮孔位置。井底工作面钻眼完成后，伞钻支撑臂与液压连接臂收臂，伞钻液压中心顶收起。利用主提升绞车提升绳将伞钻提升至地面。

工作面炮眼采用等深锅底形布置，采用双阶等深直眼掏槽方式。掏眼和辅助眼采用直径 40mm 岩石乳化炸药连续装药，周边眼采用直径 32mm 的岩石乳化炸药不耦合装药，均使用非电毫秒导爆管雷管起爆。为保证光爆效果，应严格执行光面爆破作业程序。

② 装岩工作：采用 2 台 HZ-6B 中心回转抓岩机抓渣，并用 MWY6/0.3 电动小挖作为辅助，主提升机配 6m³ 吊桶双钩提渣，副提升机配 5m³ 吊桶单钩提渣，地表经座钩式自动翻矸装置卸入溜槽内，风动闸门控制，自卸汽车排至业主指定的矸石场。为加快出渣速度，抓岩前先抓出水窝，迅速排除工作面积水，工作面水面应低于渣面 0.2m 以上。采取 MWY6/0.3 电动小挖进行清底，人工辅助，以加快清底速度。

③ 支护工作

支护形式：根据井筒围岩稳定情况，设计有四种支护形式，第一种是素混凝土支护，适用于整体性好的稳定岩层；第二种是锚网加素混凝土支护，适用于较破碎的稳定岩层；第三种是锚网加双层钢筋混凝土支护，适用于破碎的不稳定岩层；第四种是在井颈段采用的双层钢筋混凝土支护。井筒−585.50m 以上支护混凝土强度为 C30，−585.50m 以下支护混凝土强度为 C40。

模板：采用段高 4.5m、直径 10.0m 的单缝液压式整体模板，采用一掘一支的短段混合作业。

混凝土搅拌及下料：在井口设一座自动计量搅拌站，安装一台 JS-1000 搅拌机搅拌混凝土，PLD-1600 配料机配料，200t（或 2 个 150t）水泥仓储存计量水泥。采用主副提单钩提升两个 3.5m³ 底卸式吊桶下放混凝土到井下吊盘，然后卸载到吊盘接料斗并通过输料管入模，用插入式振捣器振捣。

2）主要技术措施

① 吊盘控制措施

吊盘设计为 3 层，上下层盘上各设置 6 个轮式稳盘装置，保证吊盘升降平稳，不磨井壁。吊盘稳车采用同一型号，吊盘绳采用同批次左右捻钢丝绳，吊盘稳车采用集中控制。

② 岩爆的防治措施

岩爆是指岩体在高应力作用下，岩体内大量积聚的能量瞬间爆发，岩体突然发生破坏的现象。

由于副井埋深大，地压势必增大，造成围岩地应力大。当开挖后，由于应力突然释放，将极有可能出现岩爆现象，影响井壁稳定和施工安全。同时，开挖井筒后，由于应力重新分布需要一定时间，才能重新达到应力平衡和围岩稳定，如果支护时机掌握不恰当，将对井壁造成破坏，影响施工安全和井筒正常使用。施工过程中宜采取如下措施减少岩爆：

A. 减少循环进尺，采用光面爆破和松动爆破，尽量减少对围岩的扰动，控制围岩环向裂隙，保持围岩的整体强度，尽量保持巷道周边的光滑平整，避免出现较大的凹凸不平现象，以减少应力分布不均和局部应力集中。

B. 采取"新奥法"施工工艺。及时进行有足够支护抗力又有足够可缩性的锚网喷支护，封闭围岩，释放应力，对围岩加强应力和应变的监控测量，及时反馈信息。

C. 增加围岩自承圈厚度。一是采用全长或加长锚固螺纹钢等锚杆；二是进行锚索加固，由于锚索长度较大，能够深入到深部较稳定的岩层中，限制围岩有害变形的发展，改善围岩的受力状态，增加围岩自承圈厚度。

D. 优化支护形式和施工顺序，根据监控数据，当应力达到新的平衡后及时进行二次永久支护，且二次支护适当加长锚杆、锚索和 U 型钢拱架等，提高永久支护混凝土强度等级。

E. 遵循"设计→实施→监测→反馈→改进→总结完善"的程序，合理调整设计参数并指导施工，实施动态设计和动态施工，确保施工质量和安全。

③ 井筒通过断层破碎带的施工

井筒掘砌过不稳定岩层和破碎带施工时，为确保安全顺利通过破碎带岩层，根据以往的施工经验，宜采用如下施工应急措施：

A. 掘进时，根据围岩破碎的程度，采取减小周边眼圈径进行放炮，采用多打眼、打浅眼、控制装药量、放小炮的控制爆破法，以减少对围岩的震动、破坏，剩余部分采用人工风镐刷帮。

B. 在破碎带岩层施工时，及时按设计要求采取锚网喷作临时支护。边出渣边临时支护，及时封闭围岩，防止风化。

C. 通过破碎带时，根据不同岩层情况，缩短施工段高。

（4）新技术、新设备、新工艺的应用

在本工程施工过程中，推广应用如下新技术、新设备、新工艺。

1）采用超深大井机械化配套作业线。采用超深大井特制井架、特制大型提升机、YSJZ6.12 液压伞钻、HZ-6B 中心回转抓岩机、整体移动金属模板、风冷移动式空压机、自动计量搅拌站、卷扬机视频监控、高效变频风机等。

2）采用德国进口高强不旋转钢丝绳。井深超过 900m 时，主副提更换为德国进口高强不旋转钢丝绳。并且对国产钢丝绳和进口钢丝绳更换时机进行优化，使两种绳径相同，换绳不换提升机衬板。

3）主要悬吊设施采用纯不旋转钢丝绳悬吊。吊盘、模板、压风供水管、排水管和风筒均采用 35w×7 型纯不旋转钢丝绳悬吊。该类型钢丝绳相对来说强度高，可减轻自身荷载，能够提高悬吊设施升降效率。

4）对钢丝绳状态进行在线检测。采用钢丝绳探测仪对主副提钢丝绳进行时时监控。

5）采用高效低噪风机，提高通风效率。

6）钢筋连接采用直螺纹套筒连接技术，加快施工速度。

7）整体模板采用防粘层技术，在不刷脱模剂时可保证模板脱模时不粘混凝土井壁。

8）井壁衬砌混凝土加早强减水剂，混凝土采用热水拌制。

9）电动小型挖掘机清底，提高竖井施工清底效率。

2.1.3 深厚表土冻结法施工技术

1. 深厚表土工程特征

冻结法凿井是在井筒开凿之前，用人工制冷的方法，将井筒周围的岩土层冻结成封闭的圆筒——冻结壁，以抵抗水、土压力，隔绝地下水和井筒的联系，然后在冻结壁的保护下进行掘砌工作的一种特殊的凿井方法。

自 1883 年德国工程师波茨舒发明冻结法以来，冻结法施工技术在世界上得到了广泛的应用，成为通过含水不稳定地层建设井筒的有效手段。一般冻结深度（特别是冻结冲积层的深度，因凿井的难度主要与冲积层厚度有关）标志着冻结凿井技术的水平。英国、德国、波兰、加拿大、比利时和苏联的最大冻结深度均超过了 600m，其中英国博尔比钾盐矿的冻结深度达到了 930m，国外冻结冲积层的最大深度为 571m。

自我国 1955 年首次在河北省开滦矿务局林西煤矿风井采用冻结法凿井技术以来，截至 2001 年年底，施工立井 420 多个，总延米达 60km 以上；穿过表土厚度超过 350m 的井筒只有 6 个，最大为 376m（山东省济宁矿区金桥煤矿副井），最大冻结深度为 435m（河南省永夏矿区陈四楼煤矿副井）；最大掘进直径、井壁厚度、冻结壁厚度分别为 10.5m、2.0m 和 6.66m。自 2002 年年初到 2012 年 8 月底，据不完全统计，十年来共建成表土厚度超过 400m 的井筒 65 个（其中 27 个井筒的表土层厚度超过了 500m），其冻结总长度达 36532m，冻结表土最深超过了 600m，创世界纪录。

在冻结法凿井技术中，冻结壁理论与技术和井壁设计理论与技术是其两个关键技术，主要涉及冻结温度场和冻结壁变形规律及施工关键技术、井壁设计理论和井壁与冻结壁的相互作用以及施工关键技术。经过十年的努力，实现了我国深厚表土中冻结法凿井理论和技术的重大突破，达到国际领先水平；突破了特厚表土下固体资源开发的技术瓶颈。

目前，我国深厚表土冻结工程的特点主要表现为：冲积层厚度大；第三系、第四系粘土层厚，具有强膨胀性；土层含水量低，冻土强度低；掘进直径大；地温高，冷量需求大，冻结壁发展慢；井壁结构复杂，施工难度大。

2. 深厚表土冻结关键技术

(1) 冻结壁变形规律

冻结壁是凿井的临时支护结构物，其功能是隔绝井内外地下水的联系和抵抗水土压力。当冻结壁完全交圈后，封闭的冻结壁即可起到隔绝地下水的作用；但是要起到抵抗水土压力的作用，冻结壁必须有足够的强度和稳定性。冻结壁是冻结工程的核心，其强度和稳定性关系到工程的成败与经济效益。冻结壁变形规律是冻结壁设计的依据。由于冻结土体的体积随冻结壁的厚度成平方关系增长，因此冻结壁的设计牵涉到巨额的冻结费用和工程的安全，是冻结施工技术中关键且困难的问题。

实际的冻结壁，从物理、力学性质方面看，是一个非均质、非各向同性、非线性体，随着地压的逐渐增大，由弹性体、粘弹性体向弹粘塑性体过渡；从几何特征看，它又是一个非轴对称的不等厚筒体。当盐水温度和冻结管布置参数一定时，代表冻结壁强度和稳定性的综合指标是厚度，而反映冻结壁整体性能的综合指标是冻结壁的变形。冻结壁变形过大会导致冻结管断裂，盐水漏失融化冻结壁；还会使外层井壁因受到过大的冻结壁变形压力而破裂。当掘砌工艺和参数一定，以及盐水温度和冻结管间距一定时，控制冻结壁的厚度是控制冻结壁变形的最主要手段。

关于如何确定冻结壁的厚度，国内外有许多公式，一般深度小于 100m 左右时，将冻结壁视为无限长弹性厚壁圆筒，按拉麦公式计算；当深度在 200m 左右时，将冻结壁视为无限长弹塑性厚壁圆筒，按多姆克公式计算；当深度在 200m 以上时，将冻结壁视为有限长的塑性（或粘塑性）厚壁圆筒，用里别尔曼公式、维亚洛夫公式等进行计算。但是，随着冻结深度的加大，地压增大，上述简单地引用弹性理论或弹塑性理论并作若干假设所得的解已不适用于深冲积层中冻结壁计算的需要。因此自 20 世纪 70 年代以来，开展了大规模的工程实测、模拟试验和数值模拟研究，并取得了长足的进展。

特厚冲积层中竖向地压随深度增加几乎线性增大，水平地压也相应增加。相比之下，受冻结站制冷能力限制，人工冻土降温（目前冻结壁平均温度很难降至 −30℃ 以下）及其强度增长幅度有限。事实上，人工冻土的强度与温度仅在一定温度范围内接近于线性关系，当温度下降至某一定值，土中弱结合水全部冻结后，继续降温时，冻土的强度将难以继续大幅度增长。由此可以预计：随着冲积层厚度的增加，尤其是对于特厚冲层冻结凿井工程，井筒开挖后冻结壁大范围甚至全面进入塑性状态几乎不可避免，采用强度条件将无法完成冻结壁的设计。

尽管经历了漫长地质历史时期的固结过程，深部天然土体及由此形成的人工冻土在未开挖条件下不再发生流变，然而，一旦井筒掘砌导致应力状态改变，深部未冻土及人工冻土必然在高地压作用下发生流变。当冻土的长时强度高于蠕变应力门槛值时，冻结壁将发生稳定蠕变，由于自身具有一定的承载能力，冻结壁将与外壁一起承担外部水平地压。事实上，随着深度增加及地压增大，与瞬时强度类似，冻土长时强度的增长也往往远低于外部压力的增长，导致冻结壁更易发生非稳定蠕变。由于非稳定蠕变冻结壁无法自稳，因而冻结壁将不具有长时承载能力，外部永久水平地压最终只能由冻结井外层井壁承载。由此可见，对于特厚冲积层冻结凿井工程，冻结壁作为一种临时支护结构，对于冻结凿井工程的作用更主要地体现为：延缓外壁外载（即冻结压力）的增长，为井筒开挖与支护、外壁早期强度及早期承载力的增长赢得一定的时间。

基于上述分析，认为：特厚冲积层中的冻结壁设计，应基于具体的冻结凿井工艺，以"控制一定时间段内的冻结壁变形，确保冻结管的安全"为目标开展。相应地，地层冻结工程的主要目标应在于：提高人工冻土的长时强度，降低人工冻土的流变性，而非单纯地着眼于提高人工冻土（或冻结壁）的强度。

显然，与采用"强度条件"开展冻结壁设计相比，上述冻结壁设计思想的区别在于：设计的出发点（冻土作为流变介质）、目标（控制冻结壁变形）发生了改变。

冻结壁能达到的有效厚度、发展速度和平均温度是冻结施工中必须确定的重要数据。目前对于深厚表土中的冻结工程多采用多圈管冻结方式，在不同冻结管布置圈径、冻结管间距、冻结管直径、初始地温、地层导热系数、土层含水率、多圈管冻结条件下冻结壁厚度与平均温度计算方法如下：

1）冻结壁厚度计算方法

在特厚表土层中，深部冻结壁的厚度可表示为

$$E = R_W - R_J + E_W \qquad (2\text{-}1)$$

式中　E——冻结壁厚度；

R_W——最外圈冻结管布置圈半径；

R_J——掘进半径；

E_W——外圈管外侧冻结壁厚度，可按外圈管单独冻结的情况（即单圈管冻结）计算，按单圈管冻结的经验或测温孔测温结果推算。一般冻结 540 天内，就常见的冻结壁发展影响因素取值范围而言，$E_W = 2.8 \sim 4.0\text{m}$，地温高、导热系数低、冻结时间短时取低值，反之取高值。

2）冻结壁平均温度计算方法

井帮位移，随着冻结壁平均温度的降低、冻结壁厚度的增大而减小；随掘砌施工段高的增大、地层深度（地压）的增大而增大。地压值对于冻结壁变形影响最为显著。井帮位移与上述因素间均呈现非线性关系特征，且各因素间存在相互影响。此外，上述 4 个因素对于"井筒工作面底臌变形"具有相同的影响规律。在"冻结壁厚度为 10～14m，冻结壁平均温度为 −25～−15℃"的前提下，与增加冻结壁厚度相比，降低冻结壁平均温度对于减小井筒开挖过程中的井帮变形更有效。

在特厚表土层中，具有 n 圈冻结管的深部冻结壁的平均温度可表示为

$$t_m = \frac{A_W t_{mW} + A_N t_{mN} + \sum\limits_{i=1}^{n-1} A_i t_{mi}}{A_W + A_N + \sum\limits_{i=1}^{n-1} A_i}$$ (2-2)

$$A_W = \pi((R_W + E_W)^2 - R_W^2)$$ (2-3)

$$A_i = \pi(R_{i+1}^2 - R_i^2)$$ (2-4)

$$A_N = \pi(R_i^2 - R_j^2)$$ (2-5)

式中　t_m——有效冻结壁的平均温度，℃；

t_{mW}——最外圈管外侧冻结壁的平均温度，一般为 $-14 \sim -11$℃，在去回路盐水温度平均值不低于 -30℃ 的条件下，盐水温度低、冻结时间长、地温低时取下限值，反之取上限值；常规情况下可取为 -12.5℃；

t_{mN}——最内圈管内侧冻结壁的平均温度，一般为 $-20 \sim -14$℃，在井帮温度低于 -10℃ 的条件下，井帮温度低时取下限值，反之取上限值；

t_{mi}——由内向外数第 i 圈冻结管与第 $i+1$ 圈冻结管之间冻土的平均温度，一般为 $-24 \sim -21$℃，盐水温度低、冻结时间长时平均温度低，故取下限值；反之取上限值；

A_W——最外圈管外侧冻土的面积；

A_N——最内圈管至井帮范围内冻土的面积；

A_i——第 i 圈冻结管与第 $i+1$ 圈冻结管之间冻土的面积；

R_i——第 i 圈冻结管的布置圈半径，$i=1$ 时为最内圈冻结管布置圈半径；$i=n$ 时为最外圈冻结管布置圈半径，$R_n = R_W$。

3）特厚表土中冻结壁设计理论和方法

以往在确定冻结壁厚度时，国内一般按如下方法：冻结深度小于 100m 时，将冻结壁视为无限长弹性厚壁圆筒，按拉麦公式计算；冻结深度 100～200m 时，将冻结壁视为无限长弹塑性厚壁圆筒，按多姆克公式计算；冻结深度 200～400m 时，仍按多姆克公式计算，但将安全系数取大，也可将冻结壁视为无限长塑性厚壁圆筒，按维亚洛夫等公式计算。

对于深厚表土冻结壁的设计计算，国外采用施工监测、有限元计算和模拟试验相结合的方法进行研究，而有限元计算更得到相当的重视。我国经过多年的深厚表土冻结井的实践，借鉴国外工程实例，加上深入的理论研究，得出冻结温度场和冻结壁厚度的理论计算方法，再和施工监测结合起来，逐步得到优化的冻结壁设计方法。

尽管对于有些土层，由于冻结锋面析冰产生的冻胀力使得在开挖前冻结壁受到被动土压力的作用，但是对于特厚冲积层来讲，随着冻结壁向井心的变形，冻结锋面上的被动土压力减小，并向静止土压力和主动土压力转变，最终的外载不会大于原始水平土压力，可见，取冻结壁的外载为原始水平土压力是略偏于安全的。

因此，冻结壁的外载应取为

$$p = 0.012H$$ (2-6)

式中　p——冻结壁的外载，为原始水平土压力，MPa；

H——土层计算深度，m。

（2）冻结井壁设计理论

1）外层井壁径向外载

所谓"冻结压力"，泛指冻结凿井过程中外层井壁浇筑后所受到的冻结壁的侧向压力。作为施工期的主要外载，冻结压力的大小及增长规律是冻结井外壁设计、施工及外壁安全稳定性分析的重要依据。对冻结压力增长规律的认识不足，是我国冻结凿井历史上外壁压坏事故屡屡出现的重要原因。冻结压力增长规律的研究，对井壁结构的设计与施工具有重要的理论指导意义。

中国矿业大学的研究成果表明：特厚表土层深部井壁受到的冻结压力趋于永久地压。这一结论对确定外层井壁的关键外载——冻结压力的大小有重要理论与实用价值。冻结井外壁设计时，井壁外载（即冻结压力）应按永久水平地压取值。

2）特厚表土中冻结井壁结构形式

井壁结构形式选择是深冻结井中关键技术难题之一，井壁结构形式的确定关系到井筒施工工艺的选择、冻结壁的设计、井筒施工安全和经济合理性。对于冻结井筒，带夹层的复合井壁解决了冻结井壁的承载和密封问题，是我国目前最成熟的井壁结构形式，国内外深冻结井内、外层井壁可行的井壁结构形式主要有：

① 现浇钢筋混凝土结构；

② 现浇钢骨混凝土结构；

③ 钢板—现浇混凝土组合结构；

④ 铸钢（铁）丘宾块—现浇混凝土组合结构；

⑤ 混凝土弧板或铸钢（铁）丘宾块装配式结构。

3）外层井壁和冻结壁温度场的相互影响

冻结井外层井壁浇筑后，其水泥水化热温度场与冻结壁温度场发生相互影响。一方面，随着混凝土水化热的释放，养护初期井壁温度迅速升高，为混凝土的强度增长提供了正温养护条件的同时，也会透过泡沫板向冻结壁内传递，导致壁后冻土的局部升温或融化，进而加剧冻结壁变形及冻结压力的增长。另一方面，混凝土水化热释放高峰过后，冻结壁冷量的传导将逐渐占主导地位，不仅容易导致井壁内外的较大温差，诱发温度裂缝，而且将对井壁混凝土的后期强度增长造成不利影响。该问题应与冻结壁设计与维护、井壁混凝土配置技术、井壁混凝土早期强度增长控制技术等综合考虑。

4）外层井壁混凝土早期强度增长规律

外层井壁（简称"外壁"）混凝土的早期强度增长不仅关系到井壁自身的安全，甚至影响整个冻结凿井工程的成败。我国冻结凿井历史上，外层井壁被压坏的事故曾屡屡出现，至今仍时有发生。研究表明："混凝土早期强度增长缓慢，难以抵挡急剧增长的冻结压力"是外壁压坏的根本原因。

外层井壁混凝土与内层井壁混凝土相比，前者处于更恶劣的温度与受力环境下，外层井壁现浇混凝土的早期强度能否满足井壁抵抗冻结压力的要求，是井壁设计和施工必须回答的问题。可通过以下方式确定其具体井筒的外层井壁混凝土早期强度规律，结合具体情况，提出合理的强度要求：首先采用模型试验方法模拟"外壁浇筑后井壁内混凝土的强度增长环境"，开展"外壁混凝土早期强度增长规律的室内试验研究"；而后结合具体的冻结凿井工程，开展"同条件养护下外壁混凝土早期强度增长规律的现场试验研究"。

5）高强混凝土冻结井壁力学特性

对于现浇高强混凝土井壁来说，井壁的力学特性决定了井壁承载的安全性。目前，我国已开始应用 C80 及以上的高强混凝土和高强钢纤维混凝土。在厚度不超过 600m 的冲积层中，采用现浇钢筋混凝土井壁仍是可行的，是优选方案。但是，由于井筒是地下结构，而不是构件，有其特殊性，特别是井壁高强混凝土的强度等级与其极限承载能力间的关系尚不清楚，故在设计井壁时无法确定井壁的安全度。《混凝土结构设计规范》GB 50010—2010 对于混凝土在井筒中的适应性没有做强制性的规定。

对于如何设计现浇高强混凝土井壁，目前尚没有一种公认的设计计算理论。现行的设计规范落后于工程实践，对于高强混凝土井壁没有出台相应的规范。而且《高强混凝土结构技术规程》CECS 104—1999 对 C80 以上的混凝土结构设计未作规定。由于高强混凝土有其自身的特殊性，不可能将普通混凝土的一些规定直接应用于高强混凝土中，尤其是无法与高强混凝土井壁建立起一个直接的关系，所以必须研究高强混凝土井壁结构的力学特性。

6）特厚表土中冻结井壁设计理论与方法

长期以来，我国冻结井壁设计理论和方法的要点如下：

① 冻结井壁为带夹层的双层复合井壁。外层井壁不防水，前期主要起抵抗冻结压力的作用，后期承受有效土压力作用。内层井壁主要承受水压作用。计算中不考虑井壁自重的作用。

② 将井壁视为无限长筒体，按平面应变问题处理。

③ 井壁为理想弹塑性体，井壁内缘为最危险点。

④ 用第三或第四强度理论进行强度验算。

尽管我国先后出台了《混凝土结构设计规范》GBJ 10—1989 和《混凝土结构设计规范》GB 50010—2010，但是由于煤炭行业主管部门的频繁变迁和行业效益一度陷入低谷，在井壁设计理论和设计方法的研究方面未有大的投入，致使在钢筋混凝土结构方面国内外近 30 年来的研究成果未能反映在井壁设计计算中，使特厚表土中的井壁设计计算面临诸多困难。在深厚表土中，如何合理引用和借鉴《混凝土结构设计规范》GB 50010—2010，考虑冻结法凿井的特点，经济合理、安全可靠地设计冻结井壁是冻结法凿井技术关键之一。

对带夹层的双层冻结复合井壁的设计理论和方法开展了系统研究，提出了合理的设计井壁计算模型和计算公式，主要结论如下。

① 按传统的第三或第四强度理论进行井壁强度校核，在某些应力状态下井壁混凝土材料的承载性能不能得到充分发挥；应采用《混凝土结构设计规范》GB 50010—2010 规定的多轴强度理论进行校核，既能充分发挥井壁的承载力，又能保证井壁的安全。

② 提出了合理的内层井壁力学模型——轴对称广义平面应力模型，并得到了内层井壁厚度的计算公式。利用该公式设计内层井壁，不会高估或低估井壁承载力。

内层井壁厚度计算公式为

$$E_d = \gamma_0 \left(\sqrt{\frac{f_z}{f_z - 5\gamma_0 \gamma_G p_w/3}} - 1 \right) \tag{2-7}$$

因荷载分项系数 $\gamma_G = 1.35$，$\gamma_0 = 1.1$，故上式变为

$$E_d = \gamma_0 \left(\sqrt{\frac{f_z}{f_z - 2.475 p_w}} - 1 \right) \tag{2-8}$$

$$f_z = f_c + \mu \, f_y' \tag{2-9}$$

式中　p_w——计算深度处内层井壁受到的水压力，MPa；

　　　f_z——计算深度处内层井壁材料的综合设计强度，MPa；

　　　f_c——混凝土的强度设计值，按《混凝土结构设计规范》GB 50010—2010 的规定取值；

　　　f_y'——钢筋的强度设计值，按《混凝土结构设计规范》GB 50010—2010 的规定取值；

　　　μ——配筋率。

③ 提出了合理的外层井壁力学模型——轴对称平面应力模型，并得到了外层井壁厚度的计算公式。利用该公式设计外层井壁，不会高估或低估井壁承载力。

外层井壁厚度的计算公式为

$$E_d = \gamma_0 \left(\sqrt{\frac{f_z}{f_z - 2\gamma_0 \gamma_G p_d}} - 1 \right) \tag{2-10}$$

因荷载分项系数 $\gamma_G = 1.05$，$\gamma_0 = 0.9$，故上式变为

$$E_d = \gamma_0 \left(\sqrt{\frac{f_z}{f_z - 1.89 p_d}} - 1 \right) \tag{2-11}$$

$$f_z = f_c + \mu \, f_y' \tag{2-12}$$

式中　p_d——计算深度处外层井壁受到的冻结压力，MPa。

3. 冻结法施工技术及难点

(1) 特厚表土中高垂直度超深冻结孔施工技术

冻结法凿井的核心技术（有时是难题）可归纳为"两壁一钻一机"，其中"一钻"主要是指冻结孔施工技术问题。冻结孔施工技术重要性和难度由此可见一斑。

国内外深冻结井的施工经验表明，冻结的成功与否很大程度上取决于冻结孔的施工质量。因此，各国均把造孔质量作为衡量深井冻结工程成败的主要指标。随着我国煤炭开发向地层深部进军，巨野、聊城等具有特厚表土层的矿区的开发逐渐发展。在这些矿区，表土层厚度达 450～600m，甚至更多，因此井筒建设多采用冻结法。由于需要的冻结深度大，冻结孔深度将达 500～800m，属超深冻结孔。由此可见，对于具有特厚表土的深冻结井来说，要确保其冻结工程的成功，首先要解决的是高垂直度冻结孔的施工技术问题。

目前，我国通过特厚表土中高垂直度超深冻结孔施工技术研究与实践，解决了特厚表土条件下高垂直度钻孔的精确定向纠偏问题，使我国深厚表土中冻结孔的纠偏技术由定性阶段进入了量化控制阶段；解决了超深冻结孔施工中的有效防偏问题，将我国冻结孔施工的防偏技术推向了一个新的高度；解决了超深冻结孔下管过程中泥浆吸卡管和缩径卡管的预防问题，使其冻结管的安全、顺利下放有了可靠的保障。

(2) 特厚表土冻结壁形成与维护技术

根据掌握的冻结壁位移规律、冻结温度场发展规律和冻结壁理论研究成果，从冻结效果、井帮温度、井帮位移（重点是粘土层井帮温度、冻结壁厚度和平均温度）、冻结管安全、外层井壁施工质量与安全等方面分析，运用信息化施工技术，根据井帮温度和测温孔

温度实测资料进行温度场反演分析，及时反馈，控制冻结壁厚度和平均温度，使得冻结壁具有很高的强度与稳定性。针对具体工程的工程条件与地层条件，控制和维护冻结壁有效厚度和平均温度。

（3）特厚表土冻结段井壁施工技术

对于特厚表土冻结段井壁施工技术，主要表现为：

1）高强、早强、大厚度混凝土井壁施工技术问题。随着冻结井使用的混凝土标号越来越高。由于冻结壁可能变形大，来压早，故井壁混凝土必须具有早强性能，以确保井壁不会被压裂。大体积混凝土易出现温度裂缝，在冻结井筒具体条件下如何防止井壁开裂是一个不能回避的问题。另外，由于井帮温度低，混凝土是否会因受冻而影响强度增长也是必须回答的问题。外层井壁混凝土的养护条件可概括为："先热后冷，边硬化边承载"。在冻结井筒这样恶劣的条件下，高强、早强、大厚度井壁的施工是一个具有很大难度的课题。

2）冻结壁变形控制问题。冻结壁变形过大会导致冻结管断裂，从而可能引发恶性事故。除了要从冻结方面提高冻结壁的整体承载力外，在掘砌过程中也必须采取措施控制冻结壁的变形，主要从控制冻结壁暴露段高、暴露时间和保证井壁质量几方面着手。

3）冻土掘进问题。由于掘进荒径大，冻土进入井内多，甚至会冻实，而且冻土的温度低，这势必给掘进带来难度。

针对上述难题，应通过模型试验、现场实测和数值计算等手段，采用信息化施工技术及时掌握井壁与冻结壁的温度、变形、位移、应力等信息，与冻结单位密切配合，及时调整施工段高及冻结壁暴露时间，保证工程施工安全，不出现任何井壁压裂、冻结管断裂事故。

（4）困难条件下高强高性能混凝土施工技术

对冻结井筒困难条件下，要求配方和施工工艺满足现场高强高性能混凝土井壁施工要求。新拌混凝土的坍落度大，便于施工；井壁混凝土的早期强度增长快，可满足抵抗冻结压力的要求；井壁不会因径向温度差产生环向温度裂缝；所采用的配方易于现场配制，且经济性好。

为保证外层井壁的安全和方便施工，一般对混凝土的要求为：

1）坍落度不小于 15～18cm；经 30min 坍落度不低于 12～15cm。

2）强度增长要求：1 天、3 天和 7 天强度应分别达到设计强度的 30%、70% 和 90%。

3）脱模时间为 8h，脱模强度不小于 1MPa。

4）不产生温度裂缝。

5）砂、石均采用经检验合格的当地材料。

6）矿物、化学掺加剂分开掺加，且方便计量。

（5）特厚表土中冻结井筒掘砌信息化施工技术

信息化施工技术在厚表土冻结井筒中的应用发挥了无可替代的重要作用，为科学决策奠定了基础，科学地指导了井筒施工，保障了工程安全与质量。冻结井筒信息化施工技术是以获取信息、分析信息、反分析计算、预测预报和信息反馈为主要内容的一整套技术。信息化施工技术为我国特厚表土中冻结井筒的安全、科学施工提供了强有力的支撑；为有效地评估冻结壁发展状况，分析冻结壁、井壁的安全与稳定性提供依据。监测数据用于开展冻结温度场、冻结壁受力与变形的反演与预测预报研究，为井筒施工提供指导或参考。

2.2 巷道快速施工新技术

目前我国巷道掘进单进水平低，成本比较高。巷道施工在机械化水平、施工工艺、施工速度上都还明显落后于先进国家，施工效率差距更大。综掘机械化作业线是巷道施工发展的方向，实现了破岩、矸石装运一体化；掘进机能够破岩、装岩并能将煤矸转载到运输设备上。它具有工序少、进度快、效率高、质量好、施工安全、劳动强度小等优点。而胶带转载机能实现长距离连续运输，其能力大于掘进机的生产能力，可最大限度地发挥掘进机的潜力，提高开机率，实现连续掘进。

2.2.1 斜井快速施工新技术

斜井在煤矿的应用越来越多，特别是西部浅埋煤层以及特大型矿井。在斜井井筒（斜巷）基岩段施工中，掘进时通常采用手持式风钻钻孔，不仅需要投入大量的人力，而且劳动强度高、工作环境差、安全性低。尤其钻凿底孔非常困难，角度难以控制，成孔后不易拔钎杆，放炮后普遍存在底高现象，生产效率低、生产成本高。

目前最新技术工艺对倾角小于 16°斜井（斜巷）传统施工工艺进行改进和科技创新，总结出采用 CMJ17HT 型煤矿用全液压掘进钻车钻孔、P60（B）耙斗机排矸的斜井机械化配套施工工艺，成功应用于平煤八矿主斜井井筒、十一矿己 24 采区回风下山等工程，达到了节约能源、提高效率、降低成本、改善作业环境、提高工程质量和施工安全性的目的，取得较好的经济效益和社会效益。

1. 工艺原理

使用 CMJ17HT 全液压钻车钻孔掘进，P60（B）耙斗机和 6m³ 箕斗配套装岩，双滚筒绞车提升排矸，形成掘、装、运机械化配套施工工艺，达到快速施工的目的。

2. 技术特点

（1）使用 CMJ17HT 全液压钻车钻孔掘进，P60（B）耙斗机和 6m³ 箕斗配套装岩，双滚筒绞车提升排矸，掘、装、运机械化配套合理先进。

（2）打眼定位准确，光爆成型好，工程质量高。

（3）使用人员少，降低了作业人员的劳动强度、工作效率高。

（4）改善作业环境，作业安全显著提高。

（5）施工速度快，节约能源，降低工程成本，经济效益高。

3. 施工工艺

开工准备→钻车定位→打眼→退钻车→爆破→锚网支护/耙斗机、箕斗装运矸石→喷射混凝土支护。

4. 操作要点

（1）钻车定位

钻车定位前，钻车进退通路要清理平坦通畅，工作面停放钻车位置要平整；钻车开进距离工作面适当的位置，将前支腿放下，稳支牢钻车。巷道主要设备布置见图 2-7、图 2-8。

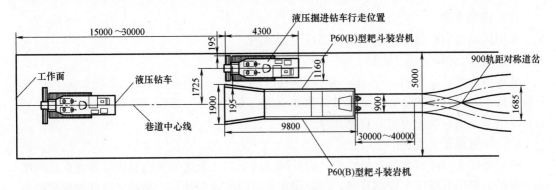

图 2-7 巷道主要设备布置平面示意图

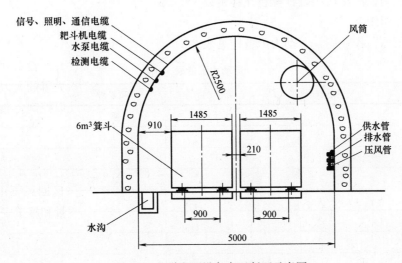

图 2-8 巷道主要设备布置断面示意图

（2）打眼

基岩段施工凿炮眼，采用 CMJ17HT 型煤矿用全液压掘进钻车钻眼，炮眼布置 82 个，炮眼深度 2.4～2.6m；钻眼时间 90min，钻眼速度能达到 2～4m/min。

（3）退钻车

打眼完毕后，液压掘进钻车后退工作面后在安全地点停放，并进行掩护，以防爆破时岩块飞出砸坏钻车。钻车退路要清理干净，钻车行走的地方坡度要一致，坡度不能太大，防止退钻车时产生侧翻。工作面退钻车时，钻车前方及两侧严禁有人。退钻车只能有一人操作，钻车司机要注意好钻车行走方向，防止撞到巷帮。钻车停好后，各操作手柄应恢复到"0"位，各运动部件应恢复到停机状态，关闭电器开关，切断钻车供电电源。清洗钻车各工作部位，保持各部清洁、整齐、美观。按润滑要求和保养要求进行维护、加油各部清洁、加油和保养。在液压掘进钻车往返于工作面和停放位置之间时，由于液压掘进钻车的爬坡能力不超过 14°，另外由于巷道底板岩石松软和有积水，液压掘进钻车将不能自行往返于工作面和停放位置之间。为了解决这一难题，应考虑使用绞车主提升钩头作辅助牵引，当液压掘进钻车陷于泥坑时，由绞车主提升钩头适当牵引，就能保证液压掘进钻车行走自如。

（4）爆破

严格按照爆破图表的爆破参数进行装药放炮，使之达到理想的爆破效果。

（5）锚网支护

采用风动凿岩机打眼，人工安装锚杆及金属网。

（6）装矸、排矸

巷道内的矸石，采用 P60（B）耙斗机将矸石耙装在 6m³ 箕斗内，由 2JK-3.5/15.5 提升绞车提至地面翻矸架翻矸，铲车装矸汽车运走。双钩提升，耙斗机后设置 PLC 数字控制自动道岔一组，实现道岔的自动开合。

（7）喷射混凝土支护

喷射混凝土前要对帮顶严格检查，先找掉活矸危岩，掘进断面符合设计要求后挂线喷浆。喷浆前要用高压风水冲刷巷壁，将岩面和裂隙内的粉尘冲刷干净，以有效地提高喷射混凝土的粘结力。严格按照设计配合比拌料。

（8）劳动组织

实行"三八"作业制，劳动力配备详见表 2-8。

劳动力配备表　　　　表 2-8

工种	掘进一班	掘进二班	喷浆班	合计
掘进工	4	4	8	16
钻车司机	2	2		4
电钳工	1	1	1	3
耙斗机司机	1	1	1	3
放炮员	1	1		2
信号把钩工	3	3	3	9
绞车工	2	2	2	6
管理人员				3
其他				12
合计	14	14	15	58

5. 材料与设备

该技术所使用的主要机具和设备详见表 2-9。

机具和设备表　　　　表 2-9

设备名称	规格型号	单位	数量	备　注
提升绞车	2JK-3.5/15.5	台	1	
矿用全液压掘进钻车	CMJ17HT	台	1	
风钻	YT-28	台	4	
耙斗机	P60（B）	台	1	
喷浆机	ZⅦ	台	2	
箕斗	6m³	台	2	
搅拌机	JMZ-750	台	1	
水泵	D46-50×12	台	2	
数字控制道岔系统		套	1	

6. 应用实例

该技术的应用实例见表 2-10。

应用实例一览表　　　　　　　　　　　　　表 2-10

工程名称	工程地点	开工时间	竣工时间	工程量(m)
平煤八矿五采区主斜井井筒	平顶山市东部	2007.9	2010.3	2850
平煤十一矿己 24 采区回风下山	平顶山市西部	2007.8	2007.12	650
平煤一矿主斜井井筒	平顶山市北部	2008.1	2008.7	780

2.2.2 平硐快速施工新技术

在我国西部山区，平硐开采矿体具有无可替代的优势，在可能的情况下都会优先采用平硐开拓方式，平硐的施工又有着与众不同的特点，因此，如何充分利用平硐的特点，实现平硐的快速机械化施工，是近些年建井行业攻关的重点。

平硐快速施工技术的关键是实现凿岩机械化、装载机械化、支护机械化。传统的风动凿岩机可与凿岩台架配套，或者采用液压凿岩台车，装岩采用大能力的装载机，支护采用锚喷支护，可实现快速施工的目的，且具有良好的经济效益和社会效益。

该施工技术中，凿岩台车适用于角度小于 8°、断面大于 $15m^2$、岩石等级Ⅱ～Ⅳ级的斜井、平硐施工，同时也适用于存在瓦斯或易燃粉尘风险矿井的岩巷、矿坑、采石场等工程。其中，湿式喷浆适用于矿井平硐、斜井、井下巷道喷浆支护以及隧道、山体护坡等工程的喷浆支护。

1. 工艺原理

在煤矿平硐及小角度斜井施工中，对不同地质条件的围岩，分别进行合理的爆破设计，利用凿岩台车打眼，采取全断面光面爆破，合理配置满足施工需要的配套机械设备，达到井巷工程开拓无轨运输快速施工的目的。

喷射混凝土是新奥法的核心技术之一，国内广泛应用的干喷法存在的粉尘、回弹、混凝土强度不稳定三大技术难题，长期一直困扰着人们。湿式喷浆是把粗、细骨料，水泥，水，按一定的比例配制为成品混凝土，直接加入喷射机内，液体速凝剂经计量泵计量后通过喷头水环加入混凝土中喷射出去。湿式喷浆很好地解决了作业面粉尘大、回弹多、操作人员劳动强度大、材料配比不均等问题，是喷浆作业的发展方向。

2. 技术特点

(1) 采用凿岩台车钻眼，动力消耗少，效率高。

(2) 采取岩巷全断面光面爆破，同时可进行锚杆支护平行施工。

(3) 根据不同岩性选择最佳凿岩参数，冲击应力平缓。提高工程和环境质量。

(4) 采用湿式喷浆，喷射时产生粉尘小，改善现场的空气质量，保护作业人员的身体健康。

(5) 混凝土均匀搅拌，水灰比精确，喷射密实，喷层强度高，巷道整体强度和防水性能好，减少了回弹量。

3. 施工工艺

(1) 钻爆作业

平硐及小角度斜井边墙及拱部均按光面爆破设计进行钻眼、装药、接线和引爆；爆破后不得有欠挖，以减少对围岩的二次扰动。

每次爆破进尺视围岩状况确定，对于Ⅳ类围岩一次进尺不大于3m；Ⅲ类围岩一次进尺根据围岩的稳定状况不大于2～3m；Ⅱ类围岩不大于1.5m。每次爆破后由地质工程师到现场对围岩及稳定性做出评估，以确定下次循环进尺。

要取得良好爆破效果，必须提高钻孔精度，要求炮孔开口误差不大于30mm，方向偏差不大于30mm/m。采用毫秒延期导爆管起爆系统。光面爆破药采用$\phi25$mm炸药卷。爆破参数根据现场试验予以确定。

（2）钻爆施工工艺流程

找线划眼位→台车就位→打眼→扫眼→瓦检→装药联线→瓦检→放炮→通风排烟→安检、瓦检→装岩运输。

（3）湿式喷浆施工工艺流程

喷射混凝土工艺流程如下：喷锚工作平台就位→喷射面的事前处理→厚度控制→湿喷机开机准备→配料拌和→坍落度测定→混合料的输送→边墙混凝土的喷射→拱部混凝土的喷射→停机操作→养护。

（4）装岩、排矸施工

装岩选用ZL50型装载机，自卸汽车排矸。施工期间，为提高装岩速度，每隔100m设一调车躲避硐。躲避硐深度6m，断面与主巷道相同，以便于汽车进入工作面前调车。

（5）劳动组织安排

劳动组织安排见表2-11。

劳动组织安排表　　　　　　　　　　　　　　　表2-11

单位	工 种	人数	单位	工 种	人数	单位	工 种	人数
掘进队	队长	1	机电队	电工	4	项目部	经理	1
	技术员	1		机修	4		副经理	3
	材料员	1		大班机检修	3		工程技术部	3
	机修	2		压风工	3		经营管理部	2
	班长	1×4		灯房	3		物资供应部	3
	质检员	1×4		通风	5		安检调度	3
	掘砌机工	2×4		搅拌工	8		后勤部	6
	放炮员	1×4		变电工	3			
	喷浆工	4×3						
	装载机司机	1×3						
	汽车司机	12						
合计		52			33			21

4. 材料与设备

该技术采用的机具设备见表2-12。

凿岩台车掘进机械化施工设备表　　　　　　　　　　表 2-12

序号	设备名称	型号规格	数量	生产厂家	额定功率
1	凿岩台车		1～2		
2	胶轮车		12		
3	空压机	20m³移动式	3		130kW
4	装载机	ZLC-30	2	徐州	
5	装载机	ZL-50	1	徐州	
6	水泵	DG25-30×6	2	上海	
7	对旋风机	2×25	2	泰安	25kW
8	风镐	01-30	20	沈阳	
9	激光指向仪	JK-3	6	徐州	
10	移动变电站	KBSGZY-630/6	1	徐州	

5. 工程实例

某矿井副平硐总长 2981m，坡度为 1°20′7″上坡，巷道净宽 5.6m，基岩段掘进断面为 23.02m²。设计支护形式为锚—喷—网联合支护，其中锚杆采用 $\phi18×2000mm$ 螺纹钢树脂锚杆端头锚固，三花形布置，间排距 800mm×800mm；金属网采用 $\phi6.0mm$ 钢筋加工，网孔规格为 150mm×150mm；喷射混凝土强度等级 C20，喷射厚度 150mm。

平硐所穿过的岩层主要为中细砂岩、砂质泥岩和泥岩等组成，岩石硬度系数 $f=3$，地质构造简单。涌水量小于 $1m^3/h$。

（1）主要施工设备

平硐施工采用深孔爆破加非电导爆管、导爆索、电雷管等爆破器材爆破，采用自制掘进台架车和 YT29A 型凿岩机钻眼，ZL50 型装岩机装岩，自卸车出矸；输送车运输混凝土，PC5T 转子式混凝土喷射机喷射混凝土，锚杆采用 MQT-70/1.7 型气动锚杆钻机钻安；混凝土搅拌设备配备两台 JS500 型强制式搅拌机，主要施工机械设备详见表 2-13。

主要施工机械设备　　　　　　　　　　表 2-13

序号	设备名称	型号或规格	数　　量
1	凿岩机	YT29A	20 台
2	气动锚杆转机	MQT-70/1.7	2 台
3	装载机	ZL-50	1 台
4	自卸汽车	8t	5 辆
5	空压机	LA-130/8.5-20	2 台
6	空压机	LA-250/8.5-40	1 台
7	喷浆机	PC5T	2 台
8	通风机	No 6.3/2×30	2 台
9	搅拌机	JS-500	2 台
10	激光指向仪	JK-3	3 台

（2）施工方法

1）钻眼爆破

采用 YT29A 型独立回转式凿眼机人工钻眼，选用 B25mm×3200mm 中空六角钢钎杆和 $\phi55mm$ 十字形合金钎头。爆破炸药选用 200g/卷，$\phi35×200mm$ 的岩石乳化炸药。塑料导爆管导爆，电雷管引爆，FD1000-A 型发爆器起爆。

采用光面、光底、减震、缓冲及中深孔爆破技术，根据岩性进行爆破参数设计。采用楔形掏槽，掏槽眼深 3.2m，布眼 6 个；辅助眼布置 3 圈，各布眼 9 个、13 个和 19 个；周边眼布眼 36 个；底眼 9 个，眼深均为 3.0m，还包括 2 个中空眼（眼深 2.0m），全断面共布置 86 个，炮眼布置见图 2-9，爆破参数见表 2-14。

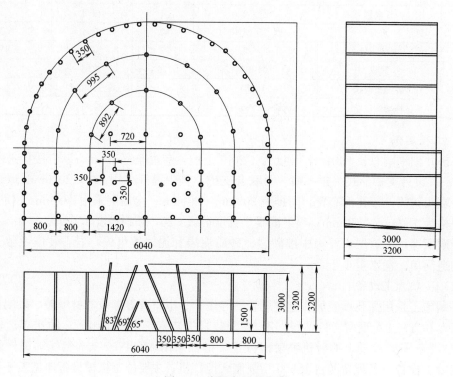

图 2-9 炮眼布置示意图

平硐爆破参数表　　　　　　表 2-14

序号	炮眼名称	炮眼序号	眼数（个）	眼间距（mm）	装药量			起爆顺序	连线方式	备注
					每眼（卷）	小计（卷）	药量（kg）			
0 1	掏槽眼	1～2 3～8	2 6	740 350	0 12	0 72	0 14.4	Ⅰ		
2	一圈辅助眼	9～17	9	上部 720 下部 350	8	72	14.4	Ⅱ		
3	二圈辅助眼	18～28	11	上部 892 下部 350	4	44	8.8	Ⅲ	大并联	采用岩石乳化炸药 $\phi 35 \times 200mm$，重 200g
4	三圈辅助眼	29～41	13	上部 995 下部 350	4	52	10.4	Ⅳ		
5	周边眼	42～77	36	350	3	108	21.6	Ⅴ		
6	底眼	78～86	9	755	8	72	14.4	Ⅴ		
	合计		86			420	84			

利用掘进台架车，将工作面分成上下两层，以利于巷道上下分两个区间布置多台风钻同时作业，并实行定人、定钻、定位、定数量的打眼责任制，使有限的空间得到充分利用，以提高打眼效率。采用反向装药结构，装药前必须吹净炮孔内泥渣，药卷要送至孔底，随吹随装。联线方式为大并联。

2）装岩与排矸

装岩选用 ZL50 型装载机，自卸汽车排矸。施工期间，为提高装岩速度，每隔 100m 设一调车躲避硐（躲避硐深度 6m，断面与平硐相同），以便于汽车进入工作面前调车。工作面矸石装入自卸汽车后运出平硐到指定地点。

3）支护

锚杆采用 MQT-70/1.7 锚杆机进行钻安，拱部锚杆在掘进台架车上钻安，施工时，先施工顶板中央锚杆孔。在指定锚杆位置钻孔后，将树脂药卷装入孔内，利用锚杆机将带有托盘、螺母等部件的锚杆推入设计位置并搅拌 20s 左右，待树脂固化后，用扭矩扳手上紧螺母。两帮锚杆滞后拱部锚杆 1～2 排施工，施工顺序自上而下，由后向前逐排进行。施工时，根据设计好的锚杆的间、排距，将要打锚杆的位置预先标好，并在钻杆上标出钻进的深度。待钻眼达规定的深度，退出钻杆，先给眼内塞进树脂药卷，推到孔底，然后将已上托板和螺母的锚杆尾部套上钻机，启动钻机捅破药卷并搅拌，同时将杆体推至孔底，搅拌后拧紧螺母，使其扭矩、锚固力达到要求。

在工作面和工作面退后 50m 处各设一台 PC-5T 型喷浆机，前台用于工作面初喷混凝土，即封闭工作面围岩。喷浆料由设在地面的混凝土搅拌站制作后由输送车运送至工作面。人工操作喷头及时进行围岩封闭。喷射混凝土中另加早强减水剂 2％～3％，可减少回弹率 6％～8％，降低粉尘 10％左右。工作面退后 50m 处的喷浆机用于复喷混凝土，复喷混凝土与工作面打眼可以平行作业，不占用循环时间，以此来保证循环作业时间。复喷混凝土厚 50mm 左右，先补不平处，然后分层喷射达设计厚度，间隔时间在 3d 以内，分层喷射在移动工作台上进行，从而实现了与掘进作业工序平行。

4）通风

通风选用 No.6.3/2×30 型对旋式风机和 ϕ1000mm 的不燃性胶质风筒向工作面供风。当工作面距离达到 1000m 时，仅一台风机已不能满足工作面所需风量的要求，需再增加一套 No.6.3/2×30 型对旋式风机和 ϕ1000mm 的不燃性胶质风筒，同时向工作面供风，以满足排除炮烟以及汽车尾气和工作面施工人员和各种机械的用风要求。

（3）施工组织与管理

1）劳动组织

按项目管理要求，项目部设经理和生产、技术、安全、经营副经理，项目部下设一个平硐施工综合队及管理、服务系统。管服人员共 13 人，根据进度和设备配备要求，综合队共配备 72 人，其中掘砌直接工分成打眼、出渣、喷浆和清底四个专业班组，"滚班制"作业，按工序交接班，按循环图表要求控制作业时间，保证正规循环作业。辅助工为三班作业制；机电工采用大班、小班和包机班组三种形式，大班负责日常机电工作，小班采用"三八"制，负责处理 24h 的内外机电故障；包机班组与掘进班组配合，在各自对应的设备空闲时进行处理，保证井下正常工作，尽量不占用和少占用掘进时间（具体循环图表参见表 2-15）。

副平硐基岩段施工循环图表 表 2-15

序号	工作名称	时间 时	时间 分	1	2	3	4	5	6
1	倒台车及打眼准备		40						
2	钻注锚杆	1							
3	打迎头眼	1	30						
4	装药连线		40						
5	放炮通风		30						
6	排渣	1	30						
7	找顶		30						
8	打两帮锚杆及挂网								
9	挂拱部网								
10	1台喷浆机初喷								
11	2台喷浆机复喷								
12	1台喷浆机二次复喷成巷								
13	机动时间		40						

注：6h完成一个正规循环（下部3.5m，上部3.2m），循环进尺2.8m，正规循环率92%，月成巷进尺310m。

2）质量管理

为了保证施工质量，严把材料质量关，凡进场材料如砂、石、水泥、钢材等，使用前按要求进行抽样试验，确认符合设计要求后方可使用。

施工过程中，坚持执行"操作人员当班自检、班组互检、施工队日检、项目部旬检、专职质检员随时检"的制度，防微杜渐，把质量事故消灭在萌芽状态。

为有效控制工程施工质量，项目部建立了工程质量管理体系，从行政、技术、经济3个方面形成质量管理有效机制，严格事前控制，做好技术性复核复查工作，坚持本道工序未经检查验收或验收不合格，不得进入下一道工序施工，取得了较好效果。

3）安全管理

在井筒施工过程中，贯彻执行"安全第一，预防为主，综合治理"方针，制定各项安全生产规章制度和岗位责任制，做到三个坚持：不安全不生产，事故隐患不消除不生产，安全措施不落实不生产。加强各类安全生产检查，对检查中发现的安全隐患，及时限期定人整改，对在施工中发生的"三违"现象和安全事故实行"四不放过"原则，认真追查处理。全井筒施工中，未发生轻伤以上人身安全事故。

矿井副平硐于2006年12月进点筹备施工以来，施工单位克服了冬季施工、材料供应不畅等种种困难，取得了目前国内外罕见的快速施工速度。连续三个月月成巷进尺突破300m，最高月成巷进尺达312m，创国内平硐井筒施工新纪录，全年累计完成成巷进尺2944.8m，且工程质量优良，安全无事故，实现了优质、快速、安全、高效施工。

2.2.3 岩巷快速施工新技术

目前岩巷掘进单进水平低，成本比较高，在机械化水平、施工工艺、施工速度上都还明显落后于先进国家，施工效率差距更大。总的说来，主要存在以下问题：

（1）机械设备及其配套方面

设备老化且不配套，不能适应快速掘进的需要。目前，国内岩巷施工设备主要采用气腿式凿岩机、耙斗式装岩机，这些设备机械性能十年如一日，没有大的发展和改进，占用较多人力，严重制约了岩巷掘进速度的提高。而且装岩、转载、运输和支护各环节配套性欠佳，作业劳动强度大，致使掘进速度很难有所突破，效率也一直在低水平徘徊。

（2）爆破参数方面

虽然中深孔爆破技术已得到发展和推广应用，但是目前国内多数煤矿主要采用的还是浅孔爆破，循环进尺普遍较低，一般在 2.0m 以下。辅助时间相对较长，而且不利于实现钻眼与装岩平行作业，这也是造成岩巷单进水平低的一个主要原因。

（3）支护参数方面

岩巷掘进支护现大部分已实现锚喷网化。但为了支护可靠性，大部分煤矿在选择支护参数时没有经过科学的分析研究，往往采用工程类比法（经验法）设计支护参数，往往造成支护密度过大，给快速施工带来很大的影响，也造成了很大的浪费。

（4）劳动组织方面

采用的劳动组织方式不同，人员组成不同，很多都没有从系统工程角度出发，应用网络优化方法来认真科学地组织和管理施工，造成工序组织不合理，部分工序劳动力浪费较严重，大大影响单进水平和成本。

1. 工艺原理

在岩巷施工中，出矸时间约占总循环时间的 35%～50%，因此选择合理的装岩设备，减少装岩出矸时间是提高巷岩掘进速度的重要环节。原有的人工装岩方式与小断面、浅眼爆破还能勉强相适应，但不能满足快速高效掘进巷道施工的需要，必须采用增加装矸设备。侧卸式装岩机铲取能力大，生产效率高，对大块岩石、坚硬岩石适应性强；履带行走，移动灵活，装卸宽度大，清底干净；操作简单、省力。但是构造复杂、造价高、维修要求高。新研制煤矿用扒斗式装载机具有高效、节能、噪声小等特点，可连续把岩碴进行挖掘、扒取、输送到矸石仓、矿斗车和其他运载设备上，这一连续的生产过程具有装载平稳、挖掘范围大、不洒料、高效、连续性等特点，能够极大提高装岩效率。

装岩效率的提高，除了选用高效能装岩机和改善爆破效果以外，还应结合实际合理选择工作面各种调车和转载设施，以减少装载间歇时间，提高实际装岩生产率。为配合新型装岩机械和减少排矸运输时间（增加平行作业时间），设计 25m³ 大容量搭接梭式矿车（矸石仓），形成新型快速施工作业线设备配套方案。

巷道断面 14m² 以上全岩巷道，根据巷道宽度情况可以选择 CMJ17 液压钻车＋ZC－3B 侧卸式装岩机、电瓶车排矸运输作业线和 ZDY-160 液压挖渣机＋矸石仓作业线电瓶车排矸运输作业线两种快速掘进配套方式。

2. 技术特点

通过以气腿式凿岩机（凿岩台车）、履带式挖渣机（侧卸式装岩机）、移动矸石仓和矿车为主的大断面岩石巷道快速施工的装岩机械化作业线，实现岩石巷道施工的装岩设备升级。液压钻车打眼，中深孔光面控制爆破，ZC－3B 侧卸式装岩机将矸石装入 1t 矿车内，8t 电瓶车牵引矿车运至巷外；若车皮供应不足，迎头矸石装入底卸式矿车运至巷外水平矸石仓缓存，水平矸石仓安设耙斗式扒装机将矸石扒入 1t 矿车。

（1）扒斗式装载机

煤矿用扒斗式装载机（挖碴机，图 2-10）是吸收了国内外先进技术基础上研制开发的，它具有高效、节能、噪声小等特点。该机可连续把岩碴进行挖掘、扒取、输送到矸石仓、矿斗车和其他运载设备上。这一连续的生产过程具有装载平稳、挖掘范围大、不洒料、高效、连续性等特点。

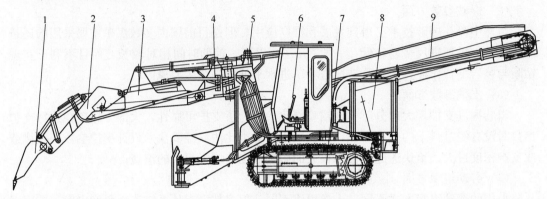

图 2-10　装载机总体示意图

1—挖斗；2—小臂；3—大臂；4—绞座；5—门架；6—操纵系统；7—行走机构；8—动力及液压系统；9—运输槽

扒斗式装载机采用电液传动，行走和运碴刮板运动均为液压马达驱动，工作机构的大臂、小臂、臂回转、转台、挖斗及运输槽的升降运动全部由液压油缸驱动。操纵台控制电源及整机液压系统的工作。液压系统的合理布局使维修方便，电器和液压系统的保护装置能使该机连续平稳地工作。

扒斗式装载机设置有喷水系统，能更大地减少粉尘污染，清洁空气。

装载机的下挖深度可达轨面以下 300～900mm，给延伸工作面、铺设钢轨枕木创造了条件。减小了劳动强度，增快了施工进度。装载机行走方式为履带式；装载机动力源为 50Hz380V（660V）交流电源。所有机型电器系统全选用矿用隔爆电器元件。

装载机适用条件：

1）装载机适用于 3m×4.8m 以上的巷道断面。要求工作场地排水良好；水位低于轨面。为使整机在航道中运行而不发生干涉，要求轨道中心与巷道壁的距离不小于 1m。

2）装载机适用于煤矿巷道施工，使用场所中的甲烷、一氧化碳、煤层瓦斯等含量不超过《煤矿安全规程》的规定。

3）装载机工作环境温度为 -5～40℃。温度为 25℃ 时，工作场地大气相对湿度不超过 90%。

4）装载机一般在海拔不超过 2000m 的环境使用。

5）装载机一般以装载块度在 600mm 以下使用，普氏硬度系数在 12 以下的岩渣为宜。

（2）移动式矸石仓

为配合新型装岩机械和减少排矸运输时间（增加平行作业时间），运输设备采用梭式矿车形式，设计由两节 25m³ 的搭接梭式矿车组成（图 2-11），矸石仓在 600mm 轨距的轨道上运行，箱体内部设计有一套刮板输送装置，它可以自动地将料铺满整个车厢，并可把料转载到别的矸石仓上。当矿矸石仓被拉到卸料场（车场）时，又可利用这套刮板输送装置把料自动卸出。由于整个车厢安装在两个转向行走机构上，利用上述机构可以在两条相邻的轨道上，使车厢中心线与轨道偏转一角度，从而可以使车厢内的碴石侧卸在轨道的两侧。由于它能实现装料、出碴工作的流水连续作业，顶端和侧向均可卸料等，从而提高了工作效率，进而可以加快巷道工程的速度。

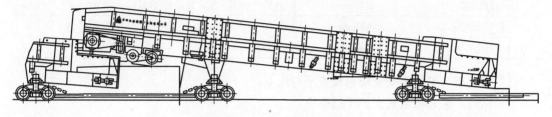

图 2-11　矸石仓结构示意图

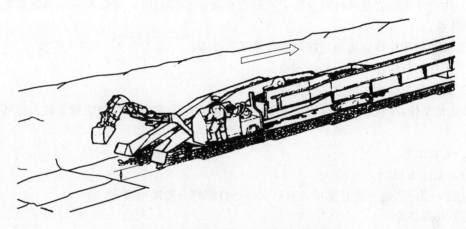

图 2-12　挖碴机和矸石仓联合装备示意图

为便于矸石仓运输，设计成前后两段或前、中、后四段，即前车箱、后车箱或加上车箱或中车箱，各车箱依靠中间链接板相连接。在车箱内除装有刮板传动装置外，还装有装矿挡板、装矿左侧板、装矿右侧板，整个车箱支承在两组转向行走机构上，借转向托架及钢板弹簧实行弹性连接。两组转向行走机构共有八个直径为 400mm 的车轮；支承在33kg/m 或 43kg/m 的铁路钢轨上。转向架与车箱托架之间还装有滑板及平面止推轴承和滑动轴承铜套，保证了转向的灵活。

车箱内的刮板输送装置依靠电机经过行星减速器和链条传动，另外每辆矸石仓还配有两套牵引杆，作为拖动矸石仓之用，搭接使用时每两台矸石仓还配有一根搭接牵引杆。一列矸石仓满载时可装载 25m³ 相当于 50t 的物料，一般在重车情况下行走速度 12km/h，而满载情况下的卸料时间约需 6.5min。主要技术参数见表 2-16。

（3）增加平行作业时间

实践证明，只着眼于完善"常规"的施工方法，尚不足以使巷道掘进速度产生新的跃进，还必须积极推广并进一步研究施工工艺和技术，如中深孔爆破、深孔爆破等。实现快速掘进时，施工工艺一定要连续，坚持高的正规循环率，加强各工序之间的平行作业。可实现平行交叉作业的工序为：

主要技术参数　　　　　　　　　　　　表 2-16

移动式矸石仓		电动机	
型号	防爆型(SS25D-B)	型　号	H(或 YB)225M-8/B5 Y
最大型装车容积	25m³	功率	22kW×2 台
最大载重量(均布)	50t	满车卸料时间	约 6.5min
接载高度	1544mm	外形尺寸(长×宽×高)	16216mm×1760mm×3250mm
矸石仓轨距	600mm		
矸石仓自重	26.3t		

1）交接班与工作面安全质量检查平行作业；

2）钻眼、装岩与永久支护平行作业；

3）测中、腰线与准备钻眼、敷设风水管路平行作业；

4）用耙斗机装岩装满矸石仓后，当矸石仓对矿车装岩时，可以与钻下部眼和支护实行平行作业；

5）移动耙斗式装岩机与延接风水管路平行作业；

6）工作面打锚杆与装岩平行作业；

7）砌水沟与铺永久轨道平行作业。

液压钻车作业线在 5～6 人的情况下，仍可正常作业并完成劳动定额，减人提效效果显著。

3. 施工工艺

（1）工艺流程

打眼→装药放炮→临时支护→装矸出矸→打锚杆→复喷→清理。

（2）钻爆作业

1）采用中深孔爆破施工方法，使用煤矿许用水胶炸药。毫秒延期电雷管，全断面一次爆破，掏槽方式多对斜眼复式楔形掏槽方式。在掏槽眼内部设置中心孔，加深了掏槽的有效深度，解决了炮眼利用率低的问题，循环进尺达到 2.0～2.2m。

2）巷道掘进钻眼液压钻车双臂同时作业，工作面打眼时，装岩机必须停稳在空车道一侧，后面组织喷浆，打眼与复喷平行作业。炮眼全部打完后，液压钻车退回原位。放炮后，及时初喷封闭工作面打锚杆，后装矸出矸，最后打锚杆平行作业。

3）为提高出车速度，并确保设备有足够的安全距离，防止放炮崩坏设备，设备停放在距迎头 30～50m 为宜，同时必须采取必要的遮盖保护措施。

4）为缩短时间，打眼时双臂同时进行，左臂打眼顺序为从左帮至中线逐步进行，右臂从中线向右帮逐步进行，快臂协助慢臂力求同时打眼结束。

（3）装岩排矸

1）采用 ZC-3B 侧卸式装岩机将矸石装入 1t 矿车内，8t 电瓶车牵引矿车运至巷外；若车皮供应不足，迎头矸石装入底卸式矿车运至巷外水平矸石仓缓存，水平矸石仓安设耙斗式扒装机将矸石扒入 1t 矿车。

2）采用履带式液压扒斗装载机牵引配合 2 节矸石仓装岩排矸，该装岩排矸方式一次用时需约 40min，与使用普通耙斗式耙装机倒矸时间少用 10min/次，大大提高了人工效率，缓解了车皮供应不及时对迎头掘进的影响。

（4）支护参数

高强度高刚度强力锚杆支护系统理论，采用高强锚杆一次锚网喷支护，不再进行二次支护，提高了支护效果，减少了支护维修时间。

4. 施工组织管理

多工序平行交叉作业。充分利用大断面空间，采用"前面打眼，后面装车；前面定炮，后面复喷；前面初喷，后面装车"作业方式。工序安排原则上是能平行交叉作业的尽量平行交叉，能拖后的工序尽量后放，从而加快掘进施工速度。凿岩台车可作为工作平台进行安装锚杆挂网支护，操作方便。

5. 工程实例

东滩矿东翼三采区轨道大巷，迎头岩性自下向上依次为：粉砂岩，深灰色，厚6.5～7.0m；泥岩，深灰色，松软破碎，厚8.7～11.0m；6 煤，厚 0.6m；泥岩，深灰色，松软破碎，厚 8.7m；三灰，致密坚硬，厚度 5.5m；粉砂岩，深灰色，厚6.5～7.0m。该大巷设计断面为半圆拱形，净高 3.9m（墙高 1.5m，拱半径 2.4m），净宽4.8m，断面积 16.9m²。

采用全断面一次装药一次起爆，炮眼深度采用 2.3m，单循环进尺 2.1m，"三八"工作制，按正规循环作业；采用锚网喷支护，间排距为 1000mm×1000mm，锚杆规格为ϕ20mm×2000mm，金属网规格为ϕ6mm×1015mm×1700mm，喷射混凝土厚度为50mm，该施工方案掘进面空顶距相对较小，采用中空孔掏槽使碎石崩落集中，既安全又方便了施工。

（1）机械化配套方案

该快速掘进作业线主要通过以下设备实现：采用多台（4～6 台）YT-24 风钻打眼，液压挖渣机（履带式，ZDY-160B/47.2 型）装岩，2 台移动矸石仓（YDKC-50 型）辅助排矸，采用履带式装载机牵引矸石仓，锚杆眼用风钻或锚杆钻机打眼，采用风动扳手安装，风炮紧固，喷浆采用转子六型喷浆罐，2 寸管送料，矿车给料，设备配套见表 2-17。

机械化作业线设备组成　　　　　　　　　　　表 2-17

设备名称及型号	使用台数	备用台数	设备生产单位
YT-24 凿岩机	4	3	
ZDY-160B/47.2 型装岩机	1		贵州三环机械厂
YDKC-50 型移动矸石仓	2		江西鑫通机械有限公司
ZHP-Ⅳ型混凝土喷射机	1	1	
8t 蓄电池电机车	2		
激光指向仪	1		
锚杆钻机	2	2	

（2）爆破方案

对东滩煤矿东翼三采区大巷采用准直眼掏槽抛渣爆破，周边眼小药卷不耦合装药，全断面一次爆破，炮眼布置及参数如图 2-13、表 2-18 所示。

采用一次性全断面起爆施工，放炮装药时间明显减少，采用准直眼的掏槽能够保证中深孔爆破的效果，炮眼利用率达到 90%，周边眼采用小直径（小药量）装药爆破后，巷道成型较好，减少了对围岩的破坏作用。

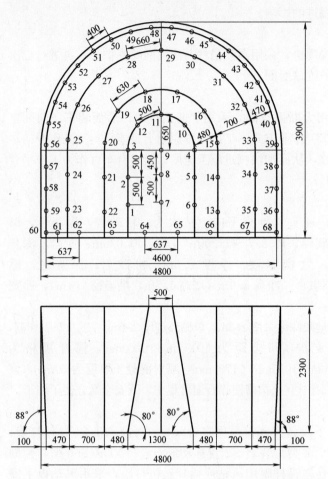
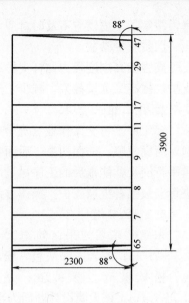

掘进方法：

① 工作面配备六台风钻，人抱风钻，湿式打眼。

② 采用"三八"制，正规循环作业，进尺1.8(2.2)m。

图 2-13　炮眼布置图

爆破参数表　　　　　　　　　　　　　　　　　表 2-18

名称		编号	孔深 (m)	眼距 (mm)	圈距 (mm)	角度		装药量（kg）			起爆 顺序	联接 方式
						垂直	水平	眼数	每眼	总量		
掏槽眼		1～6	2.1(2.4)	500		90°	80°	6	1.0	6	I	
中心眼		7～8	2.1(2.4)	500		90°	90°	2	0.45	0.9	II	
辅助眼		9～12	1.9(2.3)	500		90°	90°	4	0.75	3.0		毫秒 延期 电雷管
崩落眼1圈		13～22	1.9(2.3)	630	480	90°	90°	10	0.75	7.5	III	
崩落眼2圈		23～35	1.9(2.3)	660	680	88°	90°	13	0.75	9.75		
周边眼	上部	39～56	1.9(2.3)	400	470	88°	90°	18	0.434	7.8	V	串并联 起爆
	下部	31～38 57～59	1.9(2.3)	400	470	88°	90°	6	0.6	3.6		
底眼		60～68	1.9(2.3)	637		88°	90°	9	0.75	6.75		
合计								68		45.3		

注：1. 上部周边眼使用 $\phi23mm \times 400mm \times 217g$ 小直径水胶炸药，其他炮眼都采用规格为 $\phi27mm \times 400mm \times 300g$ 的水胶炸药；

　　2. 根据岩层变化情况及时调整装药量。

（3）锚喷支护

长期的实践表明，当巷道受力时，喷层常常开裂破坏，甚至冒落伤人，喷浆体的抗压强度虽然较大，达到 24～34MPa，但喷浆体的支护作用主要表现在抗拉和抗折强度上，而喷浆体的抗拉只有 1.4～3.8MPa，抗折强度只有 4～6MPa，抗折强度为对提高巷道的支护强度作用甚微，因此喷射混凝土的作用主要是封闭围岩作用和改善围岩应力状态。

针对目前喷射混凝土过厚问题，将一次喷浆改为二次喷浆，将网置于喷体的中外层，网外喷厚为 20mm，不仅提高了喷层的强度，而且在网内喷体开裂、岩石冒落时能起防护作用，网外喷体开裂时，因喷层薄，且喷层与金属网有一定的粘结作用，按照材料力学的观点，只能产生裂隙，不脱落，故不会造成人身伤害。

在工序上采用了初喷→打锚杆→复喷的施工顺序，改变了传统的打锚杆→初喷→复喷工艺，作业方式上由"二掘一喷"改为"一掘一喷"。对传统工艺进行了突破性的变革。两种喷浆工艺巷道支护效果见图 2-14。

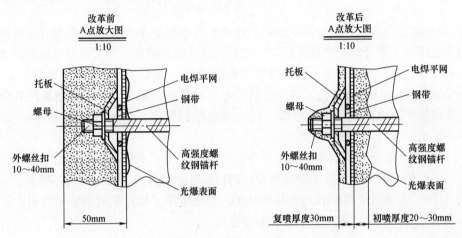

图 2-14　改革前后巷道支护效果图（局部放大图）

（4）快速掘进作业线工艺劳动组织

该作业线总体施工流程如下：

交接班、安全检查→找顶、初喷→$\left\{\begin{array}{l}拱部锚网→打上部炮眼 \\ 清理轨道、进装载机、矸石仓\end{array}\right\}$

→拱部喷浆→装载机耙矸→$\left\{\begin{array}{l}两帮锚网→打下部眼 \\ 退装载机、矸石仓\end{array}\right\}$

→两帮喷浆→平底板、钉道→装药放炮通风→交接班。

施工采用"三八"制的日工作制度，每个班 12～15 人，循环图表如图 2-15 所示。

（5）实施效果

1）凿岩台车凿岩效率高，速度快。液压钻车凿岩速度一般达到 1.5m/min，比气动凿岩机提高 2 倍。大断面岩巷钻凿 70 余个炮眼，可在 60min 内完成，而气动凿岩机需 200min。

2）侧卸装岩机装岩生产率比普通耙斗装岩机提高 2 倍。装渣速度为 20～30m³/h，炮装渣时间 2.5～3h，比耙斗机装渣时间节省 1～2h，月单进可达 150m，工效大大提高。

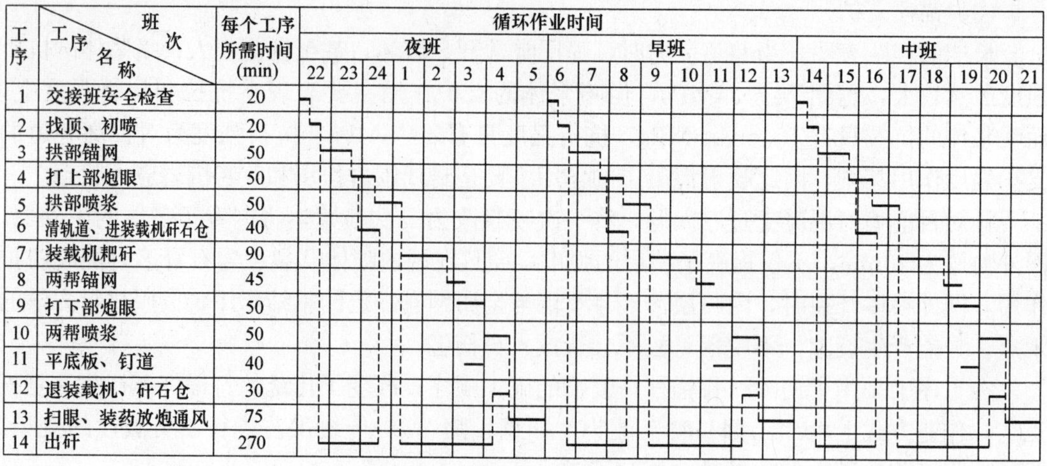

工序	工序名称 班次	每个工序所需时间(min)	循环作业时间		
			夜班 22 23 24 1 2 3 4 5	早班 6 7 8 9 10 11 12 13	中班 14 15 16 17 18 19 20 21
1	交接班安全检查	20			
2	找顶、初喷	20			
3	拱部锚网	50			
4	打上部炮眼	50			
5	拱部喷浆	50			
6	清轨道、进装载机矸石仓	40			
7	装载机耙矸	90			
8	两帮锚网	45			
9	打下部炮眼	50			
10	两帮喷浆	50			
11	平底板、钉道	40			
12	退装载机、矸石仓	30			
13	扫眼、装药放炮通风	75			
14	出矸	270			

图 2-15　机械化作业线施工循环图表

3）以气腿式凿岩机、履带式挖渣机、移动矸石仓和矿车为主的大断面岩石巷道快速施工的装岩机械化作业线，实现煤矿岩石巷道的装岩设备升级，让大部分排矸时间和打炮眼与支护平行作业，实测结果表明每循环时间缩短 120min 以上。

4）通过分析中深孔爆破技术各项参数的分析和研究，确定了中深孔爆破的各项合理参数，通过运用准直眼掏槽形式爆破，提高了炮眼利用率，达到炮眼利用率 90％以上，使循环进尺由原来的 1.8m 加深到 2.1m。

5）运用建立的全岩巷道支护设计的专家系统，优化了支护参数，增加了平行作业时间，节约了支护时间，并确保支护参数设计的科学性和合理性，支护效果良好。

6）分析了影响掘进速度的几个主要因素，优化工序安排，形成最佳工序组合，最大限度提高了工效，直接工效比原来有了明显提高。

2.2.4　煤巷快速施工新技术

国内外煤矿巷道掘进施工工艺主要有钻爆法和综合机械化掘进法。煤和半煤巷掘进正在逐步由钻爆法向综掘法进行快速演变。综掘法是近二三十年间迅速发展起来的一种先进的巷道掘进技术。其主要设备是掘进机（图 2-16），它是一种集切割、装载及转运岩渣、降尘等功能为一体的大型高效联合作业机械设备，能实现连续掘进，目前国际先进水平已实现自动控制及离机遥控操作。

1. 生产系统

从矿井设计、采区设计、巷道设计入手，进行系统优化，保证主运和副提通过的连续性和缓冲能力；掘进煤尽量直接进入原煤系统，保证掘进工作面排矸后运输的快速、连续通过；半煤巷掘进巷道排矸直接进入原煤系统时，应建立和完善煤矸分离系统，减少白矸进入系统，保证原煤煤质；煤巷、半煤巷掘进巷道无法满足排矸（煤）直接进入原煤系统时，应建立大容量的移动水平煤仓，保证后运输的快速和高缓冲能力。

2. 装备方案

根据掘进施工的开岩、排矸、支护、辅助四大主要工序划分，装备方案的选型必须在符合相应生产系统的前提下，保证各工序装备之间的能力匹配和有效衔接性。

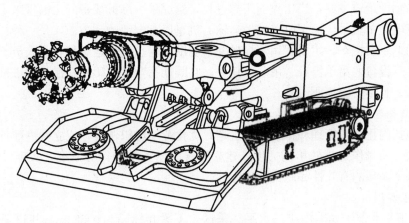

图 2-16　煤巷掘进机

（1）掘进方面：煤巷、半煤巷掘进在认真分析煤岩层覆存条件和巷道设计的基础上，优先选用综合适应能力强的掘进机。目前，使用较多的掘进机有 S150 型、EBJ-120TP 型、EBZ-135 型、EBZ-160 型等。

（2）运输方面：煤、半煤巷的排矸以能实现连续运输的皮带运输为主。当原煤系统无法满足要求时，增加水平缓冲煤仓。

（3）支护方面：煤巷、半煤巷的锚杆支护以推广液压锚杆钻机为主，巷道断面较大时，采用掘锚一体机或增加机载锚杆钻机。液压锚杆钻机主要有 MYT-100 型、MYT-120 型、MYT-140 型等。

（4）辅助运输：辅助工序主要包括人员的运送和材料的运输。人员运输方面，上下山推广猴车、单向猴车；材料运输方面，采用皮带运输的巷道采用机轨合一布置，巷道断面较小时，使用双向皮带，实现底皮带的材料运输。

（5）装备方案一：综掘机＋桥式转载机＋800～1000mm 皮带

1）运行方式：综掘机截割岩石后，桥式转载机转载皮带外运，进入采区煤仓；支护设备采用液压锚杆钻机，支护材料运输采用底皮带进行运输。

2）适用条件：该方案适用于煤层走向变化不大的采区上下顺槽，当顺槽长度过长时，增加中间驱动装置，延长皮带的运输距离；当走向发生较大变化，巷道出现拐弯时，增加皮带拐弯装置，适应巷道方位的变化。

（6）装备案例二：综掘机＋桥式转载机＋4m³底卸式矿车及卡轨车

1）运行方式：综掘机截割岩石后，桥式转载机转载至 4m³ 底卸式矿车，卡轨车拉出至车场缓冲卸载坑，装入矿车运输。支护设备采用液压锚杆钻机，支护材料运输采用底卸式矿车运输。

2）适用条件：该方案适用于煤层倾角起伏较大的采区上下顺槽。

3. 后配套方案

卡轨车配 4t 自卸式矿车后运输配套方案：传统的综掘后配套运输系统是掘进机后跟皮带运输，大部分巷道受宽度限制无法实现轨运合一，掘进机部件更换及材料运输只能采用人工托运方式实现，增加了掘进工作面运输环节，且当巷道施工完毕后卧底、铺道等后尾工程量大，不利于掘进机维修及单进提高。

单轨吊辅助运输方案：当工作面距离过长，给综采、综掘设备的运输带来了极大的不便。采用蓄电池单轨吊运输车改善辅助运输。机车以蓄电池为动力源，是一种行驶于悬吊单轨系统的电牵引机车，主要适用于煤矿井下辅助运输。承担运送材料、人员、设备，并且能完成井下设备的简单提升、吊装等任务。它既能拐弯又能爬坡、撤除掘进机、运送支架又能乘人，且不受距离所限。

4. 施工管理

主要包括强化现场管理和掘进准备管理，优化劳动组织调整，成立掘进准备队，加大设备维修人员和操作人员的培训力度，建立完善的设备维护保养制度，实施设备点检制等，保证每个循环的有效性和施工的连续性。

5. 工程实例

21603 下平巷位于华丰煤矿三水平二采区，下平巷标高为 −380m，巷道埋深 510m，沿十六层煤走向布置，走向长度 710m。主要为开采 21603、04 工作面时通风、行人、运输之用。21603E 工作面下平巷地质构造总体较为简单，煤层厚度 1.35m，走向变化不大，一般在 108° 左右，煤层倾角 25°~26°。

(1) 主要支护参数

根据巷道用途、围岩性质及现有技术装备条件，21603 下平巷选用直墙半圆拱断面，EBJ-120TP 掘进机掘进，全面断一次成巷的施工方法，吊环式钢管前探梁作临时支护，锚带网作永久支护。主要支护参数如下：

巷道尺寸：净宽 3400mm，净高 3000mm。

锚杆：ϕ22mm×2000mm 螺纹钢等强锚杆。锚杆螺母拧紧力矩不少于 400N·m，锚固力 130kN。锚杆间排距：800mm×800mm。

锚固剂：树脂药卷，规格为 Z23（8）35，每根锚杆配 2 块加长锚固。

金属网：采用规格为 3200mm×850mm 的 10 号铁丝编制的金属菱形网，网格为 50mm×50mm。

托盘：规格为 120mm×120mm×8mm 的 "M" 形托盘，力学性能与锚杆杆体配套。

钢带：规格为 3600mm×200mm×4mm 及 1900mm×200mm×4mm "M" 钢带，每排使用 3 根将所有锚杆相互联结。

(2) 施工工艺

掘进机破岩（EBJ-120TP）→临时支护→打锚杆眼→安装锚杆→成巷。

主要设备为：MQT-120 锚杆钻机 2 台，ZSM-60 型风煤钻 2 台。

采用 "三八" 制单班循环作业方式，三班掘进支护组织生产并对机械设备进行维修保养，采用正规循环作业形式。循环进尺 0.8m，最大空顶 1.0m，最小空顶 0.2m。

(3) 提高速度的主要措施

1) 积极推广支护新技术、新工艺和掘进新装备，提高综掘工作面技术装备水平

采用预应力可升降临时支护吊环。临时支护采用 3 根吊环式前探梁；每根前探梁配 2 个螺纹钢预应力可升降吊环，施工中交替前移；掘进机切割完毕，摘除悬矸危岩后，立即将前探梁前移至迎头，在前探梁上方铺上金属网，按锚杆排距固定好钢带，在网、钢带与前探梁之间垫上方木接实顶板，并用专用工具予紧。经检查确认安全后，在前探梁掩护下，直接在钢带孔中打支护锚杆眼。工序占用时间 8min 左右，临时支护操作简单，方便

快捷。

应用大功率锚杆钻机，配套使用了锚杆扭矩放大器，利用锚杆机打孔、搅拌药卷、安装锚杆紧固螺母，实现了钻锚一体化作业。锚杆安装推广使用了扭矩放大器。利用锚杆快速安装技术，由原先人工安装锚杆变为采用锚索钻机安装，定锚杆时采用锚索钻机，借助扭矩放大器（将输出扭矩放大到 3.5 倍），使定锚杆、紧锚杆两个工序紧密连接，提高了锚杆的安装速度，降低了劳动强度，大大缩短了安装锚杆、紧锚杆的工序时间。

2）优化施工方式，实现平行作业

两帮煤岩体相对完整时，两帮底部两根锚杆滞后顶锚杆 3～4 排进行。掘进机切割后，在施工顶锚杆的同时，自上而下由外向里施工两帮滞后锚杆。顶锚杆与帮锚杆支护平行作业，减少了支护占用时间。

割煤、补后部锚杆、运料、胶带调整平行作业；打顶帮锚杆、延长胶带机尾、皮带机检修、机电设备检修、延长电缆、维护掘进机平行作业；交接班与接风水管平行作业。这样，每个工序互不影响，保证了正规循环的进行。

3）配套完善综掘工作面后部运输系统，提高施工效率

根据 21603 下平巷现有生产条件，掘进煤炭直接进入 -380 煤仓，矿车供应不及时，煤炭在煤仓中存储，从而保证了综掘机施工不受后部系统影响，提高了掘进机工作效率；形成了比较完善的综掘机机械化作业线，最大限度发挥了综掘机效能，提高了施工效率。

在快速掘进中，由于掘进速度太快，对各种支护材料消耗量很大，采用人力扛运体力消耗大、效率低，无法满足快速掘进的要求。应用双向胶带输送机，使煤矸运输与支护材料运输合为一体，上胶带运煤矸，通过底胶带将支护材料轻松地运到迎头，充分发挥了机械化作用，减轻了工人的体力消耗，促进了快速掘进。

加强后路辅助运输设备的检修质量，保证运输设备的正常运行。

4）加强设备的维修保养，保证设备的正常运转

加强设备管理是保证开机率的重要保证。坚持正常的设备维护和检修，严格执行班检、日检、旬检、月检制度，对综掘机、转载机、皮带机等设备进行强制检修，保证机械设备在完好状态下运行，从而保证快速掘进，不发生中断事故，改变了过去出现事故现抢修的方法，为提高日进尺，保全月生产起到了决定性作用。

加强油脂管理，对变质油脂立即更换，定期清理油箱、过滤器和液压系统的污染物，油箱口应密封好，由专职机修人员每天清理掘进机卫生，定期对掘进机各部注油孔加油，以增加其润滑性。

对各种设备实行包机制管理，确定一名专职机电副区长全面负责，每个生产班配备三名专职司机，司机直接受机电副区长管理，掘进机司机及维修工的工作量、维修质量与个人的收入直接挂钩考核。在月施工结束后，整体进行考核，根据事故的影响程度，在工资分配上给予适当的调整，对事故影响最少司机、维修人员和事故影响多的司机、维修人员的工资给予大差额的浮动。由于责任明确、奖罚分明，杜绝了设备故障影响生产的现象。

建立完善的综掘机管理制度，掘进机司机和跟班维修工在生产结束后，认真填写设备日志，并将当班设备运转情况向接班司机交代清楚，存在问题共同处理，严禁设备带故障运行，以保证综掘机效能的发挥。

5）加强人员培训

针对综掘司机及维修技术人员少，且素质较低的实际，加大对司机及维修人员的安全技术培训力度，有针对性地对职工进行系统的、正规的、理论知识和基本技能的培训，特别是选派责任心强、有上进心的职工到安培中心进行综掘机司机等特殊工种培训，区队也充分利用每周一、三、五安全学习日加强对机电维修工、班组长、综掘机司机的操作技能培训。

配备机电技术员，专职负责综掘机的维护和安装、配件管理，有力地保证了综掘机的正常使用，同时专业要求技术员每周开展一次关于综掘机的专题培训，提高职工的素质。

6）引入竞争激励机制

每天施工班组举行一次"三工"评选工作。评选出当日的合格员工、优秀员工、试用员工。当日评为优秀员工者，工资上浮 20％；合格员工，工资为 100％；试用员工，工资下调 50％。

工区、班组实行定额单价公开民主、上墙公布。激励机制运作资金做到取之于工作量，同时全部用于完成工作量的分配支付上，做到人尽其能，能者多挣，形成比学赶超机制。

2.3 矿用注浆堵水新技术

注浆技术是井巷工程防治水害的重要手段之一。注浆堵水是将具有充塞胶结性能的浆液，通过注浆管道压入井下岩土层空隙或裂隙中，使其扩散、凝结和硬化，达到封堵裂隙、隔绝水源和加固地层的作用。注浆技术具有实用性强、设备简单、损耗少、见效快等优点，目前已广泛应用在矿井软岩巷道围岩加固、井巷堵水过含水层或导水断层、井巷帷幕注浆堵水截流、减少矿井涌水量、工作面注浆加固防止突水等方面，且取得了良好的效果。

2.3.1 深部软岩巷道围岩注浆加固技术

软岩巷道支护一直是当今世界矿业工程中的一项重要技术问题，特别是近年来随着开采深度的增加，地质条件恶化，深部高应力、破碎软岩巷道的围岩稳定控制问题日益严峻。深部高应力软岩巷道在开挖之前，巷道围岩往往已经处于潜塑性状态，在受自身及邻近巷道开挖的多次扰动影响下，巷道围岩破碎严重。这种条件下，常规支护技术已难以奏效，可通过注浆加固技术将破碎围岩胶结成一个承载结构，达到改善破碎围岩力学特性、提高围岩完整性与承载力的目的。

1. 工程概况

朱集西矿位于安徽省淮南市，矿井设计年生产能力 400 万 t，目前主要巷道位于 $-1000 \sim -860m$ 水平。巷道围岩主要为泥岩、碳质泥岩及粉砂岩等软弱岩层，岩石强度低，原岩应力高，巷道断面大，布置密集，属于深部高应力、大断面、软弱围岩巷道群。受高地应力和相邻巷道开挖扰动区相互叠加影响，矿井巷道锚网索支护结构失效严重（喷层开裂、脱落；钢筋网外露、断开；锚杆与锚索破断等），巷道因大变形而失稳破坏，虽经多次返修巷道围岩变形仍不止，已直接影响矿井正常生产和安全。

2. 软岩巷道变形破坏特征

巷道围岩松动圈是围岩应力超过其强度而产生的破坏区，是综合反映围岩应力与岩体强度相互作用结果的指标。通过地质雷达对该矿井下开拓巷道围岩松动圈进行探测，围岩松动圈范围较大，一般为 2.0～2.5m，局部达到 5.0～6.0m。巷道虽经历修复，但仍采用原支护技术方案，造成修复后的巷道围岩仍然不能维持基本稳定，而在高应力作用下巷道围岩再次失稳破坏，使得巷道围岩的松动破裂区逐渐由围岩表面向深部扩展，是巷道围岩松动破裂区增大的原因。

采用收敛计对该矿开拓巷道围岩顶底板移近量与两帮内挤量进行监测，巷道围岩变形量较大，顶底板移近量 327～894mm，两帮内挤量 169～248mm。巷道底板底臌较严重，基本每月卧底 1～2 次，起底量为 300～500mm。如图 2-17 所示，为该矿东翼回风大巷和西翼矸石大巷的围岩收敛变形曲线，经过半年时间巷道围岩变形仍不止或短暂稳定后变形又继续增加，软岩巷道变形具有显著的流变性。

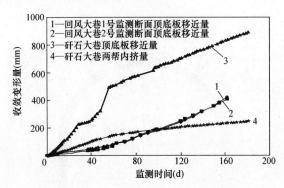

图 2-17 东、西翼大巷围岩收敛变形曲线

3. 软岩巷道围岩注浆加固技术

(1) 软岩巷道注浆加固理念

注浆加固是对处于峰后软化和残余变形阶段的破碎岩体进行的，此范围内围岩应力状态较低，注浆加固后可转化为弹性体。现代支护理论认为，围岩本身不只是被支护的载荷，而且是具有自稳能力的承载体，支护体系调动的围岩自承能力远远大于支护体自身的作用。在围岩破碎松软的情况下，采用适当的注浆加固技术，能显著提高围岩的内聚力和内摩擦角，从而提高围岩的整体强度和自承能力。通过注浆将锚杆由端部锚固变成全长锚固，将拉力型锚索变为压力型锚索，提高锚杆和锚索承载能力的同时，将锚杆压缩拱和锚索深部承载圈有效地组合在一起，扩大了支护体系的承载范围，共同维持了巷道围岩与支护结构的长期稳定与安全。

对于深部高应力、破碎软岩巷道，更应建立合理的支护理念，即开挖后充分释放围岩变形能，适应深部软岩巷道大变形特点；注浆改善围岩性质，提高围岩强度，充分发挥围岩的承载能力；关键部位加强支护，防止围岩变形破坏从薄弱点突破；全断面分步联合加固，工序科学合理；长期监测，优化支护方案。

(2) 软岩巷道耦合注浆加固方案

朱集西矿深部开拓巷道主要采用"锚网索喷＋U 型钢支架＋注浆＋底板锚注"分步联合支护技术方案。考虑巷道围岩喷层承受的压力与注浆效果，注浆加固采用低压浅孔充填注浆与高压深孔渗透注浆组成的分次耦合注浆技术方案。

1) 低压浅孔充填注浆

在一次全断面锚网喷支护的基础上，采用低压浅孔充填注浆的方式对巷道进行加强支护，配合锚网对巷道全断面围岩进行加固。通过高预应力锚索的锚固作用和二次注浆加固，可以将前期施工的锚索变成全长锚固，全长锚固锚索与围岩形成整体结构，从而实现与巷道围岩的共同承载，提高了支护结构的整体性和承载能力，能够保证巷道围岩和支护结构较长时间内的稳定。

如图 2-18 所示，低压浅孔注浆管分两种规格：ϕ38mm×1.0m 和 ϕ45mm×2.8m，间排距 1.4m；低压浅孔注浆采用单液水泥—水玻璃浆液，水泥使用 42.5 级普通硅酸盐水泥，水灰比控制在 0.8～1.0，水玻璃的掺量为水泥用量的 3%～5%，注浆压力控制在 2MPa 以内，保证喷层不发生开裂。

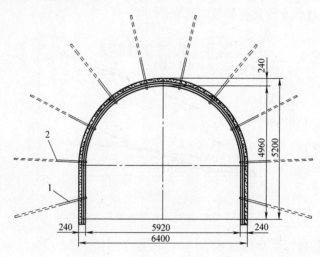

图 2-18　低压浅孔充填注浆示意
1—ϕ38mm×1.0m；2—ϕ45mm×2.8m

2）高压深孔渗透注浆

高压深孔渗透注浆就是在低压浅孔注浆加固形成一定厚度的加固圈（梁、柱）基础上，布置深孔，采用高压注浆加固，一方面可扩大注浆加固范围，另一方面高压注浆可提高浆液的渗透能力，改善注浆加固效果，而不会导致喷网层的变形破坏，并可对低压浅孔注浆加固体起到复注补强的作用，从而显著提高注浆加固体的承载性能。

如图 2-19 所示，深孔注浆仍采用浅孔注浆管，用直径为 28mm 钻头进行扫孔，扫孔深度为 5.0m。高压深孔注浆时采用 52.5 级普通硅酸盐水泥，水灰比控制在 0.5～0.6，掺加水泥量 0.7% 的 NF 高效减水剂；当围岩中的裂隙较小时，可采用超细水泥或化学浆液；注浆压力控制在 3～5MPa，加固范围控制在 5.0m 左右。

3）底板锚注加固

由于工作面装岩出矸和材料运输使得底板支护常常滞后于巷道两帮和顶拱，导致底板暴露时间长，且支护强度较低，往往造成底板被破坏，底板往往成为巷道整体失稳破坏的薄弱点与突破点。

朱集西矿开拓巷道底板采用圆弧拱结构，弧两端与巷道墙角相接，采用钢筋托梁与钢筋网与帮部相连，使得顶底帮形成 1 个封闭的整体结构。如图 2-20 所示，底板预注浆孔

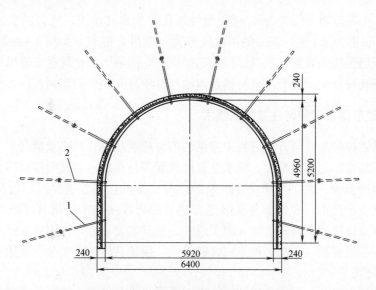

图 2-19　东、西翼大巷围岩收敛变形曲线
1—ϕ38mm×1.0m；2—ϕ28mm×5.0m

间排距为 3.0m×6.0m，孔径为 90mm，孔深为 6.0m；底板注浆前，先超前 10～20m 施工抽水孔，抽水孔径为 90mm，孔深为 6.0～8.0m。底板锚索间排距为 2.0m×3.0m，孔

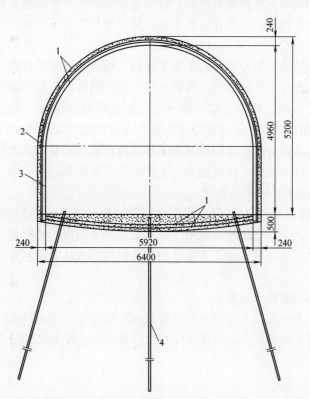

图 2-20　底板锚注加固结构示意
1—ϕ8mm 钢筋网；2—喷射混凝土；3—U36 型钢支架；4—高强锚索束＋注浆锚杆

径为 90mm，孔深为 8.0～15.5m，可作为注浆孔与抽水孔使用；组合锚索选用 3 根直径为 17.8mm、长度为 8.0～15.5m 的钢绞线作为一束组合锚索，头部 3.0m 段编制成串珠状，以有利于增强锚固效果，提高锚索束的锚固力，间隔 1.0m 固定支架与卡箍，使各锚索束均匀地绑扎在一起。底板注浆材料及参数与低压浅孔注浆的相同。

2.3.2 巷道过断层及破碎带注浆加固技术

断层及其破碎带是巷道开挖过程中常见的不良地质现象。在多数情况下，断层是作为一个低强度、易变形、透水性大、抗水性差的软弱带存在的，与其两侧岩体在物理力学特性上具有显著的差异。由于地质条件的复杂性与突变性，当巷道穿越断层及破碎带地段时，巷道围岩变形严重，常规的巷道掘进方法与围岩控制技术很难有效地控制围岩变形及。因此当巷道穿过断层破碎带时，除了遵守一般技术要求外，还应采取针对性较强的辅助方法，防止巷道冒顶、突水等地质灾害的发生，保证巷道施工安全及后期稳定。

1. 工程概况

马钢集团姑山矿业公司白象山铁矿位于安徽省当涂县境内，矿区位于宁芜断陷盆地南段，长江东岸，南部为长江冲积一级阶地，地势平坦；北部为低山丘陵剥蚀堆积地形，山脊发育方向与区域构造基本一致，呈 NNE 向。区内地表水系十分发育，东有石臼湖，西有长江，南有长江的支流水阳江与姑溪河。矿区内的青山河南与水阳江、北与姑息河相连，由南向北流经区内。在白象山铁矿的建设过程中，由于矿区地质构造极其复杂，存在大量断裂构造，且多数断裂构造存在导水性，从而导致在巷道与硐室的掘进施工过程中存在突水的可能性，给安全生产构成极大威胁。

针对巷道过断层过程中地质构造不明等问题，通过超前地质探测与分析，确定掘进前方地层结构特性与潜在突水可能性。根据探测结果，结合理论与数值模拟分析确定巷道掘进与支护技术方案，并针对存在潜在渗（突）水或冒顶的地段，采用合理的超前预加固（通过超前注浆、超前锚杆、超前管棚与小导管等方法实现）措施，保证掘进过程中围岩的稳定与施工安全。针对支护结构后期承载和高抗渗能力的要求，及时采用合理的二次支护结构形式与防渗加固措施，保证围岩与支护结构的长期稳定与安全。

2. 过断层综合注浆堵水技术

风井－470m 水平大巷过 F4 断层掘进过程中，掘进至距风井中心约 84m 处发生突水，瞬时最大水量 928m³/h，造成井巷被淹。针对上述突水情况，选择地面与工作面注浆相结合的综合注浆堵水技术方案，在巷道掘进前方及周围形成注浆隔水帷幕，以保障巷道安全通过。

（1）地面注浆堵水技术方案

在地面布置 2 个钻孔，对巷道进行注浆加固，形成注浆堵水帷幕；并利用 2 号孔向工作面前方断层带打 1 个分枝孔，对断层带进行注浆，以充填封闭断层、阻断突水通道，提高注浆堵水效果。

1）钻孔布置

1 号孔距工作面约 9m，2 号孔距工作面约 2m，沿垂直巷道方向不大于 1m，沿巷道轴向方向不大于 2m；2 号孔分枝置于工作面前方 2～3m 处。按地面标高计算，2 号孔终孔深度为 514m，终孔点位于巷道底板下方 1m，分枝孔从距巷道以上约 100m 处开始施工。

2）帷幕设计

注浆堵水帷幕设计为内外 2 层，外侧注浆堵水帷幕由 1 号孔在无压条件下靠浆液结石体的自然堆积形成，内侧注浆堵水帷幕的由 2 号孔压力注浆实现。因此，先进行 1 号孔注浆，形成外侧注浆堵水帷幕，然后对 2 号孔进行注浆。内侧注浆堵水帷幕形成后，从 2 号孔孔深 410m 处向巷道前方打 1 个分枝孔，使其在巷道附近穿过断层带，向断层带施行压力注浆。

3）注浆设计

1 号孔：先注水泥—水玻璃双液浆，后注单液水泥浆。注浆完成后，再扫孔至巷道底板以下 1m，测得井筒水位稳定在 42.6m，钻孔水位稳定在 54.0m，相差 11.4m，证明注浆效果明显。

2 号孔：注单液水泥浆，添加为水泥重量的 5‰ 的食盐与 0.5‰ 的三乙醇胺，搅拌均匀后注入到受注孔段。注浆终压为 19.8MPa，终量为 70L/min，稳定时间为 30min。

2 号分枝孔：先钻进至 540m 进入断层带，再注单液水泥浆，注浆终压为 19.4MPa，终量为 60 L/min，稳定时间为 30min。

（2）工作面注浆堵水技术方案

如图 2-21 所示，在巷道开挖之前施工 8 个探水钻孔，以检验地面注浆堵水帷幕的范围和富水性并进行工作面注浆。在巷道顶、底部各施工 3 个钻孔，帮部各施工 1 个钻孔，钻孔角度以靶点落在断层临近点界面外 2～3m 处为准，钻孔深度为过断层 3～5m，即 30m 左右。

工作面注浆采用水泥单液浆，水泥选用 32.5 级普通硅酸盐水泥，浆液水灰比有三种 1.25∶1、1∶1 和 0.75∶1。注浆终压 8MPa，稳定时间为 20min。注浆时多采用先稀后浓，逐级调节，以能注入浆液为准。

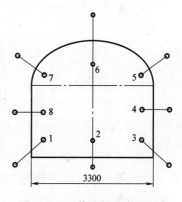

图 2-21　工作面钻孔布置示意

3. 过断层超前管棚注浆加固技术方案

风井－470 中段巷道过 F5 断层采用超前管棚进行超前预加固。当断层处围岩非常软弱破碎时，要采取超前管棚进行超前预加固措施和台阶法施工。首先通过钻孔揭露待掘地段岩层及超前预加固效果，然后在超前钻孔内安装超前管棚，喷浆封闭后再利用超前管棚进行注浆加固，最后在形成的超前管棚结构维护作用下进行巷道掘进和支护施工。

（1）管棚布置

超前管棚布置如图 2-22 所示。超前管棚采用 φ63.5mm 的地质钻杆、φ75mm 的复合片钻头。管棚过断层设计为一个施工段（57～87m 位置），长度 30m。设计底板向上 1.5m 位置处的拱部施工管棚，外倾角 1.5°，间距 500mm。若围岩非常破碎，则尽可能采用台阶法分层掘进达到一定进尺后，再采用超前管棚配合超前小导管进行超前探测和预加固，然后再进行掘进与支护施工，直至穿越断层破碎带一定距离（5～8m），进入稳定地层为止。

超前小导管要求沿拱部开挖轮廓线外 100mm 施作，初步确定小导管间距为 200mm 左右，长度 3.0～4.5m，搭接长度不小于 1.0m，外插角为 10°～15°，具体倾角根据型钢支架的排距确定。

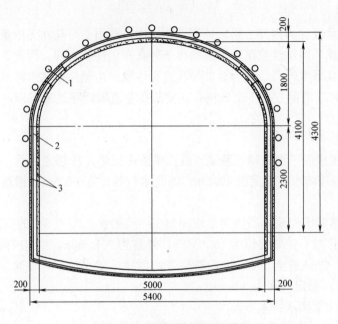

图 2-22 超前管棚布置示意

1—ϕ65mm×30m 超前管棚；2—U29 型钢支架；3—钢筋网

（2）施工工艺

安装好小导管后及时喷浆封闭，然后进行超前注浆加固。注浆采用单液水泥—水玻璃浆液进行超前注浆加固，注浆压力为 1.0～2.0MPa，超前管棚注浆施工工艺，如图 2-23 所示。

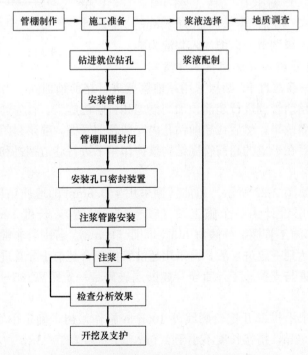

图 2-23 超前管棚注浆施工工艺示意图

2.3.3 斜井井筒穿越流砂层注浆加固技术

在煤矿斜井或立井井筒施工中常遇到流砂层地段，流砂的最大特点是在含水与压力或动力扰动下具有自流动性，即当流砂层受到井筒开挖扰动时，流砂则会向临空面流动从而充填开挖空间，将井筒淹没，甚至会引起地表大面积塌陷。流砂层的上述特性使得流砂层段井筒的施工与支护难度明显高于一般地层，若处理不当，往往会延长井筒施工工期、增加投资，甚至会导致井筒报废。

1. 工程概况

宁夏李家坝煤矿隶属于国网能源宁夏煤电有限公司，位于宁夏回族自治区银川市东南约 120km 处，行政区划属盐池县管辖，设计年生产能力为 90 万 t。矿井采用斜井开拓方式，布置主、副、风三条斜井，主副斜井坡度 20°，回风斜井古近系段坡度 24°。

李家坝煤矿的主、副斜井及回风斜井穿越第四系表土层、古近系地层和侏罗系延安组地层等。其中第四系主要为风积砂；古近系地层主要由浅红色呈半固结状态细砂、粘土组成；侏罗系延安组地层主要由各粒级砂岩、粉砂岩、泥岩及煤层组成，煤岩层的力学性能极软弱。且穿越地层存在三个主要含水层组：第四系、古近系及基岩风化带裂隙~孔隙含水层组、侏罗系中统延安组 12 煤以上砂岩孔隙~裂隙承压含水层组及侏罗系中统延安组 12~18 煤砂岩孔隙~裂隙承压含水层组，特别是古近系地层主要是粘土与砂层互层组成，而砂层若含水则极易形成流砂层。

2. 斜井井筒过流砂层技术方案分类

根据斜井井筒穿越流砂层的垂直厚度与施工技术水平，可将斜井井筒过流砂层技术方案分为五类，分别为：

（1）斜井井筒过薄层流砂层（垂直厚度 $h \leqslant 3m$），采用超前小导管注浆技术方案；

（2）斜井井筒过中厚流砂层（垂直厚度 $3m < h \leqslant 6m$），采用超前管棚注浆技术方案；

（3）斜井井筒过厚无水流砂层（垂直厚度 $6m < h \leqslant 20m$），采用超前管棚注浆加固技术方案；

（4）斜井井筒过厚含水流砂层（垂直厚度 $6m < h \leqslant 20m$），采用高喷与管棚注浆加固及地表降水技术方案；

（5）斜井井筒过巨厚流砂层（垂直厚度 $h > 20m$），采用地面冻结技术方案。

3. 斜井过薄流砂层超前小导管注浆加固技术方案

斜井井筒过薄层流砂层，采用超前小导管注浆技术方案，即在斜井井筒开挖前，先喷射混凝土将斜井井筒开挖面与一定范围内的井筒周边围岩封闭，然后沿斜井井筒轮廓线向前方流砂层内打入带孔小导管，并通过小导管向流砂层内注入脲醛树脂化学浆液，待浆液扩散、凝结、硬化后，在斜井井筒周边形成一定厚度的注浆加固帷幕，达到流砂层加固和堵水的目的。

（1）超前小导管注浆加固机理

1）注浆加固作用

通过小导管上的溢浆孔向流砂层内注入浆液，小导管充当了浆液通道的作用，借助于注浆泵的压力，浆液通过填充、渗透、劈裂或挤密注浆等作用渗透到流砂层中，在流砂层中形成止水防砂注浆加固帷幕。

2）棚架作用

小导管施做完成后，进行斜井井筒开挖施工时，小导管以靠近工作面的U型钢支撑和前方未开挖的部分流砂层或粘土层为支点，在纵向支撑起中间部分的流砂层，起纵向梁作用。

3）锚杆桩作用

小导管的一端与U型钢支架固定链接，通过注浆，小导管全长与流砂层胶结咬合，并且形成"壳状"加固圈，当加固圈承受流砂层松散压力时，小导管便起到锚杆桩的作用。

（2）超前小导管注浆加固方案

如图2-24、图2-25所示，回风斜井井筒设计开挖荒断面宽5.6m，高5.5m。在回风斜井井筒过流砂层段超前小导管分为两段施工，每段布置1排超前小导管共25个，两段共布置50个；小导管拱顶间距0.5m，帮部间距0.6m；小导管长度为6.0m，直径为32mm，外插角为6°，钻孔直径为45mm。脲醛树脂类浆液中加浓度为2‰的草酸溶液作为固化剂，脲醛树脂溶液和草酸溶液配比为10∶3～10∶2（体积比）。注浆压力为2～2.5MPa，注浆终压为4～5MPa；并根据注浆施工情况进行适当调整，以保证注浆效果。

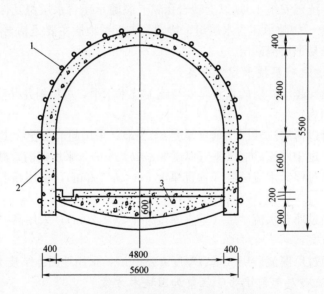

图2-24　回风斜井超前小导管布置断面图
1—超前小导管；2—掘进荒断面；3—浆砌片石或碎石

4.斜井过中厚流砂层超前管棚注浆加固技术方案

斜井井筒过中厚流砂层，采用超前管棚注浆加固技术方案。在斜井井筒开挖前，先在斜井井筒开挖面与一定范围内的井筒周边围岩做混凝土止浆墙，然后沿斜井井筒轮廓线向前方流砂层内打入带孔管棚，并通过管棚向流砂层内注入脲醛树脂化学浆液，减小流砂层的渗透性，提高了流砂层的强度与承载性能，达到流砂层加固和堵水的目的，起着止水防砂及承受地层荷载的作用。

在回风斜井井筒过流砂层段超前管棚分为两段施工，每段布置1排超前管棚共25个，两段共布置50个；管棚拱顶间距为0.5m，帮部间距为0.6m；管棚长度为15m，搭接长

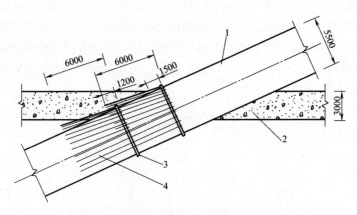

图 2-25　回风斜井超前小导管布置剖面图

1—开挖轮廓线；2—流砂层；3—喷射混凝土；4—超前小导管

度为 6.9m，直径为 45mm，外插角为 2°，钻孔直径为 60mm，注浆材料与注浆参数同上，管棚布置断面可参照图 2-8，剖面如图 2-26 所示。超前管棚的加工制作、钻孔顺序及施工工艺基本同超前小导管。流砂段井筒掘进荒断面向四周扩挖 0.3m，采用 C30 混凝土浇筑厚度为 1500mm 的止浆墙。

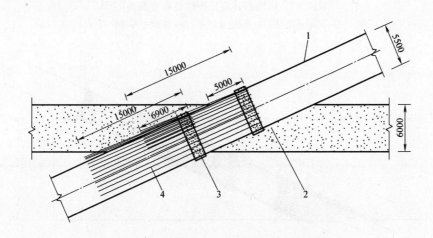

图 2-26　回风斜井超前管棚布置剖面图

1—开挖轮廓线；2—流砂层；3—1.5m 厚止浆墙；4—超前管棚

5. 斜井过厚流砂层高喷与管棚注浆加固技术方案

斜井井筒过厚含水流砂层，采用高喷与管棚注浆加固及地表降水技术方案，如图 2-27～图 2-30 所示。

首先沿斜井井筒中轴线布置两排降水井，钻孔中使用管状滤过器。然后抽水，形成水位降落漏斗，使斜井井筒工作面流砂层水位降低，达到疏水、降压、固定砂层的目的。之后采用高喷与管棚静压注浆技术对斜井井筒一定范围和深度内的流砂层进行加固，形成注浆加固帷幕；为了防止钻孔时流砂及静压注浆时浆液向斜井井筒内回灌，在高压喷射注浆与管棚静压注浆前做止浆垫（止浆墙）；为保证注浆帷幕止水防砂效果，要求形成的高压旋喷帷幕底部进入下部地层厚度不小于 1.5m，在井筒周边形成全封闭的高压旋喷帷幕。在高压旋喷桩交圈处打钻孔进行管棚静压注浆，消除高压旋喷注浆死角，保证形成可靠有效的注浆加固帷幕。管棚静压注浆"结石体"与旋喷桩体相互作用，环绕井筒轮廓形成筒状"承载壳"；通过地表降水，可以保证斜井井筒注浆帷幕的质量，同时避免安全事故的发生。

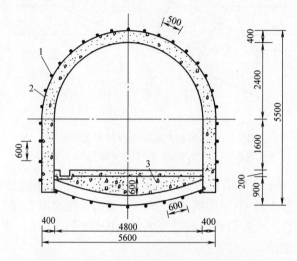

图 2-27　回风斜井高压旋喷桩布置断面图
1—高压旋喷桩；2—开挖荒断面；3—浆砌片石或碎石

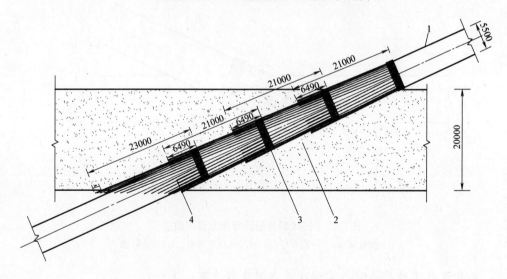

图 2-28　回风斜井高压旋喷桩布置剖面图
1—开挖轮廓线；2—流砂层；3—1.5m 厚止浆墙；4—高压旋喷桩

2.3.4　立井工作面大段高注浆堵水技术

1. 工程概况

安居煤矿副井井筒施工至垂深 630m 时，井筒施工过火成岩后因岩层竖向裂隙发育而

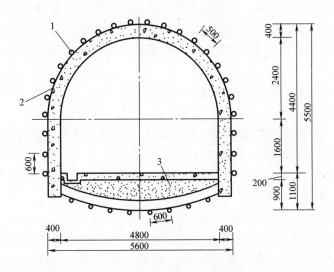

图 2-29　回风斜井超前管棚布置断面图

1—超前管棚；2—开挖荒断面；3—浆砌片石或碎石

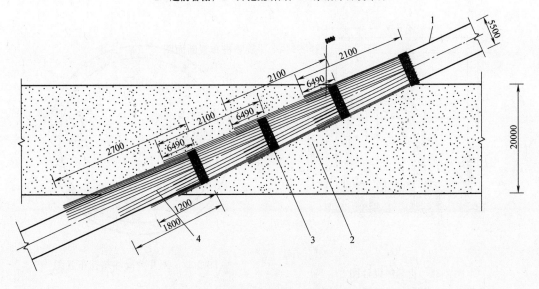

图 2-30　回风斜井超前管棚布置断面图

1—开挖轮廓线；2—流砂层；3—1.5m 厚止浆墙；4—超前管棚

造成井筒东北部出水，探水孔涌水量达 110m³/h 以上；根据钻孔资料可知，井筒垂深 630～765m 段穿过的基岩主要为侏罗系 J31、J32、J33 段和二叠系石盒子组上段，岩性主要为细砂岩、粉砂岩以及含砾砂岩，含承压裂隙水、孔隙水，预计井深 630m 以下地层为含水层，涌水来源主要是侏罗系三段中细砂岩水，岩石竖向裂隙发育。为彻底治理井筒工作面涌水，确保注浆堵水效果和井壁质量，决定在井筒工作面浇筑混凝土止浆垫，利用该止浆垫进行工作面长段注浆堵水，以达到有效控制井筒涌水的效果。

2. 立井工作面大段高注浆堵水技术方案

为根本治理工作面涌水，确保注浆堵水效果和井壁质量，通过对各种井筒涌水治理方案的反复论证，结合生产现状、设备情况和人员队伍素质，决定采用大段高复合浆液预注浆进行立井工作面堵水。即在井筒工作面浇筑混凝土止浆垫，利用该止浆垫进行工作面长段注浆堵水，以达到缩短建井工期、减少基本建设投资和有效控制井筒工作面涌水的效果。

（1）立井工作面大段高注浆堵水技术方案设计

1）止浆垫设计

预注浆方案采用了浇筑整体单级平底混凝土止浆垫的技术，设计强度为 C45 混凝土（考虑到工作面有水适当地添加早强剂），止浆垫厚度为 4.0m，由于井筒涌水量较大，设计铺设 1.5m 厚滤水层，确保动水状态下混凝土止浆垫质量，如图 2-31 所示。

2）注浆管及滤水管布置

针对复杂地层竖向裂隙发育统计情况，设计均匀安放 8 根 ϕ159mm、11 根 ϕ108mm 注浆管，注浆管布置尽量避开提升吊桶位置；注浆管孔口距井壁距离为 650mm，孔间距 0.7m，注浆管长度 7.5m，埋入深度 7.0m，外露长度 0.5m；混凝土止浆垫厚度 4.0m，混凝土强度 C45，注浆孔布置如图 2-32 所示。

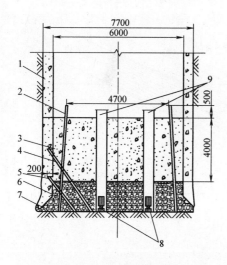

图 2-31 止浆垫设计图

1—永久井壁；2—ϕ108mm 孔口管；3—止浆垫；
4—ϕ20mm 钢管；5—沟槽；6—油毡、彩条布；
7—滤水层；8—水泵；9—ϕ60mm 滤水管

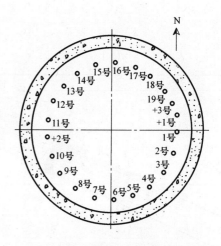

图 2-32 副井井筒注浆孔布置图

滤水管采用 2 根长度 6.5m、ϕ600mm 无缝钢管加工而成，将地面预制好的滤水管整体吊装下至工作面，用大抓绳夺钩放至泵窝内，利用井壁打锚杆的方式固定方位，待滤水管整体固定牢固后松开大抓绳，将泵体放入滤水管，将水面降至 1.5m 滤水层以下，考虑到静水压力和注浆终压对滤水管的影响，对滤水管控制法兰盘进行加固处理。

3）注浆参数的确定

采取大段高复合浆液井筒工作面注浆，注浆段高取为 135～180m；设计注浆终压为静水压力的 3 倍，约为 14.3～30MPa；浆液扩散半径按 6～8m 设计，以满足深井注浆堵水需要。主要使用单液水泥浆，当在裂隙不发育或单液水泥浆注浆效果不理想时，采用化学浆液。

4）注浆站与设备选项

使用井口南侧的注浆站，施工 2 个浆液搅拌桶，浆液分 2 次搅拌，安装 2 台注浆泵（一台备用），注浆系统示意图如图 2-33 所示。钻机选用 ZDY650（MK-4）型煤矿用全液压坑道钻机，选用 1 台 2TGZ-60/210 型注浆泵和 2 台 XPB-90 无级调速注浆泵，其中 2TGZ-60/210 注浆泵主要用于井下壁后注浆。

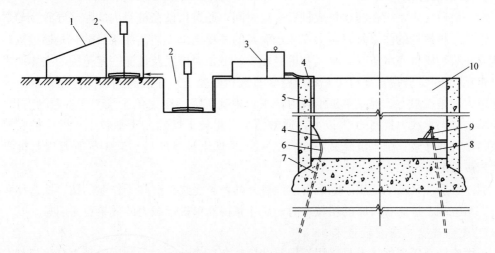

图 2-33　注浆系统布置示意图

1—水泥台；2—拌灰桶；3—注浆泵；4—注浆软管；5—井壁固定注浆钢管；6—注浆三通；
7—注浆孔口管；8—打钻孔球阀；9—钻机；10—井筒

（2）施工工艺

1）现根据钻孔出水量、注浆量、注浆压力、止浆垫预埋注浆管 19 个，注浆管孔口距井壁距离为 650mm，孔间距 0.7m，径向角 1.7°，终孔间距 2.08m，注浆管长度 7.5m，埋入深度 7.0m，外露长度 0.5m。

2）混凝土止浆垫厚度 4.0m，混凝土强度 C45。

3）探水注浆设备选型：钻机选型和注浆泵选型。

4）施工步骤主要包括：

① 掘砌至井深 630m 处，停止砌壁，迎头空帮 3m 左右，准备浇筑止浆垫；工作面利用风镐及手镐将迎头浮矸清至实底，将模板下方井帮刷成锅底形式；收拢整体液压金属模板，将模板下放至迎头，拆除模板刃脚，将刃脚打至井上。

② 将模板上提超过最下模井壁 5m。如井壁淋水过大，考虑利用模板操作台安设截水圈，按照井筒的周长设计一道 300mm 高的截水圈，截水圈分成 24 块加工，用射钉进行固定，截水圈上焊接 2 寸拔哨，用于接导水管，通过导水管连接截水圈内的水导致工作面集水箱，通过风泵排至吊盘上的水箱中，通过中层盘卧泵排至腰泵房，然后通过设置在腰泵房内的卧泵排至地面。

③ 各种注浆施工机具、排水设备和注浆材料准备充分，检修试运转可靠。组织好各种专业操作人员学习本措施考核合格后上岗，劳动保护配备齐全。

2.4 地面工程施工新技术

2.4.1 地基基础和地下空间工程技术

1. 灌注桩后注浆技术

灌注桩后注浆是指在灌注桩成桩后一定时间，通过预设在桩身内的注浆导管及与之相连的桩端、桩侧处的注浆阀以压力注入水泥浆的一种施工工艺。注浆目的一是通过桩底和桩侧后注浆加固桩底沉渣（虚土）和桩身泥皮，二是对桩底及桩侧一定范围的土体通过渗入（粗颗粒土）、劈裂（细粒土）和压密（非饱和松散土）注浆起到加固作用，从而增大桩侧阻力和桩端阻力，提高单桩承载力，减少桩基沉降。在优化注浆工艺参数的前提下，可使单桩竖向承载力提高 40％以上，通常情况下粗粒土增幅高于细粒土、桩侧桩底复式注浆高于桩底注浆；桩基沉降减小 30％左右；预埋于桩身的后注浆钢导管可以与桩身完整性超声检测管合二为一。

灌注桩后注浆技术适用于除沉管灌注桩外的各类泥浆护壁和干作业的钻、挖、冲孔灌注桩。当桩端及桩侧有较厚的粗粒土时，后注浆提高单桩承载力的效果更为明显。

2. 长螺旋钻孔压灌桩技术

长螺旋钻孔压灌桩技术是采用长螺旋钻机钻孔至设计标高，利用混凝土泵将超流态细石混凝土从钻头底压出，边压灌混凝土边提升钻头直至成桩，混凝土灌注至设计标高后，再借助钢筋笼自重或利用专门振动装置将钢筋笼一次插入混凝土桩体至设计标高，形成钢筋混凝土灌注桩。后插入钢筋笼的工序应在压灌混凝土工序后连续进行。与普通水下灌注桩施工工艺相比，长螺旋钻孔压灌桩施工，不需要泥浆护壁，无泥皮，无沉渣，无泥浆污染，施工速度快，造价较低。该工艺还可根据需要在钢筋笼上绑设桩端后注浆管进行桩端后注浆，以提高桩的承载力。

长螺旋钻孔压灌桩技术适用于地下水位较高、易塌孔且长螺旋钻孔机可以钻进的地层。

3. 水泥土复合桩技术

水泥土复合桩是适用于软土地基的一种新型复合桩，由 PHC 管桩、钢管桩等在水泥土初凝前压入水泥土桩中复合而成的桩基础，也可将其用作复合地基。水泥土复合桩由芯桩和水泥土组成，芯桩与桩周土之间为水泥土。水泥搅拌桩的施工及芯桩的压入改善了桩周和桩端土体的物理力学性质及应力场分布，有效地改善了桩的荷载传递途径；桩顶荷载由芯桩传递到水泥土桩再传递到侧壁和桩端的水泥土体，有效地提高了桩的侧阻力和端阻力，从而有效地提高了复合桩的承载力，减小桩的沉降。目前常用的施工工艺有植桩法等。

水泥土复合桩技术适用于软弱粘土地基。在沿江、沿海地区，广泛分布着含水率较高、强度低、压缩性较高、垂直渗透系数较低、层厚变化较大的软粘土，地表下浅层存在有承载力较高的土层。采用传统的单一的地基处理方式或常规钻孔灌注桩，往往很难取得理想的技术经济效果，水泥土复合桩是适用于这种地层的有效方法之一。

4. 混凝土桩复合地基技术

混凝土桩复合地基是以水泥粉煤灰碎石桩复合地基为代表的高粘结强度桩复合地基，近年来混凝土灌注桩、预制桩作为复合地基增强体的工程越来越多，其工作性状与水泥粉煤灰碎石桩复合地基接近，可统称为混凝土桩复合地基。混凝土桩复合地基通过在基底和桩顶之间设置一定厚度的褥垫层，以保证桩、土共同承担荷载，使桩、桩间土和褥垫层一起构成复合地基。桩端持力层应选择承载力相对较高的土层。混凝土桩复合地基具有承载力提高幅度大、地基变形小、适用范围广等特点。

混凝土桩复合地基技术适用于处理粘性土、粉土、砂土和已自重固结的素填土等地基。对淤泥质土应按当地经验或通过现场试验确定其适用性。就基础形式而言，既可用于条形基础、独立基础，又可用于箱形基础、筏形基础。采取适当技术措施后也可应用于刚度较弱的基础以及柔性基础。

5. 真空预压法组合加固软基技术

真空预压法是在需要加固的软粘土地基内设置砂井或塑料排水板，然后在地面铺设砂垫层，其上覆盖不透气的密封膜使软土与大气隔绝，然后通过埋设于砂垫层中的滤水管，用真空装置进行抽气，将膜内空气排出，因而在膜内外产生一个气压差，这部分气压差即变成作用于地基上的荷载。地基随着等向应力的增加而固结。

真空堆载联合预压法是在真空预压的基础上，在膜下真空度达到设计要求并稳定后，进行分级堆载，并根据地基变形和孔隙水压力的变化控制堆载速率。堆载预压施工前，必须在密封膜上覆盖无纺土工布以及粘土（粉煤灰）等保护层进行保护，然后分层回填并碾压密实。与单纯的堆载预压相比，加载的速率相对较快。在堆载结束后，进入联合预压阶段，直到地基变形的速率满足设计要求，然后停止抽真空，结束真空联合堆载预压。

真空预压法组合加固软基技术适用于软弱粘土地基的加固。我国广泛存在着海相、湖相及河相沉积的软弱粘土层，这种土的特点是含水量大、压缩性高、强度低、透水性差。该类地基在建筑物荷载作用下会产生相当大的变形或变形差。对于该类地基，尤其需大面积处理时，如在该类地基上建造码头、机场等，真空预压法以及真空堆载联合预压法是处理这类软弱粘土地基的较有效方法之一。

6. 装配式支护结构施工技术

装配式支护结构是以成型的预制构件为主体，通过各种技术手段在现场装配成为支护结构。与常规支护手段相比，该支护技术具有造价低、工期短、质量易于控制等特点，从而大大降低了能耗、减少了建筑垃圾，有较高的社会、经济效益与环保作用。

目前，市场上较为成熟的装配式支护结构有：预制桩、预制地下连续墙结构、预应力鱼腹梁支撑结构、工具式组合内支撑等。

预制桩作为基坑支护结构使用时，主要是采用常规的预制桩施工方法，如静压或者锤击法施工，还可以采用插入水泥土搅拌桩，TRD 搅拌墙或 CSM 双轮铣搅拌墙内形成连续的水泥土复合支护结构。预应力预制桩用于支护结构时，应注意防止预应力预制桩发生脆性破坏并确保接头的施工质量。

预制地下连续墙技术即按照常规的施工方法成槽后，在泥浆中先插入预制墙段、预制桩、型钢或钢管等预制构件，然后以自凝泥浆置换成槽用的护壁泥浆，或直接以自凝泥浆护壁成槽插入预制构件，以自凝泥浆的凝固体填塞墙后空隙和防止构件间接缝渗水，形成地下连续墙。采用预制的地下连续墙技术施工的地下墙面光洁、墙体质量好、强度高，并可避免在现场制作钢筋笼和浇混凝土及处理废浆。近年来，在常规预制地下连续墙技术的基础上，又出现一种新型预制连续墙，即不采用昂贵的自凝泥浆而仍用常规的泥浆护壁成槽，成槽后插入预制构件并在构件间采用现浇混凝土将其连成一个完整的墙体。该工艺是一种相对经济又兼具现浇地下墙和预制地下墙优点的新技术。

预应力鱼腹梁支撑技术，由鱼腹梁（高强度低松弛的钢绞线作为上弦构件，H型钢作为受力梁，与长短不一的H型钢撑梁等组成）、对撑、角撑、立柱、横梁、拉杆、三角形节点、预压顶紧装置等标准部件组合并施加预应力，形成平面预应力支撑系统与立体结构体系，支撑体系的整体刚度高、稳定性强。本技术能够提供开阔的施工空间，使挖土、运土及地下结构施工便捷，不仅显著改善地下工程的施工作业条件，而且大幅减少支护结构的安装、拆除、土方开挖及主体结构施工的工期和造价。

工具式组合内支撑技术是在混凝土内支撑技术的基础上发展起来的一种内支撑结构体系，主要利用组合式钢结构构件其截面灵活可变、加工方便、适用性广的特点，可在各种地质情况和复杂周边环境下使用。该技术具有施工速度快，支撑形式多样，计算理论成熟，可拆卸重复利用，节省投资等优点。

预制地下连续墙一般仅适用于9m以内的基坑，适用于地铁车站、周边环境较为复杂的基坑工程等；预应力鱼腹梁支撑适用于市政工程中地铁车站、地下管沟基坑工程以及各类建筑工程基坑，预应力鱼腹梁支撑适用于温差较小地区的基坑，当温差较大时应考虑温度应力的影响。工具式组合内支撑适用于周围建筑物密集，施工场地狭小，岩土工程条件复杂或软弱地基等类型的深大基坑。

7. 型钢水泥土复合搅拌桩支护结构技术

型钢水泥土复合搅拌桩是指：通过特制的多轴深层搅拌机自上而下将施工场地原位土体切碎，同时从搅拌头处将水泥浆等固化剂注入土体并与土体搅拌均匀，通过连续的重叠搭接施工，形成水泥土地下连续墙；在水泥土初凝之前，将型钢（预制混凝土构件）插入墙中，形成型钢（预制混凝土构件）与水泥土的复合墙体。型钢水泥土复合搅拌桩支护结构同时具有抵抗侧向土水压力和阻止地下水渗漏的功能。

近几年水泥土搅拌桩施工工艺在传统的工法基础上有了很大的发展，TRD工法、双轮铣深层搅拌工法（CSM工法）、五轴水泥土搅拌桩、六轴水泥土搅拌桩等施工工艺的出现使型钢水泥土复合搅拌桩支护结构的使用范围更加广泛，施工效率也大大增加。其中TRD工法（Trench-Cutting & Re-mixing Deep Wall Method）是将满足设计深度的附有切割链条以及刀头的切割箱插入地下，在进行纵向切割横向推进成槽的同时，向地基内部注入水泥浆以达到与原状地基的充分混合搅拌在地下形成等厚度水泥土连续墙的一种施工工艺。该工法具有适应地层广、墙体连续无接头、墙体渗透系数低等优点。

双轮铣深层搅拌工法（CSM工法），是使用两组铣轮以水平轴向旋转搅拌方式、形成矩形槽段的改良土体的一种施工工艺。该工法的性能特点有：（1）具有高削掘性能，地层适应性强；（2）高搅拌性能；（3）高削掘精度；（4）可完成较大深度的施工；（5）设备高稳定性；（6）低噪声和振动；（7）可任意设定插入劲性材料的间距；（8）可靠施工过程数据和高效的施工管理系统；（9）双轮铣深层搅拌工法（CSM工法）机械均采用履带式主机，占地面积小，移动灵活。

型钢水泥土复合搅拌桩支护结构技术该技术主要用于深基坑支护，可在粘性土、粉土、砂砾土使用，目前国内主要在软土地区有成功应用。

8. 地下连续墙施工技术

近年来，地下连续墙向着超深、超厚发展。目前建筑领域地下连续墙已经超越了110m，随着技术的进步和城市发展的需求地下连续墙将会向更深的深度发展。例如软土地区的超深地下连续墙施工，利用成槽机、铣槽机在粘土和砂土环境下各自的优点，以抓铣结合的方法进行成槽，并合理选用泥浆配比，控制槽壁变形，优势明显。

由于地下连续墙是由若干个单元槽段分别施工后再通过接头连成整体，各槽段之间的接头有多种形式，目前最常用的接头形式有圆弧形接头、橡胶带接头、工字形钢接头、十字钢板接头、套铣接头等。其中橡胶带接头是一种相对较新的地下连续墙接头工艺，通过横向连续转折曲线和纵向橡胶防水带延长了可能出现的地下水渗流路线，接头的止水效果较以前的各种接头工艺有大幅改观。目前超深的地下连续墙多采用套铣接头，利用铣槽机可直接切削硬岩的能力直接切削已成槽段的混凝土，在不采用锁口管、接头箱的情况下形成止水良好、致密的地下连续墙接头。套铣接头具有施工设备简单、接头水密性良好等优点。

一般情况下地下连续墙适用于如下条件的基坑工程：（1）深度较大的基坑工程，一般开挖深度大于10m才有较好的经济性；（2）邻近存在保护要求较高的建（构）筑物，对基坑本身的变形和防水要求较高的工程；（3）基坑内空间有限，地下室外墙与红线距离极近，采用其他围护形式无法满足留设施工操作空间要求的工程；（4）围护结构也作为主体结构的一部分，且对防水、抗渗有较严格要求的工程；（5）采用逆作法施工，地上和地下同步施工时，一般采用地下连续墙作为围护墙。

9. 逆作法施工技术

逆作法一般是先沿建筑物地下室外墙轴线施工地下连续墙，或沿基坑的周围施工其他临时围护墙，同时在建筑物内部的有关位置浇筑或打下中间支承桩和柱，作为施工期间于底板封底之前承受上部结构自重和施工荷载的支承；然后施工逆作层的梁板结构，作为地下连续墙或其他围护墙的水平支撑，随后逐层向下开挖土方和浇筑各层地下结构，直至底板封底；同时，由于逆作层的楼面结构先施工完成，为上部结构的施工创造了条件，因此可以同时向上逐层进行地上结构的施工；如此地面上、下同时进行施工，直至工程结束。

目前逆作法的新技术有：

（1）框架逆作法。利用地下各层钢筋混凝土肋形楼板中先期浇筑的交叉格形肋梁，对围护结构形成框格式水平支撑，待土方开挖完成后再二次浇筑肋形楼板。

（2）跃层逆作法。是在适当的地质环境条件下，根据设计计算结果，通过局部楼板加强以及适当的施工措施，在确保安全的前提下实现跃层超挖，即跳过地下一层或两层结构梁板的施工，实现土方施工的大空间化，提高施工效率。

（3）踏步式逆作法。该法是将周边若干跨楼板采用逆作法踏步式从上至下施工，余下的中心区域待地下室底板施工完成后逐层向上顺作，并与周边逆作结构衔接完成整个地下室结构。

（4）一柱一桩调垂技术。在逆作施工中，竖向支承桩柱的垂直精度要求是确保逆作工程质量、安全的核心要素，决定着逆作技术的深度和高度。目前，钢立柱的调垂方法主要有气囊法、校正架法、调垂盘法、液压调垂盘法、孔下调垂机构法、孔下液压调垂法、HDC 高精度液压调垂系统等。

逆作法适用于如下基坑：（1）大面积的地下工程；（2）大深度的地下工程，一般地下室层数大于或等于 2 层的项目更为合理；（3）基坑形状复杂的地下工程；（4）周边状况苛刻，对环境要求很高的地下工程；（5）上部结构工期要求紧迫和地下作业空间较小的地下工程。

10. 超浅埋暗挖施工技术

在下穿城市道路的地下通道施工时，地下通道的覆盖土厚度与通道跨度之比通常较小，属于超浅埋通道。为了保障城市道路、地下管线及周边建（构）筑物正常运用，需采用严格控制土体变形的超浅埋暗挖施工技术。一般采用长大管棚超前支护加固地下通道周围土体，将整个地下通道断面分为若干个小断面进行顺序错位短距开挖，及时强力支护并封闭成环，形成平顶直墙交替支护结构条件，进行地下通道或空间主体施工的支护技术方法。施工过程中应加强对施工影响范围内的城市道路、管线及建（构）筑物的变形监测，及时反馈信息，及时调整支护参数。该技术主要利用钢管刚度强度大，水平钻定位精准，型钢拱架连接加工方便、撑架及时和适用性广等特点，可以在不阻断交通、不损伤路面、不改移管线和不影响居民等城市复杂环境下使用，因此具有安全、可靠、快速、环保、节资等优点。

超浅埋暗挖施工技术用于一般填土、粘土、粉土、砂土、卵石等第四纪地层中修建的地下通道或地下空间。

11. 复杂盾构法施工技术

盾构法是一种全机械化的隧道施工方法，通过盾构外壳和管片支承四周围岩防止发生坍塌。同时在开挖面前方用切削装置进行土体开挖，通过出土机械外运出洞，靠千斤顶在后部加压顶进，并拼装预制混凝土管片，形成隧道结构的一种机械化施工方法。由复杂盾构法施工技术为复杂地层、复杂地面环境条件下的盾构法施工技术，或大断面圆形（洞径大于 10m）、矩形或双圆等异形断面形式的盾构法施工技术。选择盾构形式时，除考虑施工区段的围岩条件、地面情况、断面尺寸、隧道长度、隧道线路、工期等各种条件外，还应考虑开挖和衬砌等施工问题，必须选择安全且经济的盾构形式。盾构施工在遇到复杂地层、复杂环境或者盾构截面异形或者盾构截面大时，可以通过分析地层和环境等情况合理配置刀盘，采用合适的掘进模式和掘进技术参数、盾构姿态控制及纠偏技术，采用合适的注浆方式等各种技术要求来解决以上的复杂问题。盾构法施工是一个系统性很强的工程，其设计和施工技术方案的确定，要从各个方面综合权衡与比选，最终确定合理可行的实施方案。

盾构机主要是用来开挖土、砂、围岩的隧道机械，由切口环、支撑环及盾尾三部分组成。就断面形状可分为单圆形、复圆形及非圆形盾构。矩形盾构是横断面为矩形的盾构机，相比圆形盾构，其作业面小，主要用于距地面较近的工程作业。矩形盾构机的研制难度超过圆形盾构机。目前，我国使用的矩形盾构机主要有 2 个、4 个或 6 个刀盘联合工作。

复杂盾构法施工技术适用范围有：（1）适用于各种复杂的工程地质和水文地质条件，从淤泥质土层到中风化和微风化岩层。（2）盾构法施工隧道应有足够的埋深，覆土深度不宜小于 6m。隧道覆土太浅，盾构法施工难度较大；在水下修建隧道时，覆土太浅盾构施工安全风险较大。（3）地面上必须有修建用于盾构进出洞和出土进料的工作井位置。（4）隧道之间或隧道与其他建（构）筑物之间所夹土（岩）体加固处理的最小厚度为水平方向 1.0m，竖直方向 1.5m。（5）从经济角度讲，盾构连续施工长度不宜小于 300m。

12. 非开挖埋管施工技术

非开挖埋管施工技术应用较多的主要有顶管法、定向钻进穿越技术以及大断面矩形通道掘进技术。

（1）顶管法

顶管法是在松软土层或富水松软地层中敷设管道的一种施工方法。随着顶管技术的不断发展与成熟，已经涌现了一大批超大口径、超长距离的顶管工程。混凝土顶管管径最大达到 4000mm，一次顶进最长距离也达到 2080m。随着大量超长距离、超大口径顶管工程的出现，也产生了相应的顶管施工新技术。

1）为维持超长距离顶进时的土压平衡，采用恒定顶进速度及多级顶进条件下螺旋机智能出土调速施工技术；该新技术结合分析确定的土压合理波动范围参数，使顶管机智能的适应土压变化，避免大的振动。

2）针对超大口径、超长距离顶进过程中顶力过大问题，开发研制了全自动压浆系统，智能分配注浆量，有效进行局部减阻。

3）超长距离、多曲线顶管自动测量及偏离预报技术是迄今为止最适合超长距离、曲线顶管的测量系统，该测量系统利用多台测量机器人联机跟踪测量技术，结合历史数据，对工具管导引的方向及幅度做出预报，极大地提高了顶进效率和顶管管道的质量。

4）预应力钢筒混凝土管顶管（简称 JPCCP）拼接技术，利用副轨、副顶、主顶全方位三维立体式进行管节接口姿态调整，能有效解决该种新型复合管材高精度接口的拼接难题。

顶管法适用于：1）特别适用于在具有粘性土、粉性土和砂土的土层中施工，也适用于在具有卵石、碎石和风化残积土的土层中施工。2）适用于城区水污染治理的截污管施工，适用于液化气与天然气输送管、油管的施工以及动力电缆、宽频网、光纤网等电缆工程的管道施工。3）适用于城市市政地下工程中穿越公路、铁路、建筑物下的综合通道及地铁人行通道施工。

（2）定向钻进穿越

根据入土点和出土点设计出穿越曲线，然后根据穿越曲线利用穿越钻机先钻出导向孔、再进行扩孔处理，回拖管线之后利用泥浆的护壁及润滑作用将已预制试压合格的管段进行回拖，完成管线的敷设施工。其新技术包括：

1）测量钻头位置的随钻测量系统，随钻测量系统的关键技术是在保证钻杆强度的前提下钻杆本体的密封以及钻杆内永久电缆连接处的密封。

2）具有孔底马达的全新旋转导向钻进系统，该系统有效解决了定子和轴承的寿命问题以及可以按照设定导向进行旋转钻进。

定向钻进穿越法适合的地层条件为砂土、粉土、粘性土、卵石等地况。在不开挖地表面条件下，可广泛应用于供水、煤气、电力、电信、天然气、石油等管线铺设施工。

（3）大断面矩形地下通道掘进施工技术

利用矩形隧道掘进机在前方掘进，而后将分节预制好的混凝土结构件在土层中顶进、拼装形成地下通道结构的非开挖法施工技术。

矩形隧道掘进机在顶进过程中，通过调节后顶主油缸的推进速度或调节螺旋输送机的转速，以控制搅拌舱的压力，使之与掘进机所处地层的土压力保持平衡，保证掘进机的顺利顶进，并实现上覆土体的低扰动；在刀盘不断转动下，开挖面切削下来的泥土进入搅拌舱，被搅拌成软塑状态的扰动土；对不能软化的天然土，则通过加入水、粘土或其他物质使其塑化，搅拌成具有一定塑性和流动性的混合土，由螺旋输送机排出搅拌舱，再由专用输送设备排出；隧道掘进机掘进至规定行程，缩回主推油缸，将分节预制好的混凝土管节吊入并拼装，然后继续顶进，直至形成整个地下通道结构。

大断面矩形地下通道掘进施工技术施工机械化程度高，掘进速度快，矩形断面利用率高，非开挖施工地下通道结构对地面运营设施影响小，能满足多种截面尺寸的地下通道施工需求。

大断面矩形地下通道掘进施工技术能适应 N 值在 10 以下的各类粘性土、砂性土、粉质土及流砂地层；具有较好的防水性能，最大覆土层深度为 15m；通过隧道掘进机的截面模数组合，可满足多种截面大小的地下通道施工需求。

13. 综合管廊施工技术

综合管廊，也可称之"共同沟"，是指城市地下管道综合走廊，它是为实施统一规划、设计、施工和维护，建于城市地下用于敷设市政公用管线的市政公用设施。采取综合管廊可实现各种管线以集约化方式敷设，可以使城市的地下空间资源得以综合利用。

综合管廊的施工方法主要分为明挖施工和暗挖施工。

明挖施工法主要有：放坡开挖施工；水泥土搅拌桩围护结构；板桩墙围护结构以及 SMW 工法等。明挖管廊的施工可采用现浇施工法与预制拼装施工法。现浇施工法可以大面积作业，将整个工程分割为多个施工标段，加快施工进度。预制拼装施工法要求有较大规模的预制厂和大吨位的运输及起吊设备，施工技术要求高，对接缝处施工处理有严格要求。

暗挖施工法主要有盾构法、顶管法等。盾构法和顶管法都是采用专用机械构筑隧道的暗挖施工方法，在隧道的某段的一端建造竖井或基坑，以供机械安装就位。机械从竖井或基坑壁开孔处出发，沿设计轴线，向另一竖井或基坑的设计孔洞推进、构筑隧道，并有效地控制地面隆降。盾构法、顶管法施工具有自动化程度高，对环境影响小，施工安全，质量可靠，施工进度快等特点。

综合管廊主要用于城市统一规划、设计、施工及维护的市政公用设施工程，建于城市地下，用于敷设市政公用管线。

2.4.2 钢筋与混凝土技术

1. 高耐久性混凝土技术

高耐久性混凝土是通过对原材料的质量控制、优选及施工工艺的优化控制，合理掺加优质矿物掺合料或复合掺合料，采用高效（高性能）减水剂制成的具有良好工作性、满足结构所要求的各项力学性能、且耐久性优异的混凝土。

高耐久性混凝土适用于对耐久性要求高的各类混凝土结构工程，如内陆港口与海港、地铁与隧道、滨海地区盐渍土环境工程等，包括桥梁及设计使用年限 100 年的混凝土结构，以及其他严酷环境中的工程。

2. 高强高性能混凝土技术

高强高性能混凝土（简称 HS-HPC）是具有较高的强度（一般强度等级不低于 C60）且具有高工作性、高体积稳定性和高耐久性的混凝土（"四高"混凝土），属于高性能混凝土（HPC）的一个类别。其特点是不仅具有更高的强度且具有良好的耐久性，多用于超高层建筑底层柱、墙和大跨度梁，可以减小构件截面尺寸，增大使用面积和空间，并达到更高的耐久性。

超高性能混凝土（UHPC）是一种超高强（抗压强度可达 150MPa 以上）、高韧性（抗折强度可达 16MPa 以上）、耐久性优异的新型超高强高性能混凝土，是一种组成材料颗粒的级配达到最佳的水泥基复合材料。用其制作的结构构件不仅截面尺寸小，而且单位强度消耗的水泥、砂、石等资源少，具有良好的环境效应。

HS-HPC 适用于高层与超高层建筑的竖向构件、预应力结构、桥梁结构等混凝土强度要求较高的结构工程。UHPC 由于高强高韧性的特点，可用于装饰预制构件、人防工程、军事防爆工程、桥梁工程等。

3. 自密实混凝土技术

自密实混凝土（Self-Compacting Concrete，简称 SCC）具有高流动性、均匀性和稳定性，浇筑时无须或仅需轻微外力振捣，能够在自重作用下流动并能充满模板空间，属于高性能混凝土的一种。自密实混凝土技术主要包括：自密实混凝土的流动性、填充性、保塑性控制技术；自密实混凝土配合比设计；自密实混凝土早期收缩控制技术。

自密实混凝土适用于浇筑量大、浇筑深度和高度大的工程结构；配筋密集、结构复杂、薄壁、钢管混凝土等施工空间受限制的工程结构；工程进度紧、环境噪声受限制或普通混凝土不能实现的工程结构。

4. 再生骨料混凝土技术

掺用再生骨料配制而成的混凝土称为再生骨料混凝土，简称再生混凝土。

再生骨料质量应符合国家标准《混凝土用再生粗骨料》GB/T 25177—2010 或《混凝土和砂浆用再生细骨料》GB/T 25176—2010 的规定，制备混凝土用再生骨料应同时符合行业标准《再生骨料应用技术规程》JGJ/T 240—2011 相关规定。由于建筑废弃物来源的复杂性，各地技术及产业发达程度差异和受加工处理的客观条件限制，部分再生骨料某些指标可能不能满足现行国家标准的要求，须经过试配验证后，用于配制垫层等非结构混凝土或强度等级较低的结构混凝土。设计配制再生骨料普通混凝土时，可参照行业标准《再生骨料应用技术规程》JGJ/T 240—2011 相关规定进行。

目前实际生产应用的再生骨料大部分为 II 类及以下再生骨料，宜用于配制 C40 及以下强度等级的非预应力普通混凝土。鼓励再生骨料混凝土大规模用于垫层等非结构混凝土。

5. 混凝土裂缝控制技术

混凝土裂缝控制与结构设计、材料选择和施工工艺等多个环节相关。结构设计主要涉及结构形式、配筋、构造措施及超长混凝土结构的裂缝控制技术等；材料方面主要涉及混凝土原材料控制和优选、配合比设计优化；施工方面主要涉及施工缝与后浇带、混凝土浇筑、水化热温升控制、综合养护技术等。

混凝土裂缝控制技术适用于各种混凝土结构工程，如工业与民用建筑、隧道、码头、桥梁及高层、超高层混凝土结构等。

6. 超高泵送混凝土技术

超高泵送混凝土技术，一般是指泵送高度超过 200m 的现代混凝土泵送技术。近年来，随着经济和社会发展，超高泵送混凝土的建筑工程越来越多，因而超高泵送混凝土技术已成为现代建筑施工中的关键技术之一。超高泵送混凝土技术是一项综合技术，包含混凝土制备技术、泵送参数计算、泵送设备选定与调试、泵管布设和泵送过程控制等内容。

超高泵送混凝土技术适用于泵送高度大于 200m 的各种超高层建筑混凝土泵送作业，长距离混凝土泵送作业参照超高泵送混凝土技术。

7. 高强钢筋应用技术

（1）热轧高强钢筋应用技术

高强钢筋是指国家标准《钢筋混凝土用钢第 2 部分：热轧带肋钢筋》GB/T 1499.2—2018 中规定的屈服强度为 400MPa、500MPa 级及以上的普通热轧带肋钢筋（HRB）以及细晶粒热轧带肋钢筋（HRBF）。

通过加钒（V）、铌（Nb）等合金元素微合金化的其牌号为 HRB；通过控轧和控冷工艺，使钢筋金相组织的晶粒细化的其牌号为 HRBF；还有通过余热淬水处理的其牌号为 RRB。这三种高强钢筋，在材料力学性能、施工适应性以及可焊性方面，以微合金化钢筋（HRB）为最可靠；细晶粒钢筋（HRBF）其强度指标与延性性能都能满足要求，可焊性一般；而余热处理钢筋其延性较差，可焊性差，加工适应性也较差。

经对各类结构应用高强钢筋的比对与测算，通过推广应用高强钢筋，在考虑构造等因素后，平均可减少钢筋用量约 12%～18%，具有很好的节材作用。按房屋建筑中钢筋工程节约的钢筋用量考虑，土建工程每平方米可节约 25～38 元。因此，推广与应用高强钢筋的经济效益也十分巨大。高强钢筋的应用可以明显提高结构构件的配筋效率。在大型公共建筑中，普遍采用大柱网与大跨度框架梁，若对这些大跨度梁采用 400MPa、500MPa 级高强钢筋，可有效减少配筋数量，有效提高配筋效率，并方便施工。

在梁柱构件设计中，有时由于受配置钢筋数量的影响，为保证钢筋间的合适间距，不得不加大构件的截面宽度，导致梁柱截面混凝土用量增加。若采用高强钢筋，可显著减少配筋根数，使梁柱截面尺寸得到合理优化。

应优先使用 400MPa 级高强钢筋，将其作为混凝土结构的主力配筋，并主要应用于梁与柱的纵向受力钢筋、高层剪力墙或大开间楼板的配筋。充分发挥 400MPa 级钢筋高强度、延性好的特性，在保证与提高结构安全性能的同时，比 335MPa 级钢筋明显减少配筋量。

对于 500MPa 级高强钢筋应积极推广，并主要应用于高层建筑柱、大柱网或重荷载梁的纵向钢筋，也可用于超高层建筑的结构转换层与大型基础筏板等构件，以更好地减少钢筋用量。

用 HPB300 钢筋取代 HPB235 钢筋，并以 300（335）MPa 级钢筋作为辅助配筋。就是要在构件的构造配筋、一般梁柱的箍筋、普通跨度楼板的配筋、墙的分布钢筋等采用 300（335）MPa 级钢筋。其中 HPB300 光圆钢筋比较适宜用于小构件梁柱的箍筋及楼板与墙的焊接网片。对于生产工艺简单、价格便宜的余热处理工艺的高强钢筋，如 RRB400 钢筋，因其延性、可焊性、机械连接的加工性能都较差，《混凝土结构设计规范》GB 50010—2010建议用于对钢筋延性要求较低的结构构件与部位，如大体积混凝土的基础底板、楼板及次要的结构构件中，做到物尽其用。

（2）高强冷轧带肋钢筋应用技术

CRB600H 高强冷轧带肋钢筋（简称"CRB600H 高强钢筋"）是国内近年来开发的新型冷轧带肋钢筋。在传统 CRB550 冷轧带肋钢筋的基础上，经过多项技术改进，产品性能、产品质量、生产效率、经济效益等多方面 CRB600H 高强钢筋是均有显著提升。CRB600H 高强钢筋的最大优势是以普通 Q235 盘条为原材，在不添加任何微合金元素的情况下，通过冷轧、在线热处理、在线性能控制等工艺生产，生产线实现了自动化、连续化、高速化作业。

CRB600 高强钢筋与 HRB400 钢筋售价相当，但其强度更高，应用后可节约钢材达 10%；吨钢应用可节约合金 19kg，节约 9.7kg 标准煤。

CRB600H 高强钢筋适用于工业与民用房屋和一般构筑物中，具体范围为：板类构件中的受力钢筋（强度设计值取 $415N/mm^2$）；剪力墙竖向、横向分布钢筋及边缘构件中的箍筋，不包括边缘构件的纵向钢筋；梁柱箍筋。由于 CRB600H 钢筋的直径范围为 5~12mm，且强度设计值较高，其在各类板、墙类构件中应用具有较好的经济效益。

8. 高强钢筋直螺纹连接技术

直螺纹机械连接是高强钢筋连接采用的主要方式，按照钢筋直螺纹加工成型方式分为剥肋滚轧直螺纹、直接滚轧直螺纹和镦粗直螺纹，其中剥肋滚轧直螺纹、直接滚轧直螺纹属于无切削螺纹加工，镦粗直螺纹属于切削螺纹加工。钢筋直螺纹加工设备按照直螺纹成型工艺主要分为剥肋滚轧直螺纹成型机、直接滚轧直螺纹成型机、钢筋端头镦粗机和钢筋直螺纹加工机，并已研发了钢筋直螺纹自动化加工生产线；按照连接套筒型式主要分为标准型套筒、加长丝扣型套筒、变径型套筒、正反丝扣型套筒；按照连接接头型式主要分为标准型直螺纹接头、变径型直螺纹接头、正反丝扣型直螺纹接头、加长丝扣型直螺纹接头、可焊直螺纹套筒接头和分体直螺纹套筒接头。高强钢筋直螺纹连接应执行行业标准《钢筋机械连接技术规程》JGJ 107—2016 的有关规定，钢筋连接套筒应执行行业标准《钢筋机械连接用套筒》JG/T 163—2013 的有关规定。

高强钢筋直螺纹连接可广泛适用于直径 12~50mmHRB400、HRB500 钢筋各种方位的同异径连接，如粗直径、不同直径钢筋水平、竖向、环向连接、弯折钢筋、超长水平钢筋的连接，两根或多根固定钢筋之间的对接，钢结构型钢柱与混凝土梁主筋的连接等。

9. 钢筋焊接网应用技术

钢筋焊接网是将具有相同或不同直径的纵向和横向钢筋分别以一定间距垂直排列，全部交叉点均用电阻点焊焊在一起的钢筋网，分为定型、定制和开口钢筋焊接网三种。钢筋焊接网生产主要采用钢筋焊接网生产线，并采用计算机自动控制的多头焊网机焊接成型，焊接前后钢筋的力学性能几乎没有变化，其优点是钢筋网成型速度快、网片质量稳定、横纵向钢筋间距均匀、交叉点处连接牢固。

钢筋焊接网广泛适用于现浇钢筋混凝土结构和预制构件的配筋，特别适用于房屋的楼板、屋面板、地坪、墙体、梁柱箍筋笼以及桥梁的桥面铺装和桥墩防裂网。高速铁路中的无砟轨道底座配筋、轨道板底座及箱梁顶面铺装层配筋。此外可用于隧洞衬砌、输水管道、海港码头、桩等的配筋。

HRB400 级钢筋焊接网由于钢筋延性较好，除用于一般钢筋混凝土板类结构外，更适于抗震设防要求较高的构件（如剪力墙底部加强区）配筋。

10. 预应力技术

预应力技术分为先张法预应力和后张法预应力，先张法预应力技术是指通过台座或模板的支撑张拉预应力筋，然后绑扎钢筋浇筑混凝土，待混凝土达到强度后放张预应力筋，从而给构件混凝土施加预应力的方法，该技术目前在构件厂中用于生产预制预应力混凝土构件；后张法预应力技术是先在构件截面内采用预埋预应力管道或配置无粘结、缓粘结预应力筋，再浇筑混凝土，在构件或结构混凝土达到强度后，在结构上直接张拉预应力筋从而对混凝土施加预应力的方法，后张法可以通过有粘结、无粘结、缓粘结等工艺技术实现，也可采用体外束预应力技术。为发挥预应力技术高效的特点，可采用强度为1860MPa 级以上的预应力筋，通过张拉建立初始应力，预应力筋设计强度可发挥到1000～1320MPa，该技术可显著节约材料、提高结构性能、减少结构挠度、控制结构裂缝并延长结构寿命。先张法预应力混凝土构件，也常用 1570MPa 的预应力钢丝。预应力技术内容主要包括材料、预应力计算与设计技术、安装及张拉技术、预应力筋及锚头保护技术等。

预应力技术可用于多、高层房屋建筑的楼面梁板、转换层、基础底板、地下室墙板等，以抵抗大跨度、重荷载或超长混凝土结构在荷载、温度或收缩等效应下产生的裂缝，提高结构与构件的性能，降低造价；也可用于筒仓、电视塔、核电站安全壳、水池等特种工程结构；还广泛用于各类大跨度混凝土桥梁结构。

11. 建筑用成型钢筋制品加工与配送技术

建筑用成型钢筋制品加工与配送技术（简称"成型钢筋加工配送技术"）是指由具有信息化生产管理系统的专业化钢筋加工机构进行钢筋大规模工厂化与专业化生产、商品化配送、具有现代建筑工业化特点的一种钢筋加工方式。主要采用成套自动化钢筋加工设备，经过合理的工艺流程，在固定的加工场所集中将钢筋加工成为工程所需成型钢筋制品，按照客户要求将其进行包装或组配，运送到指定地点的钢筋加工组织方式。信息化管理系统、专业化钢筋加工机构和成套自动化钢筋加工设备三要素的有机结合是成型钢筋加工配送区别于传统场内或场外钢筋加工模式的重要标志。成型钢筋加工配送技术执行行业标准《混凝土结构成型钢筋应用技术规程》JGJ 366—2015 的有关规定。

建筑用成型钢筋制品加工与配送技术可广泛适用于各种现浇混凝土结构的钢筋加工、预制装配建筑混凝土构件钢筋加工，特别适用于大型工程的钢筋量大集中加工，是绿色施工、建筑工业化和施工装配化的重要组成部分。该项技术是伴随着钢筋机械、钢筋加工工艺的技术进步而不断发展的，其主要技术特点是：加工效率高、质量好；降低加工和管理综合成本；加快施工进度，提高钢筋工程施工质量；节材节地、绿色环保；有利于高新技术推广应用和安全文明工地创建。

12. 钢筋机械锚固技术

钢筋机械锚固技术是将螺帽与垫板合二为一的锚固板通过螺纹与钢筋端部相连形成的锚固装置。其作用机理为：钢筋的锚固力全部由锚固板承担或由锚固板和钢筋的粘结力共同承担，从而减少钢筋的锚固长度，节省钢筋用量。在复杂节点采用钢筋机械锚固技术还可简化钢筋工程施工，减少钢筋密集拥堵绑扎困难，改善节点受力性能，提高混凝土浇筑质量。该项技术的主要内容包括：部分锚固板钢筋的设计应用技术、全锚固板钢筋的设计应用技术、锚固板钢筋现场加工及安装技术等。详细技术内容见行业标准《钢筋锚固板应用技术规程》JGJ 256—2011。

钢筋机械锚固技术适用于混凝土结构中钢筋的机械锚固，主要适用范围有：用锚固板钢筋代替传统弯筋，用于框架结构梁柱节点；代替传统弯筋和直钢筋锚固，用于简支梁支座、梁或板的抗剪钢筋；可广泛应用于建筑工程以及桥梁、水工结构、地铁、隧道、核电站等各类混凝土结构工程的钢筋锚固，还可用作钢筋锚杆（或拉杆）的紧固件等。

2.4.3 模板脚手架技术

1. 销键型脚手架及支撑架

销键型钢管脚手架及支撑架是我国目前推广应用最多、效果最好的新型脚手架及支撑架。其中包括：盘销式钢管脚手架、键槽式钢管支架、插接式钢管脚手架等。销键型钢管脚手架分为 ϕ60mm 系列重型支撑架和 ϕ48mm 系列轻型脚手架两大类。销键型钢管脚手架安全可靠、稳定性好、承载力高；全部杆件系列化、标准化、搭拆快、易管理、适应性强；除搭设常规脚手架及支撑架外，由于有斜拉杆的连接，销键型脚手架还可搭设悬挑结构、跨空结构架体，可整体移动、整体吊装和拆卸。

ϕ60mm 系列重型支撑架可广泛应用于公路、铁路的跨河桥、跨线桥、高架桥中的现浇盖梁及箱梁的施工，用作水平模板的承重支撑架。ϕ48mm 系列轻型脚手架适用于直接搭设各类房屋建筑的外墙脚手架，梁板模板支撑架，船舶维修、大坝、核电站施工用的脚手架，各类钢结构施工现场拼装的承重架，各类演出用的舞台架、灯光架、临时看台、临时过街天桥等。

2. 集成附着式升降脚手架技术

集成附着式升降脚手架是指搭设一定高度并附着于工程结构上，依靠自身的升降设备和装置，可随工程结构逐层爬升或下降，具有防倾覆、防坠落装置的外脚手架；附着升降脚手架主要由集成化的附着升降脚手架架体结构、附着支座、防倾装置、防坠落装置、升降机构及控制装置等构成。

集成附着式升降脚手架适用于高层或超高层建筑的结构施工和装修作业；对于 16 层以上，结构平面外檐变化较小的高层或超高层建筑施工推广应用附着升降脚手架；附着升降脚手架也适用桥梁高墩、特种结构高耸构筑物施工的外脚手架。

3. 电动桥式脚手架技术

电动桥式脚手架是一种导架爬升式工作平台，沿附着在建筑物上的三角立柱支架通过齿轮齿条传动方式实现平台升降。电动桥式脚手架可替代普通脚手架及电动吊篮，平台运行平稳，使用安全可靠，且可节省大量材料。用于建筑工程施工，特别适合装修作业。

电动桥式脚手架主要用于各种建筑结构外立面装修作业，已建工程的外饰面翻新，为工人提供稳定舒适的施工作业面，二次结构施工中围护结构砌体砌筑、饰面石材和预制构件安装，施工安全防护，玻璃幕墙施工、清洁、维护等。电动桥式脚手架也适用桥梁高墩、特种结构高耸构筑物施工的外脚手架。

4. 液压爬升模板技术

爬模装置通过承载体附着或支承在混凝土结构上，当新浇筑的混凝土脱模后，以液压油缸为动力，以导轨为爬升轨道，将爬模装置向上爬升一层，反复循环作业的施工工艺，简称爬模。目前我国的爬模技术在工程质量、安全生产、施工进度、降低成本、提高工效和经济效益等方面均有良好的效果。

液压爬升模板技术适用于高层、超高层建筑剪力墙结构、框架结构核心筒、桥墩、桥塔、高耸构筑物等现浇钢筋混凝土结构工程的液压爬升模板施工。

5. 整体爬升钢平台技术

整体爬升钢平台技术是采用由整体爬升的全封闭式钢平台和脚手架组成一体化的模板脚手架体系进行建筑高空钢筋模板工程施工的技术。该技术通过支撑系统或爬升系统将所承受的荷载传递给混凝土结构，由动力设备驱动，运用支撑系统与爬升系统交替支撑进行模板脚手架体系爬升，实现模板工程高效安全作业，保证结构施工质量，满足复杂多变混凝土结构工程施工的要求。

整体爬升钢平台技术主要应用于高层和超高层建筑钢筋混凝土结构核心筒工程施工，也可应用于类似结构工程。

6. 组合铝合金模板施工技术

铝合金模板是一种具有自重轻、强度高、加工精度高、单块幅面大、拼缝少、施工方便的特点；同时模板周转使用次数多、摊销费用低、回收价值高，有较好的综合经济效益；并具有应用范围广、可墙顶同时浇筑、成型混凝土表面质量高、建筑垃圾少的技术优势。铝合金模板符合建筑工业化、环保节能要求。

铝合金模板适用于墙、柱、梁、板等混凝土结构支模施工、竖向结构外墙爬模与内墙及梁板支模同步施工，目前在国内住宅标准层得到广泛推广和应用。

7. 组合式带肋塑料模板技术

塑料模板具有表面光滑、易于脱模、重量轻、耐腐蚀性好、模板周转次数多、可回收利用的特点，有利于环境保护，符合国家节能环保要求。塑料模板分为夹芯塑料模板、空腹塑料模板和带肋塑料模板，其中带肋塑料模板在静曲强度、弹性模量等指标方面最好。

组合式带肋塑料模板被广泛应用在多层及高层建筑的墙、柱、梁、板结构、桥墩、桥塔、现浇箱形梁、管廊、电缆沟及各类构筑物等现浇钢筋混凝土结构工程上。

8. 清水混凝土模板技术

清水混凝土是直接利用混凝土成型后的自然质感作为饰面效果的混凝土，清水混凝土模板是按照清水混凝土要求进行设计加工的模板技术。根据结构外形尺寸要求及外观质量要求，清水混凝土模板可采用大钢模板、钢木模板、组合式带肋塑料模板、铝合金模板及聚氨酯内衬模板技术等。

清水混凝土模板技术用于体育场馆、候机楼、车站、码头、剧场、展览馆、写字楼、住宅楼、科研楼、学校等，桥梁、筒仓、高耸构筑物等。

9. 预制节段箱梁模板技术

预制节段箱梁是指整跨梁分为不同的节段，在预制厂预制好后，运至架梁现场，由专用节段拼装架桥机逐段拼装成孔，逐孔施工完成。目前生产节段梁的方式有长线法和短线法两种。预制节段箱梁模板包括长线预制节段箱梁模板和短线预制节段箱梁模板两种。长线法：将全部节段在一个按设计提供的架梁线形修建的长台座上一块接一块地匹配预制，使前后两块间形成自然匹配面。短线法：每个节段的浇筑均在同一特殊的模板内进行，其一端为一个固定的端模，另一端为已浇梁段（匹配梁），待浇节段的位置不变，通过调整已浇筑匹配梁的几何位置获得任意规定的平、纵曲线的一种施工方法，台座仅需 4～6 个梁段长。

预制节段箱梁主要应用于公路、轻轨、铁路等桥梁中。

10. 管廊模板技术

管廊的施工方法主要分为明挖施工和暗挖施工。明挖施工可采用明挖现浇施工法与明挖预制拼装施工法。当前，明挖现浇施工管廊工程量很大，工程质量要求高，对管廊模板的需求量大，本管廊模板技术主要包括支模和隧道模两类，适用于明挖现浇混凝土管廊的模板工程。

管廊模板技术适用于采用现浇混凝土施工的各类管廊工程。

11. 3D 打印装饰造型模板技术

3D 打印装饰造型模板采用聚氨酯橡胶、硅胶等有机材料，打印或浇筑而成，有较好的抗拉强度、抗撕裂强度和粘结强度，且耐碱、耐油，可重复使用 50～100 次。通过有装饰造型的模板给混凝土表面做出不同的纹理和肌理，可形成多种多样的装饰图案和线条，利用不同的肌理显示颜色的深浅不同，实现材料的真实质感，具有很好的仿真效果。

通过 3D 打印装饰造型模板技术，可以设计出各种各样独特的装饰造型，为建筑设计师立体造型的选择提供更大的空间，混凝土材料集结构装饰性能为一体，预制建筑构件、现浇构件均可，可广泛应用于住宅、围墙、隧道、地铁站、大型商场等工业与民用建筑，使装饰和结构同寿命，实现建筑装饰与环境的协调。

2.4.4 装配式混凝土结构技术

1. 装配式混凝土剪力墙结构技术

装配式混凝土剪力墙结构是指全部或部分采用预制墙板构件，通过可靠的连接方式后浇混凝土、水泥基灌浆料形成整体的混凝土剪力墙结构。国内的装配式剪力墙结构体系主要包括高层装配整体式剪力墙结构、多层装配式剪力墙结构等。

装配式混凝土剪力墙结构技术适用于抗震设防烈度为 6～8 度区，装配整体式剪力墙结构可用于高层居住建筑，多层装配式剪力墙结构可用于低、多层居住建筑。

2. 装配式混凝土框架结构技术

装配式混凝土框架结构包括装配整体式混凝土框架结构及其他装配式混凝土框架结构。装配式整体式框架结构是指全部或部分框架梁、柱采用预制构件通过可靠的连接方式装配而成，连接节点处采用现场后浇混凝土、水泥基灌浆料等将构件连成整体的混凝土结构。其他装配式框架主要指各类干式连接的框架结构，主要与剪力墙、抗震支撑等配合使用。

装配整体式混凝土框架结构可用于 6～8 度抗震设防地区的公共建筑、居住建筑以及工业建筑。除 8 度（0.3g）外，装配整体式混凝土结构房屋的最大适用高度与现浇混凝土结构相同。其他装配式混凝土框架结构，主要适用于各类低多层居住、公共与工业建筑。

3. 混凝土叠合楼板技术

混凝土叠合楼板技术是指将楼板沿厚度方向分成两部分，底部是预制底板，上部后浇混凝土叠合层。配置底部钢筋的预制底板作为楼板的一部分，在施工阶段作为后浇混凝土叠合层的模板承受荷载，与后浇混凝土层形成整体的叠合混凝土构件。

混凝土叠合楼板按具体受力状态，分为单向受力和双向受力叠合板；预制底板按有无外伸钢筋可分为"有胡子筋"和"无胡子筋"；拼缝按照连接方式可分为分离式接缝（即底板间不拉开的"密拼"）和整体式接缝（底板间有后浇混凝土带）。

4. 预制混凝土外墙挂板技术

预制混凝土外墙挂板是安装在主体结构上，起围护、装饰作用的非承重预制混凝土外墙板，简称外墙挂板。外墙挂板按构件构造可分为钢筋混凝土外墙挂板、预应力混凝土外墙挂板两种形式；按与主体结构连接节点构造可分为点支承连接、线支承连接两种形式；按保温形式可分为无保温、外保温、夹心保温等三种形式；按建筑外墙功能定位可分为围护墙板和装饰墙板。各类外墙挂板可根据工程需要与外装饰、保温、门窗结合形成一体化预制墙板系统。

预制混凝土外挂墙板适用于工业与民用建筑的外墙工程，可广泛应用于混凝土框架结构、钢结构的公共建筑、住宅建筑和工业建筑中。

5. 夹心保温墙板技术

三明治夹心保温墙板（简称"夹心保温墙板"）是指把保温材料夹在两层混凝土墙板（内叶墙、外叶墙）之间形成的复合墙板，可达到增强外墙保温节能性能，减小外墙火灾危险，提高墙板保温寿命从而减少外墙维护费用的目的。夹心保温墙板一般由内叶墙、保温板和拉接件和外叶墙组成，形成类似于三明治的构造形式，内叶墙和外叶墙一般为钢筋混凝土材料，保温板一般为 B1 或 B2 级有机保温材料，拉接件一般为 FRP 高强复合材料或不锈钢材质。夹心保温墙板可广泛应用于预制墙板或现浇墙体中，但预制混凝土外墙更便于采用夹心保温墙板技术。

夹心保温墙板技术适用于高层及多层装配式剪力墙结构外墙、高层及多层装配式框架结构非承重外墙挂板、高层及多层钢结构非承重外墙挂板等外墙形式，可用于各类居住与公共建筑。

6. 叠合剪力墙结构技术

叠合剪力墙结构是指采用两层带格构钢筋（桁架钢筋）的预制墙板，现场安装就位后，在两层板中间浇筑混凝土，辅以必要的现浇混凝土剪力墙、边缘构件、楼板，共同形成的叠合剪力墙结构。在工厂生产预制构件时，设置桁架钢筋，既可作为吊点，又增加平面外刚度，防止起吊时开裂。在使用阶段，桁架钢筋作为连接墙板的两层预制片与二次浇筑夹心混凝土之间的拉接筋，可提高结构整体性能和抗剪性能。同时，这种连接方式区别于其他装配式结构体系，板与板之间无拼缝，无须做拼缝处理，防水性好。

叠合剪力墙结构技术适用于抗震设防烈度为 6～8 度的多层、高层建筑，包含工业与民用建筑。除了地上，本技术结构体系具有良好的整体性和防水性能，还适用于地下工程，包含地下室、地下车库、地下综合管廊等。

7. 预制预应力混凝土构件技术

预制预应力混凝土构件是指通过工厂生产并采用先张预应力技术的各类水平和竖向构

件，其主要包括：预制预应力混凝土空心板、预制预应力混凝土双 T 板、预制预应力梁以及预制预应力墙板等。各类预制预应力水平构件可形成装配式或装配整体式楼盖，空心板、双 T 板可不设后浇混凝土层，也可根据使用要求与结构受力要求设置后浇混凝土层。预制预应力梁可为叠合梁，也可为非叠合梁。预制预应力墙板可应用与各类公共建筑与工业建筑中。

预应力混凝土空心板可用于混凝土结构、钢结构建筑中的楼盖与外墙挂板，预应力混凝土双 T 板多用于公共建筑、工业建筑的楼盖、屋盖，其中双 T 坡板仅用于屋盖，9m 以内跨度楼盖，可采用预应力空心板（SP 板）＋后浇叠合层的叠合楼盖，9m 以内的超重载及 9m 以上的楼盖，采用预应力混凝土双 T 板＋后浇叠合层的叠合楼盖。预制预应力梁截面可为矩形、花篮梁或 L 形、倒 T 形，便于与预应力混凝土双 T 板和空心板连接。

8. 钢筋套筒灌浆连接技术

钢筋套筒灌浆连接技术是指带肋钢筋插入内腔为凹凸表面的灌浆套筒，通过向套筒与钢筋的间隙灌注专用高强水泥基灌浆料，灌浆料凝固后将钢筋锚固在套筒内实现针对预制构件的一种钢筋连接技术。该技术将灌浆套筒预埋在混凝土构件内，在安装现场从预制构件外通过注浆管将灌浆料注入套筒，来完成预制构件钢筋的连接，是预制构件中受力钢筋连接的主要形式，主要用于各种装配整体式混凝土结构的受力钢筋连接。

钢筋套筒灌浆连接技术适用于装配整体式混凝土结构中直径 12～40m 的 HRB400、HRB500 钢筋的连接，包括：预制框架柱和预制梁的纵向受力钢筋、预制剪力墙竖向钢筋等的连接，也可用于既有结构改造现浇结构竖向及水平钢筋的连接。

9. 装配式混凝土结构建筑信息模型应用技术

利用建筑信息模型（BIM）技术，实现装配式混凝土结构的设计、生产、运输、装配、运维的信息交互和共享，实现装配式建筑全过程一体化协同工作。应用 BIM 技术，装配式建筑、结构、机电、装饰装修全专业协同设计，实现建筑、结构、机电、装修一体化；设计 BIM 模型直接对接生产、施工，实现设计、生产、施工一体化。

装配式剪力墙结构：预制混凝土剪力墙外墙板，预制混凝土剪力墙叠合板板，预制钢筋混凝土阳台板、空调板及女儿墙等构件的深化设计、生产、运输与吊装。

装配式框架结构：预制框架柱、预制框架梁、预制叠合板、预制外挂板等构件的深化设计、生产、运输与吊装。

异形构件的深化设计、生产、运输与吊装。异形构件分为结构形式异形构件和非结构形式异形构件，结构形式异形构件包括有坡屋面、阳台等；非结构形式异形构件有排水檐沟、建筑造型等。

10. 预制构件工厂化生产加工技术

预制构件工厂化生产加工技术，指采用自动化流水线、机组流水线、长线台座生产线生产标准定型预制构件并兼顾异型预制构件，采用固定台模线生产房屋建筑预制构件，满足预制构件的批量生产加工和集中供应要求的技术。

工厂化生产加工技术包括预制构件工厂规划设计、各类预制构件生产工艺设计、预制构件模具方案设计及其加工技术、钢筋制品机械化加工和成型技术、预制构件机械化成型技术、预制构件节能养护技术以及预制构件生产质量控制技术。

2.4.5 钢结构技术

1. 高性能钢材应用技术

选用高强度钢材（屈服强度 $ReL \geqslant 390$MPa），可减少钢材用量及加工量，节约资源，降低成本。为了提高结构的抗震性，要求钢材具有高的塑性变形能力，选用低屈服点钢材（屈服强度 $ReL = 100 \sim 225$MPa）。

现行国家标准《低合金高强度结构钢》GB/T 1591 中规定八个牌号，其中 Q390、Q420、Q460、Q500、Q550、Q620、Q690 属高强钢范围； 《桥梁用结构钢》GB/T 714—2015中有九个牌号，其中 Q420q、Q460q、Q500q、Q550q、Q620q、Q690q 属高强钢范围；《建筑结构用钢》GB/T 19879—2015 中有 Q390GJ、Q420GJ、Q460GJ 三个牌号属高强钢范围； 《耐候结构钢》GB/T 4171—2008 中有 Q415NH、Q460NH、Q500NH、Q550NH 属高强钢范围；《建筑用低屈服强度钢板》GB/T 28905，有 LY100、LY160、LY225 属低屈服强度钢范围。

高性能钢材应用技术高层建筑、大型公共建筑、大型桥梁等结构用钢，其他承受较大荷载的钢结构工程，以及屈曲约束支撑产品。

2. 钢结构深化设计与物联网应用技术

钢结构深化设计是以设计院的施工图、计算书及其他相关资料为依据，依托专业深化设计软件平台，建立三维实体模型，计算节点坐标定位调整值，并生成结构安装布置图、零构件图、报表清单等的过程。钢结构深化设计与 BIM 结合，实现了模型信息化共享，由传统的"放样出图"延伸到施工全过程。物联网技术是通过射频识别（RFID）、红外感应器等信息传感设备，按约定的协议，将物品与互联网相连接，进行信息交换和通信，以实现智能化识别、定位、追踪、监控和管理的一种网络技术。在钢结构施工过程中应用物联网技术，改善了施工数据的采集、传递、存储、分析、使用等各个环节，将人员、材料、机器、产品等与施工管理、决策建立更为密切的关系，并可进一步将信息与 BIM 模型进行关联，提高施工效率、产品质量和企业创新能力，提升产品制造和企业管理的信息化管理水平。

3. 钢结构智能测量技术

钢结构智能测量技术是指在钢结构施工的不同阶段，采用基于全站仪、电子水准仪、GPS 全球定位系统、北斗卫星定位系统、三维激光扫描仪、数字摄影测量、物联网、无线数据传输、多源信息融合等多种智能测量技术，解决特大型、异形、大跨径和超高层等钢结构工程中传统测量方法难以解决的测量速度、精度、变形等技术难题，实现对钢结构安装精度、质量与安全、工程进度的有效控制。主要包括：高精度三维测量控制网布设技术、钢结构地面拼装智能测量技术、钢结构精准空中智能化快速定位技术、基于三维激光扫描的高精度钢结构质量检测及变形监测技术、基于数字近景摄影测量的高精度钢结构性能检测及变形监测技术、基于物联网和无线传输的变形监测技术等。

4. 钢结构虚拟预拼装技术

采用三维设计软件，将钢结构分段构件控制点的实测三维坐标，在计算机中模拟拼装形成分段构件的轮廓模型，与深化设计的理论模型拟合比对，检查分析加工拼装精度，得到所需修改的调整信息。经过必要校正、修改与模拟拼装，直至满足精度要求。

钢结构虚拟预拼装技术适用于各类建筑钢结构工程，特别适用于大型钢结构工程及复杂钢结构工程的预拼装验收。

5.钢结构高效焊接技术

当前钢结构制作安装施工中，能有效提高焊接效率的技术有：（1）焊接机器人技术；（2）双（多）丝埋弧焊技术；（3）免清根焊接技术；（4）免开坡口熔透焊技术；（5）窄间隙焊接技术。

焊接机器人技术克服手工焊接受劳动强度、焊接速度等因素的制约，可结合双（多）丝、免清根、免开坡口等技术，实现大电流、高速、低热输入的连续焊接，大幅提高焊接效率；双（多）丝埋弧焊技术熔敷量大，热输入小，速度快，焊接效率及质量提升明显；免清根焊接技术通过采用陶瓷衬垫和优化坡口形式（如 U 形坡口），省略掉碳弧气刨工序，缩短焊接时长，减少焊缝熔敷量，同时可避免渗碳对板材力学性能的影响；免开坡口熔透焊技术采用单丝可实现 t 不超过 12mm 板厚熔透焊接，采用双（多）丝可实现 t 不超过 20mm 板厚熔透焊接，免除坡口加工工序；窄间隙焊接技术剖口窄小，焊丝熔敷填充量小，相比常规坡口角度焊缝可减少 1/2～2/3 的焊丝熔敷量，焊接效率提高明显，焊材成本降低明显，效率提高和能源节省的效益明显。

6.钢结构滑移、顶（提）升施工技术

滑移施工技术是在建筑物的一侧搭设一条施工平台，在建筑物两边或跨中铺设滑道，所有构件都在施工平台上组装，分条组装后用牵引设备向前牵引滑移（可用分条滑移或整体累积滑移）。结构整体安装完毕并滑移到位后，拆除滑道实现就位。滑移可分为结构直接滑移、结构和胎架一起滑移、胎架滑移等多种方式。牵引系统有卷扬机牵引、液压千斤顶牵引与顶推系统等。结构滑移设计时要对滑移工况进行受力性能验算，保证结构的杆件内力与变形符合规范和设计要求。

整体顶（提）升施工技术是一项成熟的钢结构与大型设备安装技术，它集机械、液压、计算机控制、传感器监测等技术于一体，解决了传统吊装工艺和大型起重机械在起重高度、起重重量、结构面积、作业场地等方面无法克服的难题。顶（提）升方案的确定，必须同时考虑承载结构（永久的或临时的）和被顶（提）升钢结构或设备本身的强度、刚度和稳定性。要进行施工状态下结构整体受力性能验算，并计算各顶（提）点的作用力，配备顶升或提升千斤顶。对于施工支架或下部结构及地基基础应验算承载能力与整体稳定性，保证在最不利工况下足够的安全性。施工时各作用点的不同步值应通过计算合理选取。

滑移施工技术适用于大跨度网架结构、平面立体桁架（包括曲面桁架）及平面形式为矩形的钢结构屋盖的安装施工、特殊地理位置的钢结构桥梁。特别是由于现场条件的限制，吊车无法直接安装的结构。

整体顶（提）升施工技术适用于体育场馆、剧院、飞机库、钢连桥（廊）等具有地面拼装条件，又有较好的周边支承条件的大跨度屋盖钢结构；电视塔、超高层钢桅杆、天线、电站锅炉等超高构件；大型龙门起重机主梁、锅炉等大型设备等。

7.钢结构防腐防火技术

（1）防腐涂料涂装

在涂装前，必须对钢构件表面进行除锈。除锈方法应符合设计要求或根据所用涂层类型的需要确定，并达到设计规定的除锈等级。常用的除锈方法有喷射除锈、抛射除锈、手工和动力工具除锈等。涂料的配置应按涂料使用说明书的规定执行，当天使用的涂料应当天配置，不得随意添加稀释剂。涂装施工可采用刷涂、滚涂、空气喷涂和高压无气喷涂等方法。宜在温度、湿度合适的封闭环境下，根据被涂物体的大小、涂料品种及设计要求，选择合适的涂装方法。构件在工厂加工涂装完毕，现场安装后，针对节点区域及损伤区域需进行二次涂装。

（2）防火涂料涂装

防火涂料分为薄涂型和厚涂型两种，薄涂型防火涂料遇火灾后通过涂料受热材料膨胀延缓钢材升温，厚涂型防火涂料通过防火材料吸热延缓钢材升温，根据工程情况选取使用。

薄涂型防火涂料涂装技术适用于工业、民用建筑楼盖与屋盖钢结构；厚涂型防火涂料涂装技术适用于有装饰面层的民用建筑钢结构柱、梁。

8. 钢与混凝土组合结构应用技术

型钢与混凝土组合结构主要包括钢管混凝土柱，十字型、H 型、箱型、组合型钢混凝土柱，钢管混凝土叠合柱，小管径薄壁（小于 16mm）钢管混凝土柱，组合钢板剪力墙，型钢混凝土剪力墙，箱型、H 型钢骨梁，型钢组合梁等。钢管混凝土可显著减小柱的截面尺寸，提高承载力；型钢混凝土柱承载能力高，刚度大且抗震性能好；钢管混凝土叠合柱具有承载力高，抗震性能好同时也有较好的耐火性能和防腐蚀性能；小管径薄壁（小于 16mm）钢管混凝土柱具有钢管混凝土柱的特点，同时还具有断面尺寸小、重量轻等特点；组合梁承载能力高且高跨比小。

9. 索结构应用技术

索结构的预应力施工技术可分为分批张拉法和分级张拉法。分批张拉法是指：将不同的拉索进行分批，执行合适的分批张拉顺序，以有效地改善张拉施工过程中结构中的索力分布，保证张拉过程的安全性和经济性。分级张拉法是指：对于索力较大的结构，分多次张拉将拉索中的预应力施加到位，可以有效地调节张拉过程中结构内力的峰值。实际工程中通常将这两种张拉技术结合使用。

索结构可用于大跨度建筑工程的屋面结构、楼面结构等，可以单独用索形成结构，也可以与网架结构、桁架结构、钢结构或混凝土结构组合形成杂交结构，以实现大跨度，并提高结构、构件的性能，降低造价。该技术还可广泛用于各类大跨度桥梁结构和特种工程结构。

10. 钢结构住宅应用技术

钢结构住宅建筑设计以集成化住宅建筑为目标，按模数协调的原则实现构配件标准化、设备产品定型化。采用钢结构作为住宅的主要承重结构体系，对于低密度住宅宜采用冷弯薄壁型钢结构体系为主，墙体为墙柱加石膏板，楼盖为 C 形格栅加轻板；对于多、高层住宅结构体系可选用钢框架、框架支撑（墙板）、筒体结构、钢框架—钢混组合等体系，楼盖结构宜采用钢筋桁架楼承楼板、现浇钢筋混凝土结构以及装配整体式楼板，墙体为预制轻质板或轻质砌块。目前钢结构住宅的主要发展方向有可适用于多层的采用带钢板剪力墙或与普钢混合的轻钢结构；可适用于低、多层的基于方钢管混凝土组合异形柱和外肋环板节点为主的钢框架体系；可适用于高层以钢框架与混凝土筒体组合构成的混合结构或以带钢支撑的框架结构；以及适用于高层的基于方钢管混凝土组合异形柱和外肋环板节点为主的框架—支撑和框架—核心筒体系以及钢管束组合剪力墙结构体系。

2.4.6 机电安装工程技术

1. 基于 BIM 的管线综合技术

随着 BIM 技术的普及，其在机电管线综合技术应用方面的优势比较突出。丰富的模型信息库，与多种软件方便的数据交换接口，成熟、便捷的可视化应用软件等，相比传统的管线综合技术有了较大的提升。

(1) 深化设计及设计优化

机电工程施工中，许多工程的设计图纸由于诸多原因，设计深度往往满足不了施工的需要，施工前尚需进行深化设计。机电系统各种管线错综复杂，管路走向密集交错，若在施工中发生碰撞情况，则会出现拆除返工现象，甚至会导致设计方案的重新修改，不仅浪费材料、延误工期，还会增加项目成本。基于 BIM 技术的管线综合技术可将建筑、结构、机电等专业模型整合，可很方便地进行深化设计，再根据建筑专业要求及净高要求将综合模型导入相关软件进行机电专业和建筑、结构专业的碰撞检查，根据碰撞报告结果对管线进行调整、避让建筑结构。机电专业的碰撞检测，是在根据"机电管线排布方案"建模的基础上对设备和管线进行综合布置并调整，从而在工程开始施工前发现问题，通过深化设计及设计优化，使问题在施工前得以解决。

(2) 多专业施工工序协调

暖通、给水排水、消防、强电、弱电等各专业由于受施工现场、专业协调、技术差异等因素的影响，不可避免地存在很多局部的、隐性的专业交叉问题，各专业在建筑某些平面、立面位置上产生交叉、重叠，无法按施工图作业或施工顺序倒置，造成返工，这些问题有些是无法通过经验判断来及时发现并解决的。通过 BIM 技术的可视化、参数化、智能化特性，进行多专业碰撞检查、净高控制检查和精确预留预埋，或者利用基于 BIM 技术的 4D 施工管理，对施工工序过程进行模拟，对各专业进行事先协调，可以很容易地发现和解决碰撞点，减少因不同专业沟通不畅而产生的技术错误，大大减少返工，节约施工成本。

(3) 施工模拟

利用 BIM 施工模拟技术，使得复杂的机电施工过程，变得简单、可视、易懂。BIM 4D 虚拟建造形象直观、动态模拟施工阶段过程和重要环节施工工艺，将多种施工及工艺方案的可实施性进行比较，为最终方案优选决策提供支持。采用动态跟踪可视化施工组织设计（4D 虚拟建造）的实施情况，对于设备、材料到货情况进行预警，同时通过进度管理，将现场实际进度完成情况反馈回"BIM 信息模型管理系统"中，与计划进行对比、分析及纠偏，实现施工进度控制管理。形象直观、动态模拟施工阶段过程和重要环节施工工艺，将多种施工及工艺方案的可实施性进行比较，为最终方案优选决策提供支持。基于 BIM 技术对施工进度可实现精确计划、跟踪和控制，动态地分配各种施工资源和场地，实时跟踪工程项目的实际进度，并通过计划进度与实际进度进行比较，及时分析偏差对工期的影响程度以及产生的原因，采取有效措施，实现对项目进度的控制。

(4) BIM 综合管线的实施流程

设计交底及图纸会审→了解合同技术要求、征询业主意见→确定 BIM 深化设计内容及深度→制定 BIM 出图细则和出图标准、各专业管线优化原则→制定 BIM 详细的深化设计图纸送审及出图计划→机电初步 BIM 深化设计图提交→机电初步 BIM 深化设计图总包审协调、修改→图纸送监理、业主审核→机电综合管线平剖面图、机电预留预埋图、设备基础图、吊顶综合平面图绘制→图纸送监理、业主审核→BIM 深化设计交底→现场施工→竣工图制作。

2. 导线连接器应用技术

导线连接器应用技术是通过螺纹、弹簧片以及螺旋钢丝等机械方式，对导线施加稳定可靠的接触力。按结构分为：螺纹型连接器、无螺纹型连接器（包括：通用型和推线式两种结构）和扭接式连接器，能确保导线连接所必需的电气连续、机械强度、保护措施以及检测维护 4 项基本要求。

导线连接器应用技术适用于额定电压交流 1kV 及以下和直流 1.5kV 及以下建筑电气细导线（6mm² 及以下的铜导线）的连接。

3. 可弯曲金属导管安装技术

可弯曲金属导管内层为热固性粉末涂料，粉末通过静电喷涂，均匀吸附在钢带上，经 200℃ 高温加热液化再固化，形成质密又稳定的涂层，涂层自身具有绝缘、防腐、阻燃、耐磨损等特性，厚度为 0.03mm。可弯曲金属导管是我国建筑材料行业新一代电线电缆外保护材料，已被编入设计、施工与验收规范，大量应用于建筑电气工程的强电、弱电、消防系统，明敷和暗敷场所，逐步成为一种较理想的电线电缆外保护材料。

可弯曲金属导管安装技术适用于建筑物室内外电气工程的强电、弱电、消防等系统的明敷和暗敷场所的电气配管及作为导线、电缆末端与电气设备、槽盒、托盘、梯架、器具等连接的电气配管。

4. 工业化成品支吊架技术

装配式成品支吊架由管道连接的管夹构件、建筑结构连接的锚固件以及将这两种结构件连接起来的承载构件、减震（振）构件、绝热构件以及辅助安装件构成。该技术满足不同规格的风管、桥架、工艺管道的应用，特别是在错综复杂的管路定位和狭小管井、吊顶施工，更可发挥灵活组合技术的优越性。近年来，在机场、大型工业厂房等领域已开始应用复合式支吊架技术，可以相对有效地化解管线集中安装与空间紧张的矛盾。复合式管线支吊架系统具有吊杆不重复、与结构连接点少、空间节约、后期管线维护简单、扩容方便、整体质量及观感好等特点。特别是《建筑机电抗震设计规范》GB 50981—2014 的实施，采用成品的抗震支吊架系统成为必选。

工业化成品支吊架技术适用于工业与民用建筑工程中多种管线在狭小空间场所布置的支吊架安装，特别适用于建筑工程的走道、地下室及走廊等管线集中的部位、综合管廊建设的管道、电气桥架管线、风管等支吊架的安装。

5. 机电管线及设备工厂化预制技术

工厂模块化预制技术是将建筑给水排水、采暖、电气、智能化、通风与空调工程等领域的建筑机电产品，按照模块化、集成化的思想，从设计、生产到安装和调试深度结合集成，通过这种模块化及集成技术对机电产品进行规化的预加工，工厂化流水线制作生产，从而实现建筑机电安装标准化、产品模块化及集成化。利用这种技术，不仅能提高生产效率和质量水平，降低建筑机电工程建造成本，还能减少现场施工工程量、缩短工期、减少污染、实现建筑机电安装全过程绿色施工。

机电管线及设备工厂化预制技术适用于大、中型民用建筑工程、工业工程、石油化工工程的设备、管道、电气安装，尤其适用于高层的办公楼、酒店、住宅。

6. 薄壁金属管道新型连接安装施工技术

（1）铜管机械密封式连接

1）卡套式连接：是一种较为简便的施工方式，操作简单，掌握方便，是施工中常见的连接方式，连接时只要管切口的端面能与管轴线保持垂直，并将切口处毛刺清理干净，管件装配时卡环的位置正确，并将螺母旋紧，就能实现铜管的严密连接。主要适用于管径50mm以下的半硬铜管的连接。

2）插接式连接：是一种最简便的施工方法，只要将切口的端面能与管轴线保持垂直并去除毛刺的管，用力插入管件到底即可。此种连接方法是靠专用管件中的不锈钢夹固圈将钢壁禁锢在管件内，利用管件内与铜管外壁紧密配合的O形橡胶圈实施密封。主要适用于管径25mm以下的铜管的连接。

3）压接式连接：是一种较为先进的施工方式，操作也较简单，但需配备专用的且规格齐全的压接机械。连接时管的切口端面与管轴线保持垂直，并去除管的毛刺，然后将管插入管件到底，再用压接机械将铜管与管件压接成一体。此种连接方法是利用管件凸缘内的橡胶圈实施密封。主要适用于管径50mm以下的铜管的连接。

（2）薄壁不锈钢管机械密封式连接

1）卡压式连接：配管插入管件承口（承口U形槽内带有橡胶密封圈）后，用专用卡压工具压紧管口形成六角形而起密封和紧固作用。

2）卡凸式螺母型连接：以专用扩管工具在薄壁不锈钢管端的适当位置，由内壁向外（径向）辊压使管形成一道凸缘环，然后将带锥台形三元乙丙密封圈的管插进带有承插口的管件中，拧紧锁紧螺母时，靠凸缘环推进压缩三元乙丙密封圈而起密封作用。

3）环压式连接：环压连接是一种永久性机械连接，首先将套好密封圈的管材插入管件内，然后使用专用工具对管件与管材的连接部位施加足够大的径向压力使管件、管材发生形变，并使管件密封部位形成一个封闭的密封腔，然后再进一步压缩密封腔的容积，使密封材料充分填充整个密封腔，从而实现密封，同时将关键嵌入管材使管材与管件牢固连接。

7. 内保温金属风管施工技术

内保温金属风管是在传统镀锌薄钢板法兰风管制作过程中，在风管内壁粘贴保温棉，风管口径为粘贴保温棉后的内径，并且可通过数控流水线实现全自动生产。该技术的运用，省去了风管现场保温施工工序，有效提高现场风管安装效率，且风管采用全自动生产流水线加工，产品质量可控。

内保温金属风管施工技术适用于低、中压空调系统风管的制作安装，净化空调系统、防排烟系统等除外。

8. 金属风管预制安装施工技术

（1）金属矩形风管薄钢板法兰连接技术

金属矩形风管薄钢板法兰连接技术，代替了传统角钢法兰风管连接技术，已在国外有多年的发展和应用，并形成了相应的规范和标准。采用薄钢板法兰连接技术不仅能节约材料，而且通过新型自动化设备生产使得生产效率提高、制作精度高、风管成型美观、安装简便，相比传统角钢法兰连接技术可节约劳动力60%左右，节约型钢、螺栓65%左右，而且由于不需防腐施工，减少了对环境的污染，具有较好的经济、社会与环境效益。

（2）金属圆形螺旋风管制安技术

螺旋风管又称螺旋咬缝薄壁管，由条带形薄板螺旋卷绕而成，与传统金属风管（矩形或圆形）相比，具有无焊接、密封性能好、强度刚度好、通风阻力小、噪声低、造价低、安装方便、外观美观等特性。根据使用材料的材质不同，主要有镀锌螺旋风管、不锈钢螺旋风管、铝螺旋风管。螺旋风管制安机械自动化程度高、加工制作速度快。

9. 超高层垂直高压电缆敷设技术

在超高层供电系统中，有时采用一种特殊结构的高压垂吊式电缆，这种电缆不论多长多重，都能靠自身支撑自重，解决了普通电缆在长距离的垂直敷设中容易被自身重量拉伤的问题。它由上水平敷设段、垂直敷设段、下水平敷设段组成，其结构为：电缆在垂直敷设段带有3根钢丝绳，并配吊装圆盘，钢丝绳用扇形塑料包覆，与三根电缆芯绞合，水平敷设段电缆不带钢丝绳。吊装圆盘为整个吊装电缆的核心部件，由吊环、吊具本体、连接螺栓和钢板卡具组成，其作用是在电缆敷设时承担吊具的功能，并在电缆敷设到位后承载垂直段电缆的全部重量，电缆承重钢丝绳与吊具连接采用锌铜合金浇铸工艺。

10. 机电消声减振综合施工技术

机电消声减振综合施工技术是实现机电系统设计功能的保障。在机电系统设计与施工前，通过对机电系统噪声及振动产生的源头、传播方式与传播途径、受影响因素及产生的后果等进行细致分析，制定消声减振措施方案，对其中的关键环节加以适度控制，实现对机电系统噪声和振动的有效防控。具体实施工艺包括：对机电系统进行消声减振设计，选用低噪、低振设备（设施），改变或阻断噪声与振动的传播路径以及引入主动式消声抗振工艺等。

11. 建筑机电系统全过程调试技术

建筑机电系统全过程调试技术覆盖建筑机电系统的方案设计阶段、设计阶段、施工阶段和运行维护阶段，其执行者可以由独立的第三方、业主、设计方、总承包商或机电分包商等承担。目前最常见的是业主聘请独立第三方顾问，即调试顾问作为调试管理方。

建筑机电系统全过程调试依照现行的设计、施工、验收和检测规范的相关部分开展工作。主要依据的规范有：《民用建筑供暖通风与空气调节设计规范》GB 50736—2012、《公共建筑节能设计标准》GB 50189—2015、《民用建筑电气设计规范》JGJ 16—2008、《通风与空调工程施工质量验收规范》GB 50243—2016、《建筑节能工程施工质量验收规范》GB 50411—2007、《建筑电气工程施工质量验收规范》GB 50303—2015、《建筑给水排水及采暖工程施工质量验收规范》GB 50242—2002、《智能建筑工程质量验收规范》GB 50339—2013、《通风与空调工程施工规范》GB 50738—2011、《公共建筑节能检测标准》JGJ/T 177—2009、《采暖通风与空气调节工程检测技术规程》JGJ/T 260—2011、《变风量空调系统工程技术规程》JGJ 343—2014。

2.4.7 绿色施工技术

1. 封闭降水及水收集综合利用技术

（1）基坑施工封闭降水技术

基坑施工封闭降水技术是指采用基坑侧壁帷幕或基坑侧壁帷幕＋基坑底封底的截水措施，阻截基坑侧壁及基坑底面的地下水流入基坑，同时采用降水措施抽取或引渗基坑开挖范围内的现存地下水的降水方法。

我国南方沿海地区宜采用地下连续墙或护坡桩＋搅拌桩止水帷幕的地下水封闭措施。北方内陆地区宜采用护坡桩＋旋喷桩止水帷幕的地下水封闭措施。河流阶地地区宜采用双排或三排搅拌桩对基坑进行封闭，同时兼做支护的地下水封闭措施。

（2）施工现场水收集综合利用技术

施工过程中应高度重视施工现场非传统水源的水收集与综合利用，该项技术包括基坑施工降水回收利用技术、雨水回收利用技术、现场生产和生活废水回收利用技术。

1）基坑施工降水回收利用技术，一般包含两种技术：一是利用自渗效果将上层滞水引渗至下层潜水层中，可使部分水资源重新回灌至地下的回收利用技术；二是将降水所抽水体集中存放施工时再利用。

2）雨水回收利用技术是指在施工现场中将雨水收集后，经过雨水渗蓄、沉淀等处理，集中存放再利用。回收水可直接用于冲刷厕所、施工现场洗车及现场洒水控制扬尘。

3）现场生产和生活废水利用技术是指将施工生产和生活废水经过过滤、沉淀或净化等处理达标后再利用。经过处理或水质达到要求的水体可用于绿化、结构养护用水以及混凝土试块养护用水等。

2. 建筑垃圾减量化与资源化利用技术

建筑垃圾是指在新建、扩建、改建和拆除加固各类建筑物、构筑物、管网以及装饰装修等过程中产生的施工废弃物。

建筑垃圾减量化是指在施工过程中采用绿色施工新技术、精细化施工和标准化施工等措施，减少建筑垃圾排放；建筑垃圾资源化利用是指建筑垃圾就近处置、回收直接利用或加工处理后再利用。对于建筑垃圾减量化与建筑垃圾资源化利用主要措施为：实施建筑垃圾分类收集、分类堆放；碎石类、粉类的建筑垃圾进行级配后用作基坑肥槽、路基的回填材料；采用移动式快速加工机械，将废旧砖瓦、废旧混凝土就地分拣、粉碎、分级，变为可再生骨料。可回收的建筑垃圾主要有散落的砂浆和混凝土、剔凿产生的砖石和混凝土碎块、打桩截下的钢筋混凝土桩头、砌块碎块，废旧木材、钢筋余料、塑料等。

现场垃圾减量与资源化的主要技术有：

（1）对钢筋采用优化下料技术，提高钢筋利用率；对钢筋余料采用再利用技术，如将钢筋余料用于加工马凳筋、预埋件与安全围栏等。

（2）对模板的使用应进行优化拼接，减少裁剪量；对木模板应通过合理的设计和加工制作提高重复使用率；对短木方采用指接接长技术，提高木方利用率。

（3）对混凝土浇筑施工中的混凝土余料做好回收利用，用于制作小过梁、混凝土砖等。

（4）在二次结构的加气混凝土砌块隔墙施工中，做好加气块的排块设计，在加工车间进行机械切割，减少工地加气混凝土砌块的废料。

（5）废塑料、废木材、钢筋头与废混凝土的机械分拣技术；利用废旧砖瓦、废旧混凝土为原料的再生骨料就地加工与分级技术。

（6）现场直接利用再生骨料和微细粉料作为骨料和填充料，生产混凝土砌块、混凝土砖，透水砖等制品的技术。

（7）利用再生细骨料制备砂浆及其使用的综合技术。

3. 施工现场太阳能、空气能利用技术

（1）施工现场太阳能光伏发电照明技术

施工现场太阳能光伏发电照明技术是利用太阳能电池组件将太阳光能直接转化为电能储存并用于施工现场照明系统的技术。发电系统主要由光伏组件、控制器、蓄电池（组）和逆变器（当照明负载为直流电时，不使用）及照明负载等组成。

（2）太阳能热水应用技术

太阳能热水技术是利用太阳光将水温加热的装置。太阳能热水器分为真空管式太阳能热水器和平板式太阳能热水器，真空管式太阳能热水器占据国内95％的市场份额，太阳能光热发电比光伏发电的太阳能转化效率较高。它由集热部件（真空管式为真空集热管，平板式为平板集热器）、保温水箱、支架、连接管道、控制部件等组成。

（3）空气能热水技术

空气能热水技术是运用热泵工作原理，吸收空气中的低能热量，经过中间介质的热交换，并压缩成高温气体，通过管道循环系统对水加热的技术。空气能热水器是采用制冷原理从空气中吸收热量来加热水的"热量搬运"装置，把一种沸点为零下10多度的制冷剂通至交换机中，制冷剂通过蒸发由液态变成气态从空气中吸收热量。再经过压缩机加压做工，制冷剂的温度就能骤升至80～120℃。具有高效节能的特点，较常规电热水器的热效率高达380％～600％，制造相同的热水量，比电辅助太阳能热水器利用能效高，耗电只有电热水器的1/4。

4. 施工扬尘控制技术

施工扬尘控制技术包括施工现场道路、塔式起重机、脚手架等部位自动喷淋降尘和雾炮降尘技术、施工现场车辆自动冲洗技术。

（1）自动喷淋降尘系统由蓄水系统、自动控制系统、语音报警系统、变频水泵、主管、三通阀、支管、微雾喷头连接而成，主要安装在临时施工道路、脚手架上。塔式起重机自动喷淋降尘系统是指在塔式起重机安装完成后通过塔式起重机旋转臂安装的喷水设施，用于塔臂覆盖范围内的降尘、混凝土养护等。喷淋系统由加压泵、塔式起重机、喷淋主管、万向旋转接头、喷淋头、卡扣、扬尘监测设备、视频监控设备等组成。

（2）雾炮降尘系统主要有电机、高压风机、水平旋转装置、仰角控制装置、导流筒、雾化喷嘴、高压泵、储水箱等装置，其特点为风力强劲、射程高（远）、穿透性好，可以实现精量喷雾，雾粒细小，能快速将尘埃抑制降沉，工作效率高、速度快，覆盖面积大。

（3）施工现场车辆自动冲洗系统由供水系统、循环用水处理系统、冲洗系统、承重系统、自动控制系统组成。采用红外、位置传感器启动自动清洗及运行指示的智能化控制技术。水池采用四级沉淀、分离，处理水质，确保水循环使用；清洗系统由冲洗槽、两侧挡板、高压喷嘴装置、控制装置和沉淀循环水池组成；喷嘴沿多个方向布置，无死角。

5. 施工噪声控制技术

通过选用低噪声设备、先进施工工艺或采用隔声屏、隔声罩等措施有效降低施工现场及施工过程噪声的控制技术。

（1）隔声屏是通过遮挡和吸声减少噪声的排放。隔声屏主要由基础、立柱和隔音屏板几部分组成。基础可以单独设计也可在道路设计时一并设计在道路附属设施上；立柱可以通过预埋螺栓、植筋与焊接等方法，将立柱上的底法兰与基础连接牢靠，声屏障立板可以通过专用高强度弹簧与螺栓及角钢等方法将其固定于立柱槽口内，形成声屏障。隔声屏可模块化生产，装配式施工，选择多种色彩和造型进行组合、搭配与周围环境协调。

（2）隔声罩是把噪声较大的机械设备（搅拌机、混凝土输送泵、电锯等）封闭起来，有效地阻隔噪声的外传。隔声罩外壳由一层不透气的具有一定重量和刚性的金属材料制成，一般用 2～3mm 厚的钢板，铺上一层阻尼层，阻尼层常用沥青阻尼胶浸透的纤维织物或纤维材料，外壳也可以用木板或塑料板制作，轻型隔声结构可用铝板制作。要求高的隔声罩可做成双层壳，内层较外层薄一些；两层的间距一般是 6～10mm，填以多孔吸声材料。罩的内侧附加吸声材料，以吸收声音并减弱空腔内的噪声。要减少罩内混响声和防止固体声的传递，尽可能减少在罩壁上开孔，对于必需的开孔，开口面积应尽量小；在罩壁的构件相接处的缝隙，要采取密封措施，以减少漏声；由于罩内声源机器设备的散热，可能导致罩内温度升高，对此应采取适当的通风散热措施。要考虑声源机器设备操作、维修方便的要求。

（3）应设置封闭的木工用房，以有效降低电锯加工时噪声对施工现场的影响。

（4）施工现场应优先选用低噪声机械设备，优先选用能够减少或避免噪声的先进施工工艺。

6. 绿色施工在线监测评价技术

绿色施工在线监测及量化评价技术是根据绿色施工评价标准，通过在施工现场安装智能仪表并借助 GPRS 通讯和计算机软件技术，随时随地以数字化的方式对施工现场能耗、水耗、施工噪声、施工扬尘、大型施工设备安全运行状况等各项绿色施工指标数据进行实时监测、记录、统计、分析、评价和预警的监测系统和评价体系。

7. 工具式定型化临时设施技术

工具式定型化临时设施包括标准化箱式房、定型化临边洞口防护、加工棚，构件化PVC绿色围墙、预制装配式马道、可重复使用临时道路板等。

8. 垃圾管道垂直运输技术

垃圾管道垂直运输技术是指在建筑物内部或外墙外部设置封闭的大直径管道，将楼层内的建筑垃圾沿着管道靠重力自由下落，通过减速门对垃圾进行减速，最后落入专用垃圾箱内进行处理。垃圾运输管道主要由楼层垃圾入口、主管道、减速门、垃圾出口、专用垃圾箱、管道与结构连接件等主要构件组成，可以将该管道直接固定到施工建筑的梁、柱、墙体等主要构件上，安装灵活，可多次周转使用。

9. 透水混凝土与植生混凝土应用技术

（1）透水混凝土

透水混凝土是由一系列相连通的孔隙和混凝土实体部分骨架构成的具有透气和透水性的多孔混凝土，透水混凝土主要由胶结材和粗骨料构成，有时会加入少量的细骨料。从内部结构来看，主要靠包裹在粗骨料表面的胶结材浆体将骨料颗粒胶结在一起，形成骨料颗粒之间为点接触的多孔结构。

透水混凝土适用于严寒以外的地区；城市广场、住宅小区、公园休闲广场和园路、景观道路以及停车场等；在"海绵城市"建设工程中，可与人工湿地、下凹式绿地、雨水收集等组成"渗、滞、蓄、净、用、排"的雨水生态管理系统。

（2）植生混凝土

植生混凝土是以水泥为胶结材，大粒径的石子为骨料制备的能使植物根系生长于其孔隙的大孔混凝土，它与透水混凝土有相同的制备原理，但由于骨料的粒径更大，胶结材用量较少，所以形成孔隙率和孔径更大，便于灌入植物种子和肥料以及植物根系的生长。普通植生混凝土用的骨料粒径一般为 20.0～31.5mm，水泥用量为 $200～300kg/m^3$，为了降低混凝土孔隙的碱度，应掺用粉煤灰、硅灰等低碱性矿物掺合料；骨料/胶材比为 4.5～5.5，水胶比为 0.24～0.32，旧砖瓦和再生混凝土骨料均可作为植生混凝土骨料，称为再生骨料植生混凝土。轻质植生混凝土利用陶粒作为骨料，可以用于植生屋面，在夏季，植生混凝土屋面较非植生混凝土的室内温度低约 2℃。植生混凝土的制备工艺与透水混凝土本相同，但注意的是浆体粘度要合适，保证将骨料均匀包裹，不发生流浆离析或因干硬不能充分粘结的问题。植生地坪的植生混凝土可以在现场直接铺设浇筑施工，也可以预制成多孔砌块后到现场用铺砌方法施工。

普通植生混凝土和再生骨料植生混凝土多用于河堤、河坝护坡、水渠护坡、道路护坡和停车场等；轻质植生混凝土多用于植生屋面、景观花卉等。

10. 混凝土楼地面一次成型技术

地面一次成型工艺是在混凝土浇筑完成后，用 $\phi150mm$ 钢管压滚压平提浆，刮杠调整平整度，或采用激光自动整平、机械提浆方法，在混凝土地面初凝前铺撒耐磨混合料（精钢砂、钢纤维等），利用磨光机磨平，最后进行修饰工序。地面一次成型施工工艺与传统施工工艺相比，具有避免地面空鼓、起砂、开裂等质量通病，增加了楼层净空尺寸，提高地面的耐磨性和缩短工期等优势，同时省却了传统地面施工中的找平层，对节省建材、降低成本效果显著。

11. 建筑物墙体免抹灰技术

建筑物墙体免抹灰技术是指通过采用新型模板体系、新型墙体材料或采用预制墙体，使墙体表面允许偏差、观感质量达到免抹灰或直接装修的质量水平。现浇混凝土墙体、砌筑墙体及装配式墙体通过现浇、新型砌筑、整体装配等方式使外观质量及平整度达到准清水混凝土墙、新型砌筑免抹灰墙、装饰墙的效果。现浇混凝土墙体是通过材料配制、细部设计、模板选择及安拆，混凝土拌制、浇筑、养护、成品保护等诸多技术措施，使现浇混凝土墙达到准清水免抹灰效果。

2.4.8 防水技术与围护结构节能

1. 防水卷材机械固定施工技术

（1）聚氯乙烯（PVC）、热塑性聚烯烃（TPO）防水卷材机械固定施工技术

机械固定即采用专用固定件，如金属垫片、螺钉、金属压条等，将聚氯乙烯（PVC）或热塑性聚烯烃（TPO）防水卷材以及其他屋面层次的材料机械固定在屋面基层或结构层上。机械固定包括点式固定方式和线性固定方式。固定件的布置与承载能力应根据实验结果和相关规定严格设计。

聚氯乙烯（PVC）或热塑性聚烯烃（TPO）防水卷材的搭接是由热风焊接形成连续整体的防水层。焊接缝是因分子链互相渗透、缠绕形成新的内聚焊接链，强度高于卷材且

与卷材同寿命。点式固定即使用专用垫片或套筒对卷材进行固定，卷材搭接时覆盖住固定件。线性固定即使用专用压条和螺钉对卷材进行固定，使用防水卷材覆盖条对压条进行覆盖。

（2）三元乙丙（EPDM）、热塑性聚烯烃（TPO）、聚氯乙烯（PVC）防水卷材无穿孔机械固定技术

无穿孔机械固定技术与常规机械固定技术相比，固定卷材的螺钉没有穿透卷材，因此称之为无穿孔机械固定。

三元乙丙（EPDM）防水卷材无穿孔机械固定技术采用将增强型机械固定条带（RMA）用压条、垫片机械固定在轻钢结构屋面或混凝土结构屋面基面上，然后将宽幅三元乙丙橡胶防水卷材（EPDM）粘贴到增强型机械固定条带（RMA）上，相邻的卷材用自粘接缝搭接带粘结而形成连续的防水层。

热塑性聚烯烃（TPO）、聚氯乙烯（PVC）防水卷材无穿孔机械固定技术采用将无穿孔垫片机械固定在轻钢结构屋面或混凝土结构屋面基面上，无穿孔垫片上附着用于与TPO/PVC焊接的特殊涂层，利用电感焊接技术将TPO/PVC焊接于无穿孔垫片上，防水卷材的搭接是由热风焊接形成连续整体的防水层。

2. 地下工程预铺反粘防水技术

地下工程预铺反粘防水技术创新点包括材料设计及施工两部分。

地下工程预铺反粘防水技术所采用的材料是高分子自粘胶膜防水卷材，该卷材是在一定厚度的高密度聚乙烯卷材基材上涂覆一层非沥青类高分子自粘胶层和耐候层复合制成的多层复合卷材；其特点是具有较高的断裂拉伸强度和撕裂强度，胶膜的耐水性好，一、二级的防水工程单层使用时也可达到防水要求。采用预铺反粘法施工时，在卷材表面的胶粘层上直接浇筑混凝土，混凝土固化后，与胶粘层形成完整连续的粘结。这种粘结是由混凝土浇筑时水泥浆体与防水卷材整体合成胶相互勾锁而形成。高密度聚乙烯主要提供高强度，自粘胶层提供良好的粘结性能，可以承受结构产生的裂纹影响。耐候层既可以使卷材在施工时适当外露，同时提供不粘的表面供施工人员行走，使得后道工序可以顺利进行。

3. 预备注浆系统施工技术

预备注浆系统是地下建筑工程混凝土结构接缝防水施工技术。注浆管可采用硬质塑料或硬质橡胶骨架注浆管、不锈钢弹簧骨架注浆管。混凝土结构施工时，将具有单透性、不易变形的注浆管预埋在接缝中，当接缝渗漏时，向注浆管系统设定在构筑物外表面的导浆管端口中注入灌浆液，即可密封接缝区域的任何缝隙和孔洞，并终止渗漏。当采用普通水泥、超细水泥或者丙烯酸盐化学浆液时，系统可用于多次重复注浆。利用这种先进的预备注浆系统可以达到"零渗漏"效果。

预备注浆系统是由注浆管系统、灌浆液和注浆泵组成。注浆管系统由注浆管、连接管及导浆管、固定夹、塞子、接线盒等组成。注浆管分为一次性注浆管和可重复注浆管两种。

预备注浆系统施工技术应用范围广泛，可以在施工缝、后浇带、新旧混凝土接触部位使用。主要应用于地铁、隧道、市政工程、水利水电工程、建（构）筑物。

4. 丙烯酸盐灌浆液防渗施工技术

丙烯酸盐化学灌浆液是一种新型防渗堵漏材料，它可以灌入混凝土的细微孔隙中，生

成不透水的凝胶，充填混凝土的细微孔隙，达到防渗堵漏的目的。丙烯酸盐浆液通过改变外加剂及其加量可以准确地调节其凝胶时间，从而可以控制扩散半径。

丙烯酸盐灌浆液防渗施工技术适用于矿井、巷道、隧洞、涵管止水；混凝土渗水裂隙的防渗堵漏；混凝土结构缝止水系统损坏后的维修；坝基岩石裂隙防渗帷幕灌浆；坝基砂砾石孔隙防渗帷幕灌浆；土壤加固；喷射混凝土施工。

5. 种植屋面防水施工技术

种植屋面具有改善城市生态环境、缓解热岛效应、节能减排和美化空中景观的作用。种植屋面也称屋顶绿化，分为简单式屋顶绿化和花园式屋顶绿化。简单式屋顶绿化土壤层不大于150mm厚，花园式屋顶绿化土壤层可以大于600mm厚。一般构造为：屋面结构层、找平层、保温层、普通防水层、耐根穿刺防水层、排（蓄）水层、种植介质层以及植被层。要求耐根穿刺防水层位于普通防水层之上，避免植物的根系对普通防水层的破坏。目前有阻根功能的防水材料有：聚脲防水涂料、化学阻根改性沥青防水卷材、铜胎基—复合铜胎基改性沥青防水卷材、聚乙烯高分子防水卷材、热塑性聚烯烃（TPO）防水卷材、聚氯乙烯（PVC）防水卷材等。聚脲防水涂料采用双管喷涂施工；改性沥青防水卷材采用热熔法施工；高分子防水卷材采用热风焊接法施工。

6. 装配式建筑密封防水应用技术

密封防水是装配式建筑应用的关键技术环节，直接影响装配式建筑的使用功能及耐久性、安全性。装配式建筑的密封防水主要指外墙、内墙防水，主要密封防水方式有材料防水、构造防水两种。材料防水主要指各种密封胶及辅助材料的应用。装配式建筑密封胶主要用于混凝土外墙板之间板缝的密封，也用于混凝土外墙板与混凝土结构、钢结构的缝隙，混凝土内墙板间缝隙，主要为混凝土与混凝土、混凝土与钢之间的粘结。

7. 高性能外墙保温技术

（1）石墨聚苯乙烯板外保温技术

石墨聚苯乙烯板是在传统的聚苯乙烯板的基础上，通过化学工艺改进而成的产品。与传统聚苯乙烯相比，具有导热系数更低、防火性能高的特点。石墨聚苯乙烯外墙保温系统常用于建筑物外墙外侧，由胶粘剂、石墨聚苯乙烯板、锚栓、抹面胶浆、耐碱玻纤网格布、饰面层等组成。

（2）硬泡聚氨酯板外保温技术

聚氨酯是由双组分混合反应形成的具有保温隔热功能的硬质泡沫塑料。聚氨酯硬泡保温板是以聚氨酯硬泡为芯材，两面覆以非装饰面层，在工厂成型的保温板材。由于硬泡聚氨酯板采用工厂预先发泡成型的技术，因此硬泡聚氨酯板外保温系统与现场喷涂施工相比，具有不受气候干扰、质量保证率高的优点。硬泡聚氨酯板外墙保温系统常用于建筑物外墙外侧，由胶粘剂、聚氨酯板、锚栓、抹面胶浆、耐碱玻纤网格布、饰面层等组成。

8. 高效外墙自保温技术

常用自保温体系以蒸压加气混凝土、陶粒增强加气砌块、硅藻土保温砌块（砖）、蒸压粉煤灰砖、淤泥及固体废弃物制保温砌块（砖）和混凝土自保温（复合）砌块等为墙体材料，并辅以相应的节点保温构造措施。高效外墙自保温体系对墙体材料提出了更高的热工性能要求，以满足夏热冬冷地区和夏热冬暖地区节能设计标准的要求。

9. 高性能门窗技术

（1）高性能保温门窗

高性能保温门窗是指具有良好保温性能的门窗，应用最广泛的主要包括高性能断桥铝合金保温窗、高性能塑料保温门窗和复合窗。

（2）耐火节能窗

耐火窗是指在规定时间内，能满足耐火完整性要求的窗。目前市场上主流的建筑外窗，如断桥铝合金窗、塑钢窗等，经采取一定的技术手段，可实现耐火完整性不低于0.5h 的要求。对有耐火完整性要求的建筑外窗，所用玻璃最少有一层应符合《建筑用安全玻璃第 1 部分：防火玻璃》GB 15763.1—2009 的规定，耐火完整性达到 C 类不小于0.5h 的要求。

10. 一体化遮阳窗

活动遮阳产品与门窗一体化设计，主要受力构件或传动受力装置与门窗主体结构材料或与门窗主要部件设计、制造、安装成一体，并与建筑设计同步的产品。主要产品类型有：内置百叶一体化遮阳窗、硬卷帘一体化遮阳窗、软卷帘一体化遮阳窗、遮阳篷一体化遮阳窗和金属百叶帘一体化遮阳窗等。

2.4.9 抗震、加固与监测技术

1. 消能减震技术

消能减震技术是将结构的某些构件设计成消能构件，或在结构的某些部位装设消能装置。在风或小震作用时，结构具有足够的侧向刚度以满足正常使用要求；当出现大风或大震作用时，随着结构侧向变形的增大，消能构件或消能装置率先进入非弹性状态，产生较大阻尼，大量消耗输入结构的地震或风振能量，使主体结构避免出现明显的非弹性状态，且迅速衰减结构的地震或风振反应（位移、速度、加速度等），保护主体结构及构件在强地震或大风中免遭破坏或倒塌，达到减震抗震的目的。

消能部件一般由消能器、连接支撑和其他连接构件等组成。

消能部件中的消能器（又称阻尼器）分为速度相关型，如粘滞流体阻尼器、粘弹性阻尼器、粘滞阻尼墙、粘弹性阻尼墙；位移相关型，如金属屈服型阻尼器、摩擦阻尼器等；其他类型，如调频质量阻尼器（TMD）、调频液体阻尼器（TLD）等。采用消能减震技术的结构体系与传统抗震结构体系相比，具有更高安全性、经济性和技术合理性。

2. 建筑隔震技术

基础隔震系统是通过在基础和上部结构之间，设置一个专门的隔震支座和耗能元件（如铅阻尼器、油阻尼器、钢棒阻尼器、粘弹性阻尼器和滑板支座等），形成刚度很低的柔性底层，称为隔震层。通过隔震层的隔震和耗能元件，使基础和上部结构断开，将建筑物分为上部结构、隔震层和下部结构三部分，延长上部结构的基本周期，从而避开地震的主频带范围，使上部结构与水平地面运动在相当程度上解除了耦连关系，同时利用隔震层的高阻尼特性，消耗输入地震动的能量，使传递到隔震结构上的地震作用进一步减小，提高隔震建筑的安全性。

隔震技术已经系统化、实用化，它包括摩擦滑移系统、叠层橡胶支座系统、摩擦摆系统等，其中目前工程界最常用的是叠层橡胶支座隔震系统。这种隔震系统，性能稳定可靠，采用专门的叠层橡胶支座作为隔震元件，是由一层层的薄钢板和橡胶相互叠置，经过专门的硫化工艺粘合而成，其结构、配方、工艺需要特殊的设计，属于一种橡胶厚制品。目前常用的橡胶隔震支座有天然橡胶支座、铅芯橡胶支座、高阻尼橡胶支座等。

3. 结构构件加固技术

结构构件加固技术常用的有钢绞线网片聚合物砂浆加固技术和外包钢加固技术。

钢绞线网片聚合物砂浆加固技术是在被加固构件进行界面处理后，将钢绞线网片敷设于被加固构件的受拉部位，再在其上涂抹聚合物砂浆。其中钢绞线是受力的主体，在加固后的结构中发挥其高于普通钢筋的抗拉强度；聚合物砂浆有良好的渗透性、对氯化物和一般化工品的阻抗性好，粘结强度和密实程度高，一方面可起保护钢绞线网片的作用，另一方面将其粘结在原结构上形成整体，使钢绞线网片与原结构构件变形协调、共同工作，以有效提高其承载能力和刚度。外包钢加固法是在钢筋混凝土梁、柱四周包型钢的一种加固方法，可分为干式和湿式两种。湿式外包钢加固法，是在外包型钢与构件之间采用改性环氧树脂化学灌浆等方法进行粘结，以使型钢与原构件能整体共同工作。干式外包钢加固法的型钢与原构件之间无粘结（有时填以水泥砂浆），不传递结合面剪力，与湿式相比，干式外包钢法施工更方便，但承载力的提高不如湿式外包钢法有效。

4. 建筑移位技术

建筑移位技术是指在保持房屋建筑与结构整体性和可用性不变的前提下，将其从原址移到新址的既有建筑保护技术。建筑物移位具有技术要求高、工程风险大的特点。建筑物移位包括以下技术环节：新址基础施工、移位基础与轨道布设、结构托换与安装行走机构、牵引设备与系统控制、建筑物移位施工、新址基础上就位连接。其中结构托换是指对整体结构或部分结构进行合理改造，改变荷载传力路径的工程技术，通过结构托换将上部结构与基础分离，为安装行走机构创造条件；移位轨道及牵引系统控制是指移位过程中轨道设计及牵引系统的实施，通过液压系统施加动力后驱动结构在移位轨道上行走；就位连接是指建筑物移到指定位置后原建筑与新基础连接成为整体，其中可靠的连接处理是保证建筑物在新址基础上结构安全的重要环节。

5. 结构无损性拆除技术

无损性拆除技术主要包括金刚石无损钻切技术和水力破除技术，这两种技术对结构产生的扰动小，对保留结构基本无冲击，不损坏保留结构的性能状态，同时它具有低噪声、轻污染、效率高的特点。主要用于既有建（构）物结构改造时部分结构与构件的无损性拆除。

（1）金刚石无损钻切技术

利用金刚石工具包括金刚石绳锯、金刚石圆盘锯、金刚石薄壁钻等，通过其对既有混凝土结构构件进行锯切、切削与钻孔形成切割面，将结构需切割拆除的部分与保留的结构分离，满足保留既有混凝土结构的受力性能和使用寿命的技术要求。

（2）水力破除技术

水力破除技术是采用高速水射流来破除混凝土的静力铣刨技术。混凝土是多孔材料且抗拉强度相对较低，高速水射流穿透混凝土孔隙时产生内压，当内压超过混凝土的抗拉强度时，混凝土即被破除，而水流对钢筋没有影响，故钢筋可以原样保留。

6. 深基坑施工监测技术

基坑工程监测是指通过对基坑控制参数进行一定期间内的量值及变化进行监测,并根据监测数据评估判断或预测基坑安全状态,为安全控制措施提供技术依据。

监测内容一般包括支护结构的内力和位移、基坑底部及周边土体的位移、周边建筑物的位移、周边管线和设施的位移及地下水状况等。

监测系统一般包括传感器、数据采集传输系统、数据库、状态分析评估与预测软件等。

7. 大型复杂结构施工安全性监测技术

大型复杂结构是指大跨度钢结构、大跨度混凝土结构、索膜结构、超限复杂结构、施工质量控制要求高且有重要影响的结构、桥梁结构等,以及采用滑移、转体、顶升、提升等特殊施工过程的结构。

大型复杂结构施工安全性监测以控制结构在施工期间的安全为主要目的,重点技术是通过检测结构安全控制参数在一定期间内的量值及变化,并根据监测数据评估或预判结构安全状态,必要时采取相应控制措施以保证结构安全。监测参数一般包括变形、应力应变、荷载、温度和结构动态参数等。

监测系统包括传感器、数据采集传输系统、数据库、状态分析评估与显示软件等。

8. 爆破工程监测技术

在爆破作业中爆破振动对基础、建筑物自身、周边环境物均会造成一定的影响,无论从工程施工的角度还是环境安全的需要,均要对爆破作业提出控制,将爆破引发的各类效应列为控制和监测爆破影响的重要项目。

爆破监测的主要项目主要包括:(1)爆破质点振动速度;(2)爆破动应变;(3)爆破孔隙动水压力;(4)爆破水击波、动水压力及涌浪;(5)爆破有害气体、空气冲击波及噪声;(6)爆破前周边建筑物的检测与评估;(7)爆破中周边建筑物振动加速度、倾斜及裂缝。

振动速度加速度传感器、应变计、渗压计、水击波传感器、脉动压力传感器、倾斜计、裂缝计等分别与各类数据采集分析装置组成监测系统;对有害气体的分析可采用有毒气体检测仪;空气冲击波及噪声监测可采用专用的爆破噪声测试系统或声级计。

9. 受周边施工影响的建(构)筑物检测、监测技术

周边施工指在既有建(构)筑物下部或临近区域进行深基坑开挖降水、地铁穿越、地下顶管、综合管廊等的施工,这些施工易引发周边建(构)筑物的不均匀沉降、变形及开裂等,致使结构或既有线路出现开裂、不均匀沉降、倾斜甚至坍塌等事故,因此有必要对受施工影响的周边建(构)筑物进行检测与风险评估,并对其进行施工期间的监测,严格控制其沉降、位移、应力、变形、开裂等各项指标。

各类穿越既有线路或穿越既有建(构)筑物的工程,施工前应按施工工艺及步骤进行数值模拟,分析地表及上部结构变形与内力,并结合计算结果调整和设定施工监控指标。

10. 隧道安全监测技术

对隧道衬砌结构变形监测,根据监测数据判定隧道的安全性,实现隧道安全监测。

监测系统应包括监测断面测点棱镜、自动全站仪、通讯装置、控制计算机以及数据中心服务器,采用实时在线控制方式,可实现数据的受控采集和实时分析,同时实现监测数据和报警信息的实时发布。

2.4.10　信息化技术

1. 基于 BIM 的现场施工管理信息技术

基于 BIM 的现场施工管理信息技术是指利用 BIM 技术，并借助移动互联网技术实现施工现场可视化、虚拟化的协同管理。在施工阶段结合施工工艺及现场管理需求对设计阶段施工图模型进行信息添加、更新和完善，以得到满足施工需求的施工模型。依托标准化项目管理流程，结合移动应用技术，通过基于施工模型的深化设计，以及场布、施组、进度、材料、设备、质量、安全、竣工验收等管理应用，实现施工现场信息高效传递和实时共享，提高施工管理水平。

2. 基于大数据的项目成本分析与控制信息技术

基于大数据的项目成本分析与控制信息技术，是利用项目成本管理信息化和大数据技术更科学和有效地提升工程项目成本管理水平和管控能力的技术。通过建立大数据分析模型，充分利用项目成本管理信息系统积累的海量业务数据，按业务板块、地区、重大工程等维度进行分类、汇总，对"工、料、机"等核心成本要素进行分析，挖掘出关键成本管控指标并利用其进行成本控制，从而实现工程项目成本管理的过程管控和风险预警。

3. 基于云计算的电子商务采购技术

基于云计算的电子商务采购技术是指通过云计算技术与电子商务模式的结合，搭建基于云服务的电子商务采购平台，针对工程项目的采购寻源业务，统一采购资源，实现企业集约化、电子化采购，创新工程采购的商业模式。平台功能主要包括：采购计划管理、互联网采购寻源、材料电子商城、订单送货管理、供应商管理、采购数据中心等。通过平台应用，可聚合项目采购需求，优化采购流程，提高采购效率，降低工程采购成本，实现阳光采购，提高企业经济效益。

4. 基于互联网的项目多方协同管理技术

基于互联网的项目多方协同管理技术是以计算机支持协同工作（CSCW）理论为基础，以云计算、大数据、移动互联网和 BIM 等技术为支撑，构建的多方参与的协同工作信息化管理平台。通过工作任务协同管理、质量和安全协同管理、图档协同管理、项目成果物的在线移交和验收管理、在线沟通服务，解决项目图档混乱、数据管理标准不统一等问题，实现项目各参与方之间信息共享、实时沟通，提高项目多方协同管理水平。

5. 基于移动互联网的项目动态管理信息技术

基于移动互联网的项目动态管理信息技术是指综合运用移动互联网技术、全球卫星定位技术、视频监控技术、计算机网络技术，对施工现场的设备调度、计划管理、安全质量监控等环节进行信息即时采集、记录和共享，满足现场多方协同需要，通过数据的整合分析实现项目动态实时管理，规避项目过程各类风险。

6. 基于物联网的工程总承包项目物资全过程监管技术

基于物联网的工程总承包项目物资全过程监管技术，是指利用信息化手段建立从工厂到现场的"仓到仓"全链条一体化物资、物流、物管体系。通过手持终端设备和物联网技术，实现集装卸、运输、仓储等整个物流供应链信息的一体化管控，实现项目物资、物流、物管的高效、科学、规范的管理，解决传统模式下无法实时、准确地进行物流跟踪和动态分析的问题，从而提升工程总承包项目物资全过程监管水平。

7. 基于物联网的劳务管理信息技术

基于物联网的劳务管理信息技术是指利用物联网技术，集成各类智能终端设备对建设项目现场劳务工人实现高效管理的综合信息化系统。系统能够实现实名制管理、考勤管理、安全教育管理、视频监控管理、工资监管、后勤管理以及基于业务的各类统计分析等，提高项目现场劳务用工管理能力、辅助提升政府对劳务用工的监管效率，保障劳务工人与企业利益。

8. 基于 GIS 和物联网的建筑垃圾监管技术

基于 GIS 和物联网的建筑垃圾监管技术是指高度集成射频识别（RFID）、车牌识别（VLPR）、卫星定位系统、地理信息系统（GIS）、移动通讯等技术，针对施工现场建筑垃圾进行综合监管的信息平台。该平台通过对施工现场建筑垃圾的申报、识别、计量、运输、处置、结算、统计分析等环节的信息化管理，可为过程监管及环保政策研究提供翔实的分析数据，有效推动建筑垃圾的规范化、系统化、智能化管理，全方位、多角度提升建筑垃圾管理的水平。

9. 基于智能化的装配式建筑产品生产与施工管理信息技术

基于智能化的装配式建筑产品生产与施工管理信息技术，是在装配式建筑产品生产和施工过程中，应用 BIM、物联网、云计算、工业互联网、移动互联网等信息化技术，实现装配式建筑的工厂化生产、装配化施工、信息化管理。通过对装配式建筑产品生产过程中的深化设计、材料管理、产品制造环节进行管控，以及对施工过程中的产品进场管理、现场堆场管理、施工预拼装管理环节进行管控，实现生产过程和施工过程的信息共享，确保生产环节的产品质量和施工环节的效率，提高装配式建筑产品生产和施工管理的水平。

矿业工程项目施工管理

3.1 矿山建设施工组织管理案例

3.1.1 矿井建设施工准备和施工组织

施工准备工作是完成工程项目的合同任务、实现施工进度计划的一个重要环节，也是施工组织设计中的一项重要内容。为了保证工程建设目标的顺利实现，施工人员应在开工前，根据施工任务、开工日期、施工进度和现场情况的需要，做好各方面的准备工作。

施工组织设计是项目实施前必须完成的前期工作，它是项目实施必要的准备工作，也是科学管理项目实施过程的手段和依据。矿业工程施工组织设计的任务就是以项目为对象，围绕施工现场，保证整个项目实施过程能按照预定的计划和质量完成，是为在项目实施过程中以最少的消耗获取最大经济效益的设计准备工作。

某施工单位中标一回风井掘砌工程的施工。该立井净直径 6.0m，总深度 377.42m（表土段 6.7m，基岩段 368.72m）。井壁设计冲积层及井颈段为钢筋混凝土井壁，壁厚600mm，高 14.5m；基岩段为现浇混凝土，壁厚 400mm，高 360.92m。井壁混凝土标号C40。井筒穿越的岩层为：二叠系下统黑色泥岩、砂质泥岩、浅灰色砂岩及 1～6 号煤、石炭系上统黑色泥岩、砂质泥岩、灰白色砂岩、3～5 层石灰岩及 6～7 层煤。本井田含煤18 层其中 8 号、15 号为可采煤层。因无瓦斯详查和井筒检查钻孔资料，暂按高瓦斯矿井考虑。该井筒掘砌合同规定进点日期为 2018 年 7 月 1 日，竣工日期为 2019 年 3 月 31 日。井筒施工工期为 6 个月。

1. 矿井施工准备安排

该矿井正式开工日期最迟应是 2008 年 10 月 1 日。

正式开工前为施工准备期。应做好如下工作：

（1）技术准备工作应包括以下内容：

1）根据建设单位（业主）提供的设计资料及承包合同规定的施工任务、工期、价格、质量要求，检查设计的技术要求是否合理可行，是否符合当地施工条件和施工能力；设计中所需的材料资源是否可以解决；施工机械、技术水平是否能达到设计要求；并考虑对设计的合理化建议。

2）根据井筒施工图及井筒检查孔地质资料，编制井筒施工组织设计或特殊施工组织设计，绘制大型临时工程、设施的施工图，并编制相应的施工预算。

3）研究和会审施工图纸及施工技术组织措施等。包括确定拟建工程在总平面图上的坐标位置及其正确性；检查地质（工程地质与水文地质）图纸是否满足施工要求，掌握相关地质资料主要内容及对工程影响的主要地质（包括工程地质与水文地质）问题，检查设计与实际地质条件的一致性；掌握有关建筑、结构和设备安装图纸的要求和各细部间的关系，要求提供的图纸完整、齐全，审查图纸的几何尺寸、标高，以及相互间关系等是否满足施工要求；审核图纸的签发、审核是否有效。

（2）工程准备工作应包括以下内容：

1）现场进行施工测量，设置永久性的经纬坐标桩，水准基桩、标定井筒中心基桩及十字中心线基桩，建立场区工程测量控制网。

2）根据建设单位提供的场区平整施工图、供水、供电、公路、通信以及建设期间拟利用的永久建筑、设施施工图，编制这些工程的施工组织设计和施工预算。并在施工现场清理障碍物，进行场地平整和实施施工。修建必要的为施工服务的大临工程，完成开工前必要的临设工程（工棚、材料库）和必要的生活福利设施（休息室、食堂）等。

3）进行施工机具的检查和试运转，做好建筑材料、构（配）件和制品进场和储存堆放，并进行安装检验、试运转，半成品加工成品订货及施工机具的检修。

4）进行材料、构件的技术检验、试验和新产品的试制工作，完成混凝土配合比试验及雨期或冬期施工准备等。

（3）组织准备工作应包括以下内容：

1）根据施工组织设计和施工预算，编制施工计划和劳动和器材供应计划。

2）调集施工队伍，调整和健全施工组织机构，明确岗位职责，并根据施工准备期和正式开工后的各工程进展的需要情况组织人员进场，建立和健全现场施工以及劳动组织的各项管理制度，进行技术安全培训。

3）做好对外协作协调工作。

2. 矿井施工组织

该矿井施工组织安排存在问题，具体包括：

（1）由于没有瓦斯详查资料，暂按高瓦斯矿井考虑，因此在穿越煤层前应做好局部综合防突措施：工作面突出危险性预测；制定工作面防突措施；工作面措施效果检验；完善安全防护措施；

（2）由于没有井筒检查钻孔资料，无法确定岩层的准确位置，也无法了解是否存在断层和其他地质缺陷，因无井筒检查钻孔抽水资料，也无法判定井筒涌水量。因此给施工带来很大的不确定性和危险性；

编制该矿井的施工组织设计应包括矿井概况，工程地质及水文地质条件，施工准备及施工总平面布置，施工方案及凿井装备，井筒及相关硐室施工，施工主要辅助生产系统，劳动组织及主要施工设备，施工进度计划及工期保证措施，质量、环境、职业健康安全管理及保证措施，绿色施工（文明施工），经济技术指标，附图及附表。应专门编制过断层、破碎带施工措施及方案，过煤层综合防突措施及方案，井筒防、治水措施及方案，雨期、冬期施工专项安全技术措施，以保证井筒施工质量及安全。

该矿井编制绿色施工方案。应包括以下内容：

（1）构建绿色施工管理体系，制定相应的管理制度与目标，明确组织绿色施工职责，进行绿色施工教育培训，定期开展自检、联检和评价工作；

（2）结合施工项目特点编制绿色施工方案，绿色施工方案应包括环境保护、节地、节水、节能、节材以及资源综合利用等保护措施；绿色施工方案编制前，应进行绿色施工影响因素分析，并据此制定实施对策和绿色施工评价方案；

（3）绿色施工应对整个施工过程实施动态管理，加强对施工策划、施工准备、资源组织、材料采购、现场施工、工程验收等各阶段的管理和监督；

（4）制定施工防尘、防毒、防辐射等职业危害的措施；做好现场施工噪声控制、光污染控制、水污染控制和垃圾处理。

3.1.2 矿山建设施工承包及组织管理

1. 矿山建设施工承包的类型

（1）项目建设施工总承包

矿山建设施工总承包即从可行性研究、勘察设计、组织施工、设备订货、职工培训直至竣工验收，全部工作交由一个承包公司完成。这种承包方式要求项目风险少、承包公司有丰富的经验和雄厚的实力，目前它主要适用于洗煤厂、机厂之类的单项工程或集中住宅区的建筑群等，现在也有少部分的整个矿井进行建设施工总承包。

（2）阶段施工承包

把矿业工程项目某些阶段或某一阶段的工作分别招标承包给若干施工单位。如把矿井建设分为可行性研究、勘察设计、施工、培训等几个阶段分别进行招标承包。这是目前多数项目采用的承包方式。

（3）专项施工承包

某一建设阶段的某一专门项目，由于专业技术性较强，需由专门的企业进行建设。如立井井筒凿井、各种特殊法凿井等专项招标承包。也有对提升机、通风机、综采设备等实行专项承包的做法。前述就是矿井井筒阶段施工承包的实例。

2. 矿井洗煤厂建设工程承包

（1）工程项目概况

1）项目名称

宁鲁煤电有限责任公司任家庄煤矿选煤厂总承包工程。

2）项目规模

本选煤厂属矿井选煤厂，年处理能力 2.40Mt/a。考虑今后可能的扩能，设备选型留有余量，最大规模可达 3.40Mt/a。在煤炭行业属于大型的 EPC 总承包项目。

3）总包单位

中煤国际工程集团北京华宇有限责任公司。

4）合同范围及承包方式

新建设计能力 2.40Mt/a 选煤厂的主厂房、浓缩车间、矸石仓、主厂房经矸石仓至精煤仓、电煤仓栈桥等建筑工程施工及相应的机电设备采购、安装、设备的单机调试、承包范围内工程联合试运转、全厂的生产控制、生产监控、技术指导、技术服务等；直至选煤各项技术指标达到承包合同的要求。

本项目采用设计、采购、施工（EPC）交钥匙工程总承包方式建设。

5）项目的工艺

设计根据煤质特点及产品结构要求，确定本选煤厂采用 0～50mm 级原煤不脱泥无压三产品重介旋流器分选＋煤泥浮选的联合生产工艺。

（2）项目管理组织机构

该项目的组织结构如图 3-1 所示。

（3）主要管理经验

1）公司的组织支持与保障

华宇公司与总承包相关的职能部门及其分工如下：

① 报价咨询管理部

主要负责工程总承包投标报价管理工作。

② 工程管理部

主要负责项目管理制度的建设；对工程所及项目部监督管理；组织总承包合同签订；组织分包招标；批准项目经理；代表公司签订项目管理目标责任书；负责项目考核、总结等。

③ 工程所

主要负责工程项目的设计以及项目的实施、工程款的回收；推荐项目经理和报价经理人选。成立由项目经理为首的项目部，下设项目施工部、项目采购部、项目开车部、项目设计部、项目控制部等部门，辅助项目经理全面筹划和进行项目过程中的管理。

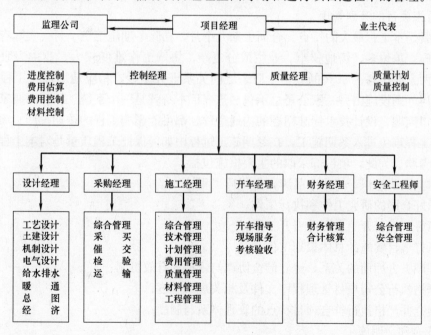

图 3-1 任家庄煤矿选煤厂总承包工程项目组织结构图

④ 安全和生产技术部

负责对项目安全、环境管理工作进行监督、检查、指导。

⑤ 纪检监察审计部

负责监督总承包分包商的招标工作和项目审计工作。

2）实行项目经理负责制

项目部按照国际通行的职能模式组建，实行项目经理负责制；

项目经理代表项目部与公司签订项目管理目标责任书，共三部分：

① 项目部职责

完成项目 EPC 全过程管理，直至工程款回收完毕；

完成项目的各项实施目标；

完成项目设计及现场管理的制度、程序文件、作业文件的编制；

提交项目总结报告。

② 项目实施目标

项目利润：项目目标利润××××万元。

建设工期：2008 年 3 月 31 日前全部工程建设完毕。工期的完成以业主签发的报告或证书为准。

项目质量：项目质量（包括项目工艺指标、环保、健康、卫生等）全部达到总承包合同规定要求，保证工程优良。

项目安全：杜绝死亡、重伤事故，严格控制工伤频率，保证正常施工程序。

项目经理负责制的实施，最大限度地调动项目管理人员的积极性、主动性，尤其是设计人员的积极性、主动性。

③ 项目奖惩（略）

3）重视项目的策划管理

工期紧是本工程最大的特点。合同工期九个月，扣除冬期施工三个月，实际有效工期六个月。施工单位多，场地狭窄。业主成分复杂，协调工作难度较大。业主为股份制公司，并且两家股东各占 50%的股份，股东之间关系十分微妙，相应地增加了工程协调难度。选煤厂外围设施由另一家公司总承包。选煤厂本身就是一个系统工程，由两家分块总承包，接口问题、设计技术标准问题的沟通过程，都可能影响工程的按期投产。项目冬期施工。本工程难免进入冬期施工，在冬期施工过程中如何保证工程质量是对本工程质量管理的重大考验。为此，项目部采取的主要措施包括：

① 树立团队意识，铸华宇品牌，做优质工程；

② 抓好合同的研究工作和执行工作；

③ 抓好"项目开工会"的召开工作；

④ 抓好项目实施的总体策划工作；

⑤ 理顺方方面面的关系，建立健全协调与管理的有效机制；

⑥ 严格执行公司项目管理程序文件及相关规章制度；

⑦ 建立并严格执行符合项目特点的管理体系与制度。

4）安全和文明施工

确立"安全第一、关爱生命、预防为主"的基本原则，明确安全生产是工程顺利实施的基本保证；为此采取的主要措施包括：

① 建立健全安全生产管理机构；

② 制定和完善安全管理制度；

③ 加强施工企业资质和施工人员岗位资质检查与管理；

④ 加强施工安全与文明施工技术与措施管理；

⑤ 加强现场安全检查、隐患整改、违章处罚力度；

⑥ 定期或不定期召开安全生产专题会议，解决和协调安全生产过程中出现的各种问题；

⑦ 以各种形式进行安全生产宣传教育、新上岗人员安全培训。

5）项目质量管理

① 确定项目工程质量目标

将工程质量目标进行分解，形成各单位工程、分部工程及分项工程质量等级子目标。

② 建立健全质量管理组织机构

建立健全质量管理组织机构。质量管理的主体是人，质量管理的实施需要建立起各级质量管理人员之间的对应关系及责任范围。

③ 工程施工过程质量控制及质量控制点

针对项目特点，制定质量过程控制程序和质量控制点。并在项目实施过程中严格执行，项目质量验收证明了工程的质量符合合格标准。

④ 制定严格的质量管理制度

质量管理制度包括：严把原材料进场关、严把材料管理关、严把施工人员资格关、严把施工机械管理关、严把技术准备关、严把过程控制关、严格验评，认真按规程规范验收评定每一分项质量结果。

6）项目进度管理

本工程进度管理采用计划→组织协调→进度检查→控制调整→计划的方式进行循环控制管理。

① 计划

计划管理：根据制定的项目进度目标和进度计划，对现场施工进度进行监督、控制和报告。总承包商三周滚动计划管理。每月修订项目施工控制计划，并据此编制三周滚动计划下达给施工分承包商。分承包商三周滚动计划管理。

② 施工进度的组织协调、检查与控制

调度会协调机制：每周召开由监理、业主、各施工分承包商代表和总承包商人员参加的生产调度会，检查施工计划的完成情况，协调解决各施工分承包商之间的施工问题；部署下一步的施工安排。同时，加强设计、设备、材料的协调机制以及人、材、机及工程量在内的各类资源控制。

3. 煤矿兼并重组建设总承包项目

（1）工程项目概况

1）项目名称

山西大同李家窑煤业有限责任公司兼并重组整合矿井总承包项目。

2）总包单位

北京圆之翰煤炭工程设计有限公司。

3）工程总包服务的主要内容

本矿井工程完成后具备下述功能：矿井设计能力为 120 万 t/a，系统能力 300 万 t/a 所需要的生产功能，300 万 t/a 原煤的洗选储功能，煤炭外运的功能和其他相应配套的系统功能。

主要的工程内容如下：施工准备工程、井巷工程、提升系统、排水系统、通风系统、压风系统、地面生产系统、安全技术及监控系统、通信调度及计算机系统、供电系统、地面运输、室外给排水及供热、辅助厂房及仓库、行政福利设施、场区设施和生活福利设施和环境保护及"三废"处理。

（2）项目组织结构

本项目将由众多的分包商和供应商参与，管理和协调难度较大，为此采用一体化项目管理模式，即将所有分包商及项目所需的供应商由总包商统一签约管理，与项目有关的所有合作方由总包商进行协调，项目所有的成本、进度和质量等责任由总包商承担。项目的组织结构如图 3-2 所示。

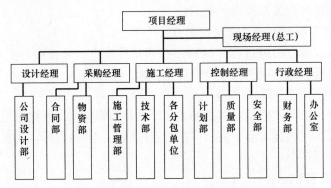

图 3-2　李家窑煤矿资源整合总承包项目组织结构

（3）主要管理经验

1）分包管理

① 对所有承担本项目工程或劳务的分包商，合约商务部负责组织进行评价，包括资格预审和考察，以保证选用的分包商具有满足分包合同要求的能力。

② 分包合同的内容，以与业主签订的合同的相关条款为基础，相应内容中不应有所抵触或遗漏。

③ 在分包合同中要体现质量体系的要求，明确应达到的质量目标及开展质量保证工作的要求。

④ 分包合同的签订，由合约商务部组织，负责该分项工程的工程部等有关部门参加，与中标分包商进行合同谈判。

⑤ 合约商务部负责拟定分包合同文本，并将文本交有关部门会审后，再报项目经理或其委托授权人批准。

⑥ 合约商务部按照批准的合同文本与分包商签署正式合同文本。

2）设计管理和控制

① 设计过程的跟踪控制

设计项目经理根据项目设计特点，确定对设计过程的控制要求，并形成《设计管理配合要求》，发放给设计人员，对每一设计项目，在设计开始前，设计项目经理要求设计人员提供该项目的设计计划和设计输入文件，由设计项目经理指定的控制人员审查认可，并填写《设计跟踪检查记录单》，设计项目经理组织控制人员，依据《设计控制计划》规定，实时跟踪检查内容包括设计进度、人员资格及专业配合等，检查结果应填写《设计跟踪检查记录单》，检查中发现不符合要求的问题，由检查人员填写《专业工程师通知单》，并要求整改落实。

② 设计变更管理

设计变更由设计项目经理负责统一管理，因甲方、施工单位和设计人员原因提出的变更应根据相应不同流程进行，最后正式出图的各类设计图纸及文本均先交设计项目经理登记归档，由设计项目经理统一发放，各收图单位由指定人员到档案室签领。

3）采购管理和控制

本工程的设备物资按照采购金额以 10 万元为界划分为零星设备、物资和工程设备、物资采购两类，招标采购由公司采购中心组织进行，零星采购由项目部负责进行。

物资设备现场采购部经理负责编制物资申请计划，由主管项目副经理进行审批，采购中心或项目物资采购工程师根据物资申请计划编制物资采购计划，并报采购中心经理或项目合约商务部经理审批。通过将资格预审情况、考察结果、样品/样本报批结果、价格与工程要求的比较，对供应商做出评价，并根据评价结果选出"优质低价"者作为最终中标供应商。供应商的确定，首先由采购小组提出一致意见，由主管项目副经理批准。如果采购小组意见不一致，应将不同意见呈报项目经理批准，并应对供应商评价的结果和入选供应商名称做好记录。

4）项目质量管理和控制

为确保本工程的质量达到质量目标的要求，建立项目质量管理保证体系，该保证体系覆盖了总承包质量管理活动的全部。它对项目的质量管理目标、各主要岗位的质量管理职责和各项质量管理活动做出了明确规定，适用于指导本工程的实施。

5）项目进度控制

在项目实施过程中，进度要得到很好的控制，进度的控制就是要使关键线路工作确保实现。通过分级计划的编制，使计划得到细化，实物工程量要有具体的量化标准，并与时间的对应，通过全过程跟踪和监控，对分区分项进度及时督促、定期分析，通过计划调整逐级得到保证。

6）费用控制及资金管理

项目费用控制及资金管理包括成本、费用、资金的预测、计划、实施、核算、分析、考核，整理会计资料与编制财务及会计报表。

项目经理部是项目资金管理中心，实行资金统一管理。项目经理部经建设公司财务部批准在施工所在地银行设立一个临时账户（唯一的）。

项目经理部财务负责项目资金的收取。根据施工合同规定，及时向业主收取工程备料款、工程预付款等款项；根据月度工程进度计量资料，及时收取工程进度款。按月编制《项目经理部资金计划与实际使用情况对比表》。

项目经理严格控制项目资金的使用，不同项目间资金的挪用必须经建设公司同意。

项目经理部严格报账制度，项目经理不能自己签字自己报销。项目经理本人报账时应由项目经理部其他领导签字方可报账。

项目经理部拨付工程款时应填写《项目经理部货币资金拨付单》，严格按计量支付，计量核定单是财务作为工程款支付的唯一依据。

项目经理部按照建设公司下达的经营指标和《项目管理目标责任书》的要求以货币资金形式按月向建设公司上缴费用。

项目经理部现金管理：项目经理部应严格按照财务制度进行管理，备用金管理严格按照规定用途使用，及时报销或归还。

项目经理是项目工程尾款收取的第一责任人。工程结算完成、财务移交后，项目经理应及时配合建设公司财务部门进行工程尾款的收取。

7）安全健康环保（HSE）的管理和控制

本总承包项目根据 OHSAS18001 标准及公司职业健康安全管理体系文件要求，建立和实施项目职业健康安全管理体系，始终体现"安全第一，预防为主，遵章守法，全员参与"的管理思路，充分满足员工等相关方的职业健康安全管理要求，有针对性地规范项目的职业健康安全状况和人员职业健康安全行为，不断完善项目职业健康安全管理体系，持续改进项目职业健康安全绩效。

4. 冶金工程项目总承包建设

（1）工程项目概况

1）项目背景

由北京某设计院总承包的某钢铁（集团）有限责任公司的炼钢厂项目（以下简称某钢厂二炼钢厂工程），于××年 6 月 20 日破土动工，到次年 3 月 24 日主厂房第一根柱子开始安装，仅用 7 个月零 10 天，到 11 月 4 日顺利热试出钢，成为我国冶金建设史上一个非常成功的大型工程建设项目。该钢厂二炼钢厂工程竣工后，现在已经是我国特大型钢铁联合企业，已形成年产铁、钢各 420 万 t、钢材 300 万 t 的综合生产能力。

国家计委已批准的该公司薄板坯连铸连轧项目于 1999 年 5 月开工建设，按照工艺要求，需要建设一座与之相匹配的炼钢车间。二炼钢工程竣工之前，公司拥有 5 座 80t 转炉和 2 座 500t 平炉，其中平炉年生产能力 120 万 t。平炉炼钢冶炼工艺落后，与转炉炼钢相比，吨钢能耗率高出 100kg 标煤以上，成本约高出 200 元，而且难以与连铸机相匹配；再加上生产效率低，环境污染严重，在国外早已被淘汰，也是我国 2000 年限期淘汰的炼钢工艺。因此，该钢铁公司决定实施二炼钢厂改造工程，淘汰 2 座平炉及模铸设备，建设一座 210t 转炉及相应的公辅设施，年产钢水 208 万 t，为薄板坯连铸连轧生产线提供高质量钢水，以充分发挥薄板坯连铸连轧生产线的生产能力，达到规模经济生产。

2）项目总承包效果

该项目的总承包单位——北京某设计院，是全国冶金企业设计院中具有雄厚技术实力的大型企业设计院，当年在与数家具有总承包工程资质的单位的激烈竞标中，以明显优势一举中标，于同年 6 月 22 日与该钢厂签订了《某钢厂二炼钢工程项目总承包合同》，项目合同总价 7.48 亿元。在双方全力支持下，该设计院精心组织 47 个施工单位，以一流的速度、一流的质量，高速低耗优质地完成了项目建设：交付试生产工期比合同工期提前 150 天；在保证项目功能的前提下，工程质量达到热负荷试生产一次成功，炼出优质钢水；在合同标的额较低和全面完成合同内项目的情况下，项目成本与合同标的额基本持平。

该项目是一个比较成功的总承包项目，曾获得国家级优秀总包工程奖和全国第二届总包项目铜钥匙奖，其项目管理的经验、作法，值得研究和借鉴。

（2）工程项目组织管理

1) 项目启动程序

合同签订后，总承包单位立即进行了项目启动的准备工作，充分考虑项目的特点、要求和困难，在此基础上对项目开始全面启动。主要工作有：

① 确认总承包合同内容，并对合同进行评审。根据合同要求和项目的具体条件，对建设工程项目进行了合理分析和有效测算，为公司决策提供重要依据。

② 根据项目涉及的内容和要求，考虑实际需要，提出项目经理部机构组建形式及人员配备的条件。

③ 成立项目经理部，配备项目经理，并确定项目组织架构、相互关系，以及项目组成员及人员分工。

④ 组织召集了项目组成员第一次工作会议，明确各部门和个人的主要职责和任务，并确立了工作例会制度。

⑤ 组织编制项目实施策划文件。项目经理根据工程总承包合同要求编制项目实施计划。

⑥ 把各项工作分配落实到相关经理。根据工程特点，项目部设置了设计经理、采购经理、施工经理、开车经理等。

⑦ 根据合同总额确定了项目部的人数和岗位设置。项目部包括：项目经理、项目副经理、设计经理、现场经理、施工经理、商务经理、采购经理、开车经理、控制经理、安全经理 安全工程师、技术工程师、信息管理员、现场设计小组、财务经理、行政经理等。

2) 项目团队的建设

工程总承包项目的成败关键是要有一个优秀的项目团队。二炼钢厂工程项目部的团队成员比较年轻。针对这一特点，项目部一方面对成员合理分工，明确职责，同时又通过团队成员间的相互帮助，团队活动，创造一个和谐的团队环境，形成一个团结和有战斗力的集体。

在这过程中，项目部坚持以核工业"四个一切"精神作为团队精神，要求全体成员贯彻"事业高于一切，责任重于一切，严细融入一切，进取成就一切"的精神。同时通过关心单身员工的生活问题，解决员工家庭的实际困难，尽可能减少项目部成员的后顾之忧，开展增强项目部的凝聚力活动，使项目成员能全身心关注项目的管理工作；项目部还可以通过组织旅游、聚会、联谊等各种活动来丰富团队的业余生活，增加成员集体感、荣誉感和凝聚力。项目部还结合总承包部的具体特点，引进先进的科学管理流程、方法和管理模式，鼓励青年成员的创新积极性，更好地激发干部员工的潜力，创造有利于人才实现价值和脱颖而出的良好环境，让全体成员感到项目部是一个"用虎之地"，做到事业留人，待遇留人，感情留人，让人才安心项目，献身项目。

3) 项目组织与协调工作

① 设计交底

项目部负责组织由设计单位向建设单位和施工单位进行的施工图交底工作。图纸交底工作要做到不仅向直接责任单位交底，而且应向衔接该项图纸的有关单位交底；交底的地点一般应设在项目的所在地。项目部在接到详细设计文件后，要迅速分发给承担工程施工的各个单位，以及使用单位、监理单位、物资供应和质量监督等单位，督促各单位对详细设计进行预审。项目部负责汇总、审查各预审单位提出的问题，并以书面形式送至设计单位。施工图交底工作分为装置（或单项）交底和专业交底两部分，原则上按主项分专业集中一次进行，特殊情况下可要求按照施工程序分次进行，详细设计的图纸交底应达到这样的目的，即：了解设计意图，熟悉设计文件的组成和查找办法，以及图例符号表达的工程意义，明确设计、施工、验收应遵守的标准、规范，比较同类工程的经验教训，解决建设单位和项目部及所有涉及单位人员的疑问和问题。

② 施工图会审

在单项工程开工之前，工程项目管理部负责组织设计单位、施工单位、使用单位、监理单位、物资供应单位的技术人员参加施工图会审。会审前应确定具体的会审参与单位（清楚图纸的有关单位）、会审主要事项，根据会审事项，编制会审纪要并加盖公章后发放有关单位。施工图会审内容包括符合性审查、工艺要求会审和施工条件会审三部分内容，审查设计是否符合国家有关强制性条文和其他重要规程及合同要求。项目部应拒收质量不合格的施工图或责成修改，并可对由于图纸质量不合格造成的损失，按建设工程设计合同的相应条款提出处罚意见，对会审中确定的问题要求设计单位修改。经审查确有必要对基础设计进行修改的重大问题，应按规定报设计原审批部门批准。

施工图会审的主要内容包括：查对图纸、说明书、相关技术文件、材料表等是否齐全，是否与目录相符，有无遗漏，有无设计漏项；施工图中的技术条件、质量要求及推荐或指定的施工验收规范是否符合国家和行业现行的标准、规范。设计选材、选型是否合理，是否影响安装，采用的新技术、新工艺、新设备、新材料与国内现阶段施工条件及技术水平是否相适应。专业图之间，专业图内各图之间，图与表之间的规格、型号、材质、数量、方位、坐标、标高等重要数据是否一致，是否有"错、漏、碰、缺"及不能或不便于施工操作之处。

③ 施工、安装分承包商的确定

确定施工、安装的分承包商，原则上要采用公开招标的方式确定；对符合采用邀请招标条件的也可采用邀请招标方式进行。招标工作由项目经理组织，项目经营部负责实施。确定好分包商后要向相关分包商通报，以便于分包商间的联系和相互协调工作。

④ 材料采购及管理

材料采购和管理工作对工程项目的质量、费用控制等方面有重要影响。项目部在整个采购工作中，注意以下方面的内容：

A. 明确项目部的材料管理职责，着重做好的内容有：审批施工单位的材料计划；参与设备材料的招标的供应商的确定；组织入场材料的复验；定期召开材料供应协调会，解决施工中出现的材料缺口问题；负责协调不合格材料、设备的退货工作，为材料设备索赔提供必要的依据。

B. 在材料采购过程中应坚持以下原则：

坚持招标采购。由项目经理部和业主代表共同审查供货单位资质，具备条件的，方可参加投标；对于特殊情况不能进行招标采购的材料，要按照比质、比价，比运距、比信誉的原则确定供货商。

原则上不让设计单位推荐供货商，对于特殊专用设备、材料，需设计单位推荐的供货厂家的，应要求其推荐三家以上供货单位供择优选定。施工单位自购的用于工程上的物资，供货商的选择须经项目部批准。

物资采购过程中应坚持公正、透明、择优的原则。对于技术要求较高的设备或材料订货，应在合同签订前由工程项目经理部组织公司各有关部门、生产单位、设计单位等与供货商进行技术交流，并签订技术协议，作为订货依据。

订货时应以概算价为依据，原则上不突破概算价；如确实超概算的，由公司主管领导批准后方可订货。

C. 进行物资采购招标时应坚持优质、优价的原则，并按相应的工作程序进行。

D. 项目采购文件由项目经理组织有关人员编制。

4）施工过程管理

① 施工总平面管理

施工总平面管理包括对施工单位生活、施工暂设设施布置的审查，施工现场的"四通一平"的检查，厂区总图、竖向的施工布置管理，定位测量的管理。施工总平面管理的原则为：布置合理、节约用地、节约材料、节约能源，减少交叉、便于施工。组织落实"四通一平"工作。

② 施工安全管理

工程施工期间应严格按照以下安全管理制度进行现场安全管理：安全技术交底制；班前检查、班后验收制；周一安全活动制；定期检查与隐患整改制；管理人员和特种作业人员上岗制；安全生产奖罚制与事故报告制。

项目部明确由专业责任工程师负责检查各施工队及专业分包商的安全工作，并负责分部分项工程安全技术书面交底的工作，保证签证手续齐全；分析安全工作难点、确定安全工作的重点，分析和预控施工过程中施工条件、施工特点。

安全防护设备如有变动，须经项目部安全总监书面批准，变动申请应同时有变动后相应有效的防护措施，工作完后须按原标准使之恢复。所有的这些书面资料由安全总监保管；安全生产防护设施应进行必要的、充足的投入。且必须按公司规定购买定点厂家的认定之产品。

③ 文明施工管理

文明施工管理主要注意以下几方面：平面布置及临设工程管理、施工过程文明施工、材料堆放管理、设备构件管理。

④ 加强施工临时用水、施工现场用电的管理

3.2 井巷施工质量控制案例

3.2.1 井筒施工质量控制

连沟矿井位于我国超大煤田之一的准格尔煤田的最北部，井田面积为 41.3km²，地质储量 1466.31Mt，煤层平均厚度为 16m，井田构造简单，大体为一向西倾斜的单斜构造，煤层倾角 3°～5°。矿井初步设计由中煤国际工程集团沈阳设计研究院进行设计，设计规模为 10Mt/a，采用斜立混合开拓，进回风立井的深度分别为 413m、398m。

为了保证不连沟矿井的工程质量，成立了以项目经理为第一责任人的质量管理机构，制定了质量方针和质量目标（分项工程一次合格率为 100%，整体工程质量为优良）、施

工过程的控制程序，并为井筒工程的事前、事中和事后控制制定了详细而具体的控制办法。

1. 准备阶段的质量控制

在接到中标通知书后，组织技术人员，认真研究不连沟矿井的初步设计、施工图纸和相关的技术资料，制定了详细的质量保证方案，例如根据冬季气温低的气候条件，采取在搅拌混凝土之前，对水进行加热，井口封闭保温等措施。为保证不连沟风井井筒及相关硐室的掘砌任务，项目部对任务进行了分析，确定所要求的技术，选择和培训了合格的人员，选用了适宜的设备和程序，并明确了各个岗位在质量目标管理中的责任。

项目技术负责人组织编写了以下作业指导书：

(1) 大临工程安装技术措施；

(2) 临时锁口施工技术措施；

(3) 井筒冲积层施工技术措施；

(4) 立井井筒施工防片帮专项安全技术措施；

(5) 井筒过特殊地层施工安全技术措施（包括井筒过砾石层、断层、破碎带等）；

(6) 井筒探放水施工安全技术措施；

(7) 井筒基岩段施工技术措施；

(8) 井筒探揭煤层施工技术措施；

(9) 雨期、冬期施工专项安全技术措施；

(10) 相关硐室施工技术措施。

2. 施工阶段的质量控制

现场施工质量管理的主要任务就是按照设计要求及规范、规程、技术规定，针对不同工程对象，结合实际条件，合理地组织人力、物力、财力，保质、保量、按期完成任务，在不连沟立井项目建设过程中主要在技术交底、测量控制、材料控制、机械设备、计量和工序上采取有效的措施对工程质量进行控制。

(1) 技术交底

在技术交底方面严格做到每个单位工程、分部工程和分项工程开工前，项目技术负责人应向承担施工的负责人进行书面交底，所有技术交底资料均应办理签收手续。在施工过程中，项目部技术负责人对顾客或监理工程师提出的有关施工方案、技术措施及设计变更的要求，应在执行前向有关人员进行书面技术交底。

(2) 测量控制

井筒中心线应按照井筒中心的设计坐标、高程和方位角利用矿方提供的近井点进行标定，立井井筒中心线和十字线按地面一级导线的精度要求施测。

在立井封口盘上标定井筒中心位置，测量人员应定期对井筒中心线进行校核，以确保井筒中心的正确性。

在打眼和稳模前，应按照井筒中心线进行轮廓尺寸和模板校正。

(3) 材料控制

材料控制是质量控制的重要环节，在材料采购和使用过程中严格按照以下要求进行：

1) 项目部在本组织（承包人）确认的合格供方目录中按计划采购原材料、半成品和构配件；

2）按搬运储存规定进行搬运和贮存，并建立台账；

3）按产品标志的可追溯性要求对原材料、半成品和构配件进行标记；

4）未经检验或已经验证为不合格的原材料、半成品和构配件和工程设备，不准投入使用；

5）对业主提供的原材料、半成品和构配件、工程设备和检验设备，必须按规定进行验证，但验证不能免除顾客提供合格产品的责任；

6）业主或监理对承包人自行采购产品的验证，不能免除承包人提供合格产品的责任。

（4）机械设备控制

按设备进场计划进行施工设备的采购、租赁和调配；现场的施工机械必须达到配套要求，充分发挥机械效率。

对机械设备操作人员的资格进行认证，持证上岗。机械设备操作人员使用和维护好设备，保证设备的完好状态。

（5）计量控制

计量人员按规定有效地控制计量器具的使用、保管维修和检验，确保施工过程有合格的计量器具，并监督计量过程的实施，保证计量准确。

（6）工序控制

施工过程是由一系列相互关联与制约的工序所构成，工序是人、材料、机械设备、施工方法、环境和测量等因素对工程质量综合起作用的过程，所以对施工过程的质量监控，必须以工序质量监控为基础和核心，落实在各项工序的质量监控上。

施工过程中质量控制的主要工作是：以工序控制为核心，设置质量控制点，进行预控，严格质量检查和成品保护，并做到：

1）严格要求施工人员按操作规程、作业指导书和技术交底的要求进行施工；

2）工序的检验和试验应执行过程检验和试验规定，对查出的不合格部位，应按程序及时有效地处置；

3）如实填写《施工日志》。

施工过程选择作为质量控制的对象是：

1）施工过程中的关键工序或环节以及隐蔽工程，如钢筋混凝土结构中的钢筋绑扎，要检查钢筋品种、直径、数量、位置、间距、形状；检查搭接长度，接头位置和数量（错开长度、接头百分率）；焊接接头或机械连接要检查外观质量、取样试件力学性能试验是否达到要求，接头位置（相互错开）数量（接头百分率）；

2）施工中的薄弱环节，或质量不稳定的工序、部位或对象；

3）对后续工程施工或后续工序质量或安全有重大影响的工序、部位或对象，如模板的支撑与固定等；

4）采用新技术、新工艺、新材料的部位或环节；

5）施工上无足够把握的、施工条件困难的或技术难度大的工序或环节。

（7）质量控制保证措施

为了保证质量控制目标的实现和质量控制程序的顺利实施，把质量控制责任落到实处，制定了质量控制技术的保证措施，见表3-1。

质量控制技术保证措施工作表　　　　　　　　　　表 3-1

序号	项目	工作内容	责任部门或责任人
1	井筒半径 不小于设计要求	专人测量井筒半径尺寸	测量人员
		及时调整模板水平度	队技术员
		及时调整模板垂直度	队技术员
		定期校对井筒中心线	测量人员
2	井壁厚度 达到质量标准	严格掌握掘进断面不欠挖	队技术员
		采用光面爆破	队技术员
		严格每模检查荒径，荒径不够不立模	队技术员
		实行班组交接班验收制度	队长、队技术员
3	钢筋绑扎 符合验收规范要求	保证使用合格的材料	经营组
		实行钢筋加工验收制度	质检员
		对钢筋实行分类编号	工程组
		按规格要求绑扎钢筋	工人
		实行钢筋绑扎工序验收制度	质检员
4	竣工后井筒涌水量 不大于 6m³/h	浇灌混凝土定人定位振捣密实	振捣工
		实行质量挂牌留名制度	施工队
		井筒竣工后进行一次井壁注浆	工程组
		井壁接茬采用斜茬刃脚模板	工程组
5	混凝土强度达到 质量标准， 严格掌控混凝土 配合比	砂、石子、水泥严格采用配重计量	工程组
		定期检查计量装置，保证准确	工程组
		专人计量加入添加剂	工程组
		冬期砌壁时保证混凝土入模温度不低于 15℃	技术人员
		搞好材料验收及时做好混凝土配比试验	材料员、质量工程师
6	混凝土表面质量 符合质量要求	加强混凝土捣固	振捣工
		溜灰管下料在吊盘上二次搅拌	班组长
		浇筑混凝土前严格采用截导堵等措施，有效地处理井帮水	队长
		模板经常刷油	拆模工

（8）施工检测

施工检测是检查井筒施工质量好坏的最有效的手段，是工程质量、安全管理体系中的重要一环。在井筒施工过程中，施工检测是经常反复甚至是每天都要做好的事情。

井筒十字中心线及井筒中心线的检测：根据矿区近井点、按 5 号导线的精度要求，布置 5 号导线，并按设计要求标定井筒十字线，建立十字基点，实测出各点坐标。井筒开挖后，在固定盘的井筒中心安装井中下线板，用细钢丝配垂球作为井筒施工的中心线。在井筒施工到相关硐室时，自地面下两根细钢丝至井底，采用摆动投点法进行初次定向，以定向边来控制相关硐室施工的平面位置。

井筒施工中标高的检测：根据矿区内近点的标高，按四等水准仪的精度要求，将井筒的十字基点标高测出，以此作为沉降观测、井筒施工中标高传递的基准。在施工至井筒相关硐室时，将标高导致封口盘，再从封口盘下放一检定过的长钢尺，加上比长、拉力、温度、自重等的改正，将标高传递至相关硐室处，以便控制相关硐室的施工标高。

钢筋、水泥、添加剂、防水剂复检，砂、石含泥量、混凝土配比检测：由建设单位指定的检测单位进行检测和配制。不合格产品严禁使用，严格按有关单位给定的配比进行配制混凝土。

井壁混凝土强度检测：井深每隔 20～30m 取一组（3 块）规格为 150mm×150mm×150mm 立方体混凝土试块，在建设单位指定的检测单位的试验机上进行抗压强度检测。

井壁混凝土平整度的检测：采用 2m 直尺量测检查点上最大值，不得超过 10mm。

井壁混凝土接茬的检测：采用直尺检查一模两端，接茬最大值不得超过 30mm。

井筒涌水量的检测：为满足每一个施工阶段的需要，必要时对井筒涌水量进行检测。采用容积法进行。

及时对以上的检测数据进行收集、记录和分析，输入计算机进行存储，作为指导施工的依据。施工检测详见表 3-2。

施工检测一览表　　　　　　　　　　　　　　　　表 3-2

序号	检 测 项 目	检 测 手 段
1	井筒十字中心线及井筒中心线	5 号导线
2	标高	四等水准仪
3	钢筋、水泥、添加剂、防水剂复检、砂、石含泥量、混凝土配比	建设单位指定的有资质检测单位进行
4	井壁混凝土强度	抗压强度试验机
5	井壁混凝土平整度	2m 直尺
6	井壁混凝土接茬	尺量
7	井筒涌水量	容积法

3. 竣工阶段的质量控制

工程竣工后，由项目技术负责人报告业主和监理组织竣工验收；

项目部有关专业技术人员按编制竣工资料的要求收集、整理质量记录并按合同要求编制工程竣工文件，按规定移交；

在最终检验和试验合格后，项目部采取有效的防护措施，保证将符合要求的工程交付给顾客；

工程竣工验收完成后，项目部编制符合文明施工和环境保护要求的撤场计划，做到工完场清。

4. 工程总结

按合同、设计图纸、验收规范和质量检验评定标准施工，是井筒工程质量控制的原则。重要的分项、分部工程和关键部位是井筒工程质量的两个重点。井筒工程重要的分项、分部工程是井壁的混凝土支护，关键部位是井筒与井底巷道的连接部分，现场管理、测量和试验是井筒工程质量控制的 3 个手段。

3.2.2 含水不稳定岩层井筒临时支护质量控制

1. 立井井筒临时支护质量控制

近年来，煤矿采用立井开拓方式的井筒越来越多，但在立井施工井筒涌水、不稳定岩层段的频繁出现，导致立井施工速度缓慢，施工难度加大。采用临时锚网喷和二次永久混凝土联合支护应用于不稳定岩层段井筒施工中已不能满足要求。

某煤矿采用主井、副井和回风立井的开拓方式，回风立井井筒累深 783.5m，净径 6m，普通法施工，现浇素混凝土单层井壁，壁厚 400mm，混凝土强度为 C30。该井筒的水文地质条件较为复杂，围岩以粉砂岩、砂岩为主，岩石孔隙发育中等，抗外力和抗变形能力一般，遇水易崩解，回风立井预计将穿过 14 个含水层，岩性以粉砂岩和砂岩为主，除位于井深 596.90～604.70m 和 609.50～625.00m 的两个含水层（分别为第 10、11 含水层，即 2-1 煤顶板含水段；预计涌水量分别为 5～30m³/h、20～50m³/h）涌水较大外，其他含水层的涌水量均不超过 10m³/h。

回风立井井筒穿遇地层总体上工程地质条件较差，基岩段围岩以粉砂岩和砂岩为主，岩石饱和抗压强度远小于自然状态或干燥状态下的抗压强度，软化系数普遍小于 0.75，为遇水易崩解的岩石。

回风立井 602.4～635.7m 位于直罗组下部，以厚层状的灰白、黄褐或浅红色含砾粗粒石英长石砂岩（七里镇砂岩）为主，岩石孔隙中等发育，抗外力和抗变形能力一般，遇水易软化、崩解，工程地质性质较差。

井筒掘至 600m 位置涌水量增大，岩石遇水泥化、岩石不稳定，片帮严重，一次片帮量最多达 110m³，本井筒含水层岩石累计厚度达 33.3m（累深 602.4～635.7m），目前尚无此不稳定岩层段井筒施工经验，技术难度大。最初采用锚网喷做临时支护，但此段岩石松软、岩石片帮量大，同时井壁淋水较大，喷浆回弹率大、上墙率极低；给职工造成很大的劳动强度和安全隐患，且材料也有很大浪费。

为在安全的前提下快速完成井筒掘砌工作，经过研究和论述，确保既能快速施工又能保证井筒的浇筑质量，决定采用柔模辅助施工方案。

（1）施工工艺

采用分区对称刷帮、施工柔模混凝土工艺，在井筒含水不稳定岩层中采用锚网与柔性模板浇筑混凝土联合支护作为临时支护，有效地控制片帮，确保施工安全，保证工程质量；

井筒含水不稳定岩层中采用柔模混凝土临时支护施工工法的工艺流程：局部开挖→施工防水布→打锚杆挂网→连接纵向钢管→挂模→铺设内层钢筋网→灌注混凝土→形成整体（一圈）混凝土；

该工艺涉及防水布锚网施工、第一模柔模施工、第二模及以下柔模施工、柔模浇筑等几个方面。

1）防水布锚网施工

先将井筒局部挖出长 2m，段高 1.2m 的荒壁，然后沿荒井帮整体铺设防水布（将防水布用水泥钉钉在井帮上），最后打锚杆挂网，钢筋网紧贴防水布铺设，锚杆间排距 2000mm×1000mm（锚深 1000mm），钢筋网规格为 2200mm×1200mm，搭接为 100mm，用铁丝绑扎，防水布、钢筋网作为临时支护，可防止岩壁土体滑移从而影响柔模混凝土浇筑厚度。

2）第一模柔模施工

采用锚杆悬挂柔模；第一模柔模的井壁锚杆施工时锚杆外露长度为300mm，首先将柔模挂设在锚杆上（第一块柔模布上四个角预留有锚杆通过孔），然后在柔模竖向内植入钢管（1寸），钢管下端外露100mm埋入底部岩石中，柔模挂设好后，在柔模内侧铺设钢筋网挂在锚杆上，钢筋网通过托盘螺母固定（钢筋网搭接为100mm，用铁丝绑扎）；每个柔模布上横向布置四个连接孔、纵向布置两个连接孔，上下、左右相邻的两个模通过连接孔用连接筋连接。

3）第二模及以下柔模施工

将钢管通过接头与上模外露的钢管连接（每模柔模最下端保证钢管外露100mm，直接插在岩石中），将柔模穿过钢管，将丝杠固定在钢管接头上，柔模通过丝杠悬挂，柔模挂设好后，在柔模内侧铺设钢筋网挂在丝杠上，钢筋网通过托盘螺母固定（钢筋网搭接为100mm，用铁丝绑扎）；柔模布上横向布置四个连接孔、纵向布置两个连接孔，上下、左右相邻的两模用连接筋连接。

4）柔模浇筑

局部灌注混凝土，通过溜灰管将地面拌好的湿料溜入柔模内（柔模布外侧边缘处设上下两浇筑口，浇筑顺自下至上），依次对柔模进行支护，最后在井壁周边形成一圈混凝土。一圈混凝土形成后，按同样步骤进行下两段柔模的浇筑，三段柔模混凝土浇筑成3.6m后，移动钢模板，进行二次永久浇筑。如图3-3～图3-6所示。

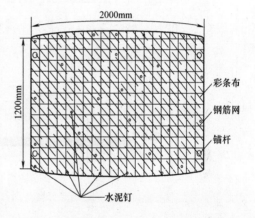

图3-3 防水布、锚杆网施工平面示意图

（2）施工效果分析

因围岩强度低，为使开挖尽可能减少对围岩平衡造成的破坏，围岩尽最大可能只承受自身应力，现场实践验算，确定采用局部分段开挖浇筑，每开挖宽2m、高1.2m及时进行柔模局部浇筑，使柔模紧贴围岩抑制围岩侧应力加大，有效地保证了围岩的相对稳定状态，维持围岩平衡。

为防止岩壁土体滑移影响柔模浇筑混凝土厚度，局部开挖后铺设防水布打锚杆挂网（沿井帮钉上防水布，然后打锚杆挂网）做临时支护。第一模采用水平锚杆悬挂柔模，浇筑混凝土前在柔模竖向内植入钢管（1寸），钢管下端外露100mm。第二模以下柔模采用钢管上的短丝杠悬挂固定，下模钢管通过连接头与上模预留钢管连接，先将柔模穿过钢管，然后将短丝杠固定在管接头处，随后将柔模挂在丝杠上；最后柔模外侧挂设钢筋网，通过托盘螺母固定。通过这样一系列措施，有效地保证了柔模的顺利施工。

根据围岩情况合理布置柔模数量，有效控制井壁岩石片帮量，减少了混凝土充填，确保井壁科学合理厚度，及时观测调整、控制井壁与围岩摩擦力，保障了井筒整体稳定性。

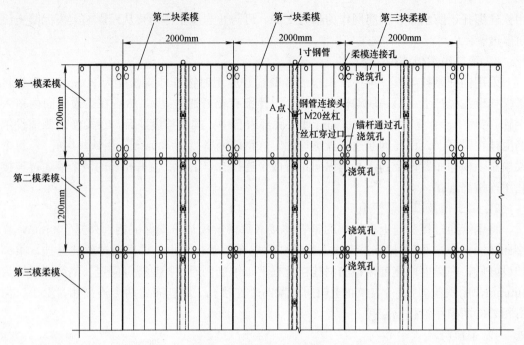

图 3-4　柔模施工平面图

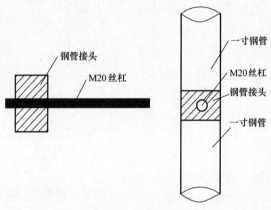

图 3-5　A 点放大图

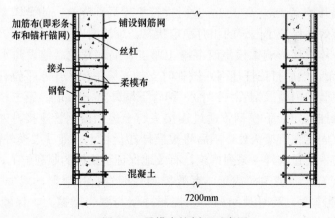

图 3-6　柔模支护剖面示意图

（3）施工总结

该技术通过在不稳定岩层井筒中成功应用，施工中创造出了良好成绩，梅花井煤矿回风立井劳动组织采用综合施工队形式，井下实行四个专业化班制作业，地面辅助人员采用"三八"制作业，同时设立各个包机组进行设备的检修工作；在柔模技术应用前，由于井筒涌水较大，增大了混凝土的浇筑难度，井下四个班组之间循环较慢，地面辅助人员设备维修难度增大，各班组之间施工循环，同时更使得井筒的排水压力很大，也无法保证施工质量。该煤矿回风立井井筒含水层段采用柔模技术施工后，大大地缩短了各班组之间的循环时间。

柔模技术应用于该煤矿回风立井含水层共历时 14 天，成井 33.3m，施工柔模 28 圈，控制片帮量 630m³，安全率达 100％。施工后含水层段涌水量 3.6m³/h，实践证明采用柔模施工含水层不稳定岩层是经济可行的。此技术在不稳定岩层井筒中应用解决了在涌水量大地质岩性差的情况下安全快速高质量的施工难题，优化了劳动组织管理，解除了多种安全隐患，提高了施工速度，降低了生产成本，减少了设备的租赁费用和人工费用，确保了安全生产。

2. 斜井井筒临时支护质量控制

近年大型煤矿斜井井筒施工速度较慢，尤其是面对含水不稳定岩层段的施工，如考虑冻结，施工工期较长，费用增加。通过分析井筒围岩变形原理，采用钢轨桩柱注浆加固、前探螺纹钢和金属撞楔超前支护、碎石置换底板黄土综合技术，保证了斜井井筒顺利通过含水不稳定层。

禾草沟煤矿一号回风斜井井筒斜长 600.7m，倾角 $\alpha = 20°$，井筒断面为直墙半圆拱形，净宽 5500mm，净高 4350mm，墙高 1600mm，净断面 20.7m²。井筒 32～110m 为表土暗挖段，掘进宽为 6400mm，高为 5400mm；暗挖段采用 U29 型钢架棚＋混凝土支护，支架间距 800mm，混凝土支护厚度 450mm，强度 C30，混凝土铺底厚度 400mm，强度 C20。

2010 年 12 月 25 日 0 时，在施工斜井井筒暗挖段 32～47m 时，按照设计要求，架设 U29 型钢架棚，喷射混凝土进行临时支护。12 月 26 日 8 时，斜井井筒暗挖段 32～47m 巷道（20 架 U29 型钢架棚）两帮变形严重，顶板下沉量大，导致施工过的暗挖段 32～47m 巷道报废。在对 20 架 U29 型钢架棚进行变形量监测，其变形曲线如图 3-7 所示。

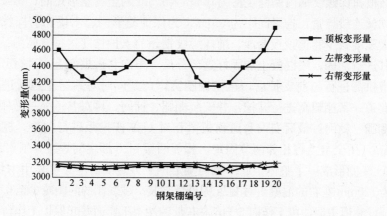

图 3-7　支护 32h 后斜井井筒暗挖段 32～47m 钢架棚顶板和两帮变形曲线图

从 20 架 U29 型钢架棚变形曲线上可以看出，钢架棚最大变形速度为 154mm/h，平均变形速度为 112mm/h。通过取土样试验分析发现，该段系松软湿陷黄土地层，含水饱和后（含水量达 30％）摇振有水析出，扰动成橡皮泥状。经实际揭露地层分析，此段原为河沟分布，东侧山体滑坡时存有大量积水，下层为不渗水的红黄土层，故该段松软湿陷黄土地层含水饱和。

（1）施工工艺

鉴于该段井筒两帮变形严重，顶板下沉量大，为确保井筒安全顺利通过该特殊地层，经过分析井筒围岩变形原理，决定先采取钢轨桩柱注浆施工措施提高斜井井筒东侧（左帮）围岩强度和底板硬度；然后采用前探螺纹钢和金属撞楔（配木板）超前支护；再对斜井井筒底部松软湿陷黄土地层进行置换，铺设胞腔袋，在底板增设横梁；最后及时浇筑混凝土进行永久支护。

1）钢轨桩柱注浆施工

先对井筒进行土方回填，然后在掘进断面外两侧 500mm 处使用钻机打孔，孔间距为 400mm，下放 30kg/m 钢轨支撑，再注水泥浆。所有的注浆孔打完并注浆后，先挖去明槽顶部多余的土层（顶板以上 500mm 为宜），在两侧钢轨上以 20°坡（与斜井井筒坡度一致）焊接 24kg/m 钢轨，用 U29 型钢以 1m 的间距连接两侧的钢轨，并与钢轨焊接，使其形成一个整体，共同抵抗两侧压力。钢轨连接时，要使钢轨背紧打牢并焊结实，以防虚接。

2）前探螺纹钢超前护顶

对井筒巷道采用短挖掘、多前探、多木板、多铺网、多段喷的方式进行前探螺纹钢超前护，并同步架设顶法架设 U29 型钢，能有效减少空顶距和空顶时间。自任意一帮拱基开始沿巷道轮廓线向上超前护顶至另一帮拱基处，禁止巷道左右帮同时进行挖掘和支护，以防开挖后巷道围岩失去原有稳定性造成冒顶、片帮。采用手镐在巷道一帮拱基处沿巷道施工方向掏槽孔，孔深 0.8m，再将第 1 根 ϕ22mm 螺纹钢插入掏槽孔中，螺纹钢后端焊接在掘进工作面第一架 U29 棚上，然后沿巷道轮廓线向上每隔 0.5m 宽打掏槽孔，并按此步骤再焊接 1 根螺纹钢在 U29 棚上进行前探支护，在 2 根前探螺纹钢上方随挖土宽度达到一块木板宽时，及时用规格为 0.5m×0.2m×0.04m 的木块在 2 根前探螺纹钢上方接顶并加牢后，在 2 根前探螺纹钢内侧铺规格为 0.5m×0.5m 的金属菱形短网，螺纹钢与菱形网之间用 8 号铁丝连接拧紧，拧紧间距为 0.1m。为保证菱形网、木块和前探螺纹钢之间的整体性，最大程度减少巷道顶板漏沙，前探螺纹钢超前支护长度达一节棚梁长时，应及时喷混凝土对其进行加固，喷混凝土加固好这部分后，再向巷道拱部上方进行开挖，按此步骤逐步对巷道拱部进行超前支护后，再挖棚腿窝，严禁同时对巷道左右帮进行棚腿窝开挖，应先对巷道一帮棚腿窝进行开挖，并安装棚腿、铺网，再对巷道另一帮棚腿窝进行开挖，并安装棚腿、铺网，最后安设巷道顶板梁和对 U29 棚排距进行调整，棚梁每节搭接不小于 350mm，用全卡兰将相邻两节固定，相邻两架 U29 棚之间焊接 6 条 ϕ28mm 圆钢使前后相邻的 U29 棚形成一个整体，U29 棚与菱形网下方之间的空隙可采用木块压实充填，并喷射厚度为 120mm 左右的混凝土对 U29 棚进行封装。U29 棚的间距减少至 0.5m，并严禁 U29 棚前空顶，巷道中部预留工作面 2.5m 左右长的沙土工作面并起保护工作台的作用。

3）金属撞楔（配木板）超前支护

如果前探螺纹钢对井筒巷道顶板进行超前支护后，巷道顶板下沉量依旧比较大，应马上采用金属撞楔对巷道顶板进行超前支护。即在工作面顶板第一和第二架 U29 棚之间安装金属撞楔进行超前支护，并采用木块对金属撞楔上方进行接顶并压牢。金属撞楔采用 1.8m 左右长的 ϕ28mm 圆钢或寸半钢管加工制成，安装间距为 0.4m 左右。安装金属撞楔时，对巷道顶板土层的扰动程度应控制在最小范围内。金属撞楔超前支护长度达一节棚梁长时，应及时喷混凝土对其进行加固，喷混凝土加固好这部分后，再按此步骤依次在巷道拱部向上安装金属撞楔和喷混凝土加固对其进行超前支护。超前支护完成后，应立马架设 U29 棚，并在金属撞楔与 U29 棚之间挂 50mm×50mm 金属菱形网和安装背木板，最后再次喷混凝土对 U29 棚进行封装。

4）浇筑混凝土支护

进入暗挖段后，将 U29 棚间距由原来 800mm 改为 500mm，以增加支撑两侧的压力。每掘进 600mm，立即架设 U29 型架棚，棚间距为 500mm。架设 3 架棚后，及时浇筑混凝土进行支护。

5）底板松软湿陷黄土地层置换处理

顶部钢轨和 29U 型架设完后，人工挖底 800mm，进行底板砂土置换，置换加固示意图如图 3-8 所示，具体工艺如下：

① 胞腔袋（编织袋里装上 25kg 级配为 20～40mm 的碎石）倒立压实后，紧密地铺在底板上。

② 铺上两层胞腔袋后（300mm），用 24kg/m 的钢轨横向以一对一，逐个地将左右两侧的钢轨分别背紧打实并焊接。

③ 钢轨之上再铺设两层胞腔袋（300mm）。

④ 胞腔袋以上用 M7.0 的 200mm 片石砂浆进行浇筑。使底部钢轨与两侧和顶部 U29 型钢成为一个钢框架，起到抵抗两侧压力和承受井筒自重的作用。

⑤ 最后用 M7.0 的砂浆片石铺底 200mm，并浇筑混凝土进行支护。

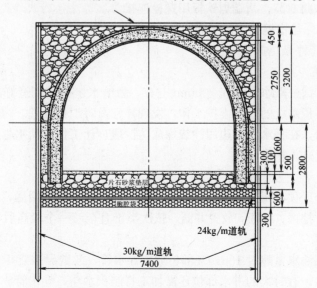

图 3-8　斜井井筒底板置换加固示意图

（2）施工总结

禾草沟煤矿一号回风斜井井筒暗挖段 32～47m，采用钢轨桩柱注浆加固、碎石置换底板黄土、前探螺纹钢超前护顶、金属撞楔（配木板）超前护顶综合技术，使井筒安全快速地通过了含水不稳定层（巨厚松软湿陷黄土层），验收优良率 100%，为类似地层条件下井巷施工积累了丰富的经验。

3. 井筒过流砂层施工质量控制

井筒过流砂层施工一直是影响井筒施工进度和井筒质量的技术难题。目前，过流砂层井筒施工可供选择的方案有冻结法、沉井法、降水板桩法、帷幕、注浆等。上述单一的施工方法由于施工费用高（如冻结法）、井筒抗渗和稳定性差（如降水板桩法）和对风积沙层涌水量大适应性差（如沉井法、注浆法）等原因无法解决井筒施工过流砂层问题。

某煤矿主、副井位于工业广场内，井筒间距 46m，主井井深 556.5m，井筒净直径 4.5m，表土段深度 88.7m，表土段壁厚 600mm，双层钢筋，竖筋采用 $\phi20mm$ 钢筋，环筋采用 $\phi18mm$，间距均为 300mm×300mm。连接钢筋采用 $\phi10mm$ 圆钢，间距 600mm×600mm，钢筋混凝土标号为 C40。副井井深 558.5m，井筒净直径 5.5m，表土段深度 86.5m，表土段壁厚 700mm，双层钢筋，竖筋采用 $\phi20mm$ 钢筋，环筋采用 $\phi18mm$ 钢筋，间距均为 300mm×300mm，连接钢筋采用 $\phi10mm$ 圆钢，间距 600mm×600mm，钢筋混凝土标号为 C40。

根据井筒检孔资料显示，主井 -40.7～-33m 为细砂层，涌水量为 90m³/h；-53～-40m 为粗砂层，涌水量为 330m³/h。副井 -44～-30.8m 为细砂层，涌水量为 35.6m³/h；-48.8～-44m 为粗砂层，涌水量为 260m³/h。

为解决冻结法施工工期长、成本高的难题，采用金属井圈沉井法成功通过了流砂层。

（1）施工工艺

1）施工前准备

① 加工钢圈。材料选用 14 号槽钢，按大于井筒掘进半径 150mm 加工成弧形，每节长 3.14m，每道井圈 6 节，两端焊铁板用螺栓连接。

② 刃脚采用 20 号槽钢加工改制而成。

2）主要施工工序及措施

① 做好积水坑

由于井底工作面一般水深都在 300mm 左右，为给水泵排水创造好的条件，根据井下特殊情况要求做好积水坑的挖掘维护工作，发现异常及时汇报处理。为防止工作面流砂大量涌，进积水坑内，在积水坑周边用沙袋垛成防沙堰，让工作面涌水越过沙袋进入积水坑内，而流砂不至于进入积水坑。

② 顶压钢圈

随挖掘随用千斤顶在每节钢圈上加压，当挖掘深度够一层钢圈后，即可自上而下逐节放置井圈，然后再挖掘、加压，放置井圈，依次类推直至够一个段高后，再绑扎钢筋。

③ 放置导水管

钢筋绑扎前在涌水量超过 10m³/h 部位放置导水管，放置导水管于钢圈内侧，钢筋外侧经滑模底部导出，有时大的淋水部位还需加工特制积水斗，导水管放置不好对混凝土质量影响极大，导水管放置对在流砂及含水层中施工尤为重要。

④ 混凝土的配合比调整

由于在砂层中施工，井筒涌水量大及井壁淋水量较大，按常规混凝土配比难以达到设计混凝土标号，为此将同标号水泥由 380kg/m³ 增加到 460kg/m³；用水量由原来的 178kg/m³ 减少到 140kg/m³，减水率 27％。其他的不变。

⑤ 放置花式导水管

花式导水管多采用厚皮 PVC 管，长度依段高而定，基本长度大于段高 0.7～1.0m 左右，底部 1m 可不钻孔，2～3m 部位可交叉钻 $\phi16$～$\phi20$mm 孔径，孔径排距及间距 100～150mm 为宜。

⑥ 地面打降水小井

由于井筒内空间有限，给施工及排水工作带来了一定困难，为此在副井东侧 8m 打一眼深 58m、直径 350mm 的降水井，西侧 10m 处打一眼深 56m、直径 350mm 的降水井。并在两眼降水井内各安装 2 台流量 50m³/h 的潜水泵，为井筒施工及排水工作创造有利条件。

⑦ 其他施工措施

A. 施工前应将井底工作面开挖至设计高度及宽度，具备放置井圈条件时，井圈方可入井。

B. 放置井圈时先放刃脚，后放井圈，自下而上逐层放置。

C. 由于井筒南北两侧含沙率及硬度不同，施工时应先开挖北侧，待北侧开挖到设计高度后，再由北向南逐段开挖，然后由最顶层放置千斤顶加压。

D. 最顶层放置千斤顶应均匀布置，均匀加压。

E. 井圈连接不但要水平连接好，垂直连接也应连接好，全部连接好后方可加压。

F. 加压时 6 台千斤顶应同时加压，同时停止。

（2）施工总结

该施工技术解决了长期以来只能依靠冻结法施工过流砂层而带来的工期长、费用高的技术难题，创新了凿井技术，该项技术适应性强，具有一定的应用推广价值。

根据该矿井实际情况，如果采用冻结法施工，冻结深度至少 96m，从冻结准备期到井筒开挖至基岩至少需要 270 天，而采用金属井圈沉井法施工，从开挖到接触基岩实际只用 103 天。按冻结深度 96m 计算，两个井筒冻结费用将达 3456 万元，而采用该项技术后实际只用 1112.8 万元，节支 2343.2 万元。

3.2.3 巷道施工质量控制

某煤矿井田采取综合开拓方式，主、副井为斜井，进风井、回风井为立井。现招标 +400 水平运输大巷工程，大巷全长 2300m，采用锚网喷支护，合同约定前期 500m 巷道，由于副斜井与井底车场没有贯通，要通过进风井罐笼提升（采用炮掘），剩余 1800m 等副斜井与井底车场贯通后由防爆胶轮车通过副斜井运输（采用综掘）。要求炮掘每月不得少于 100mm，综掘每月不得少于 200m。要求工期为 425 日历天。经过招标某施工单位中标，合同约定业主将对工期进行考核。施工单位若未在合同约定的工期内完成全部施工任务（含工程质量问题引进的工程返修、修整及施工设备回辙等），施工单位向业主支付逾期完工违约金 10000 元/天，因施工进度未按施工进度计划完成总工期目标而引起的业主损失由承包商承担。工程完工工期比合同约定工期提前，业主没有针对施工单位的奖励。

施工单位从2011年2月1日开始进场施工，施工方法为前期500m长巷道采取STB-180型扒渣机配合1t矿车及5t蓄电池式电机车运输。剩余1800m采用EBZ-200型综掘机掘进，配合防爆胶轮车运输，经过435天后经竣工验收合格。

在施工工程中发生以下事件：

（1）由于其他单位施工的副斜井贯通时间比计划推迟了15天，致使综掘机安装时间比计划推迟15天。

（2）施工4个月后抽查巷道质量检验记录发现，巷道施工的锚杆数量、锚固力、间排距、布置方向以及喷射混凝土强度、厚度等检查内容均合格。但直观检查发现，局部有严重变形，喷射混凝土离层剥落，锚杆托板松动（部分在工作面附近位置），且喷层普遍不平整等现象。用1m靠尺测量，最大凹凸量达320mm。现怀疑锚杆锚固力不足，抽查检验了20根锚杆锚固力，测得结果如下表3-3。

巷道施工锚杆锚固力检验记录　　　　　　　　　表3-3

锚固力(kN)分组	统计组数							锚固力(kN)			
	≤69.9	70～73.9	74～77.9	78～81.9	82～85.9	86～90.9	≥91	最小值	最大值	平均值	标准差
分组排序	1	2	3	4	5	6	7	68	104	83	6
西大巷	1	4	3	4	2	4	2				

（3）施工到10个月时迎头施工经常出现垮落现象，且迎头向后30m范围内喷体开裂，顶板下沉。经勘查发现顶板以上700～1700mm范围内为泥岩，锚杆长度为1800mm达不到有效支护。矿方下发变更通知单将原来锚杆型号由φ18mm×1800mm，间排距为800mm×800mm，变更为锚杆型号为φ20mm×2200mm，锚杆间排距为700mm×700mm。

（4）矿方由于改变供电线路，需要停电，停电过程中迎头停止施工。累计停工时间为48h。

1. 巷道施工质量要求

（1）基岩掘进断面规格允许偏差应符合规范要求。

（2）巷道净宽：中心线至任何一帮距离不小于设计+150mm。

（3）巷道净高：腰线上、下不小于设计规定的+150mm。

（4）喷射混凝土所用水泥、水、骨料、外加剂的质量应符合施工组织设计要求。

（5）喷射混凝土的配合比和外加剂的掺量应符合现行国家标准。

（6）喷射混凝土的抗压强度应符合有关规定。

（7）喷射混凝土厚度必须全部达到设计要求，局部不小于设计值的90%。

（8）锚杆的杆体及配件的材质、品种、规格、强度必须符合设计要求。

（9）锚固剂的材质、规格、配比、性能必须符合设计要求，锚杆安装应牢固，托盘紧贴壁面、不松动，锚杆的拧紧扭矩不得小于100N·m。

（10）锚杆的抗拔力最低值不得小于设计值90%。

（11）锚杆的间距、排距的允许偏差为±100mm。

（12）锚杆孔的深度允许偏差应为0～50mm。

（13）锚杆布置必须符合设计规定，锚杆与巷道轮廓线的角度不小于 75°。

（14）锚杆外漏长度不应大于 50mm。

2. 巷道施工索赔管理

（1）由于合同约定前 500m 使用炮掘施工，工期要求 5 个月，因副斜井贯通时间比合同时间延迟 15 天，特要求工期索赔 15 天。

（2）由于设计变更锚杆间排距由 800mm×800mm 至 700mm×700mm。全长 100m，共多施工锚杆 500 根，墙体锚杆数量占巷道整体锚杆数量的 1/2。

工期索赔：$100÷200×30×(4500÷4000)×(2500÷1800)-100÷200×30≈8.5$ 天

（3）由于停电工期索赔：2 天

工期索赔为 $15+8.5+2=25.5$ 天。

综合以上情况，施工单位工期索赔要求为 $15-(15÷30×100)÷200×30=7.5$ 天。

3. 巷道施工质量管理

该巷道施工锚杆拉拔力直方图如图 3-9 所示。

锚固力施工的工序能力指标为：

$$工序能力指数\ C_p=\frac{最大值-最小值}{6×标准差}$$

对于运输大巷大巷的施工，其工序能力指数计算结果为 33，大于通常要求的值 30，说明该巷道施工队伍的操作技术水平较稳定，操作水平差异小，操作规范。

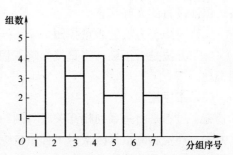

图 3-9　巷道施工锚杆拉拔力直方图

对于巷道施工来讲，质量控制的原则是：质量控制本着坚持质量第一，坚持以人为核心，坚持预防为主和坚持质量标准的原则，保证工程质量合格。质量控制的依据如下：

（1）工程施工合同文件。

（2）施工组织设计。

（3）施工图纸。

（4）井巷工程施工验收规范。

（5）有关材料及制品质量技术文件。

（6）各种国家及行业标准。

（7）工程项目检验及质量评定标准。

（8）控制施工工序质量等方面的技术规范等。

影响巷道施工质量的影响因素及控制措施主要包括：

（1）对人的质量控制

在工程质量形成的过程中，认识决定性的因素，诸如管理者的资质，施工单位的资质、操作者的素质等，都会对工程质量造成影响。

为了保证工程质量，成立了以项目经理为第一责任人的质量管理机构，制定了质量方针和质量目标。项目部对任务进行了分析，确定所要求的技术，选择和培训了合格的人员，选用了适宜的设备和程序，并明确了各个岗位在质量目标管理中的责任。

（2）测量控制

利用矿方提供的近井点标定巷道方位及标高，在施工巷道内标定巷道中心线及腰线，测量人员定期对巷道中心线和腰线进行校核，以确保其正确性。

在巷道掘进和支护（喷浆或稳模浇筑）前，按照巷道中心线及腰线进行轮廓尺寸校正。

（3）对材料的质量控制

材料质量控制的要点是：订货前样品检验，材料的出厂合格证检验，材料的质量抽查，材料鉴定的抽样，半成品的检验，材料的配合比及试验等。

（4）对机械设备的质量控制

按设备进场计划进行施工设备的采购、租赁和调配；现场的施工机械必须达到配套要求，充分发挥机械效率。

对机械设备操作人员的资格进行认证，持证上岗。机械设备操作人员使用和维护好设备，保证设备的完好状态。

（5）对施工方法的质量控制

施工方法是否正确，将直接影响工程质量、进度和造价，关系着项目控制目标能否顺利实现。

（6）工序控制

施工过程是由一系列相互关联与制约的工序所构成，工序是人、材料、机械设备、施工方法、环境和测量等因素对工程质量综合起作用的过程，所以对施工过程的质量监控，必须以工序质量监控为基础和核心，落实在各项工序的质量监控上。

施工过程中质量控制的主要工作是：以工序控制为核心，设置质量控制点，进行预控，严格质量检查和成品保护。

（7）施工检测

钢筋、水泥、添加剂、防水剂复检，砂、石含泥量、混凝土配比检测：由建设单位指定的检测单位进行检测和配制。不合格产品严禁使用，严格按有关单位给定的配比进行配制混凝土；

巷道混凝土强度检测：每浇筑 30～50m 或 30m 以下的独立工程取一组（3 块）规格为 150mm×150mm×150mm 立方体混凝土试块，喷射混凝土试件每浇筑 30～50m 取一组（3 块）试件，在建设单位指定的检测单位的试验机上进行抗压强度检测；

巷道混凝土平整度的检测：采用 2m 直尺量测检查点上最大值，不得超过 10mm；

巷道混凝土接茬的检测：采用直尺检查一模两端，接茬最大值不得超过 15mm；

巷道喷射混凝土平整度的检测：采用 1m 直尺量测检查点上最大值，不得超过 50mm。

3.3 井巷施工安全管理案例

3.3.1 立井井筒施工安全管理

1. 工程概况

某矿井设计生产能力 5.0Mt/a，主、副、风三井同在一个工厂内，采用立井开拓方式，覆盖于煤系地层之上的新生界松散层较厚。

其主井井筒净径 7.5m，全深 980m，表土厚度 430m。表土及基岩风化带采用冻结法施工，冻结段深度 570m；基岩段采取工作面地面预注浆防治水措施后，采用钻爆法施工。

表土段采用掘砌混合作业方式，使用整体下行式金属活动模板配铁刃角架砌壁，固定段高 2.0m、3.6m。套内壁使用组装式大块金属模板砌壁；基岩段采用短段掘砌混合作业方式。中深孔光面爆破，一掘一砌，掘砌段高 3.6m。

矿井为煤与瓦斯突出矿井。施工中要揭两个煤层。

本工程在施工过程中曾发生两起安全事故：

（1）在套内壁过程中，发生了崩模事故，混凝土冲击辅助盘，造成辅助盘工作人员两人坠入井底。

（2）在冻结段进行夹层注浆时，内壁厚度为 500mm，当打钻钻进 500mm 时，发生了透水，造成淹井事故。据事后分析，该钻孔正好位于外壁接茬处，钻透内壁后钻孔直接与流砂沟通所致。

2. 防突措施与防治水原则

（1）煤矿"四位一体"的内容

1）突出危险性预测。

2）防治突出措施。

3）防治突出措施效果检验。

4）安全防护措施。

（2）防治水工作原则和措施

立井井筒施工防治水工作原则和措施是：坚持预测预报、有疑必探、先探后掘、先治后采的原则，采取防、堵、疏、排、截的综合治理措施。

3. 立井套内壁崩模事故的预防

（1）模板强度必须经过精确计算，模板质量必须严格把关，以保证满足规范要求。

（2）混凝土必须严格按照设计配比，选用合格的材料，特别是加强外加剂和水的准确计量的管理。

（3）模板设计时应考虑互换性，两块接头板拼装后应和其他模板尺寸及螺孔一致，立模时模板缝上下错开，接头板每次以 90°错开。

（4）禁止外部水源进入混凝土：采用溜灰管下料时，冲洗溜灰管水严禁进入模内。冻结井套内壁除霜时，要对已浇混凝土进行覆盖。非冻结井套内壁，如有淋水，应隔段在工作面上方 30m 以内设置截水槽。

（5）禁止多模同时浇筑。

（6）计划任务要安排合理，在施工措施中明确并严格执行。

（7）混凝土浇筑及振捣的过程中，应设专人观察下部模板是否变形，特别是第三、四、五节模板。

（8）辅助盘工作人员必须佩戴保险带，保险带生根点必须独立于辅助盘，而生根于永久吊盘。

（9）模板立模时所有扣件必须上齐，并设专人进行检查管理。

4. 主要教训

(1) 施工外壁时，接茬应尽可能密实。特别是砂层位置。

(2) 布置钻孔应根据施工记录，避开外壁接茬位置。

(3) 钻孔时应留 50～100mm 不穿透内壁。待安装孔口管后，再使用小钻头穿透内壁。

3.3.2 立井井筒瓦斯抽放及注浆综合揭煤安全管理

1. 工程概况

某矿北翼回风井为矿通风系统改造项目井，采用普通钻爆法施工，回风井井筒于 2007 年 1 月 18 日开始施工。风井工业广场距离中央副立井约 6.5km，地面标高＋1014m。回风井筒设计深度 583m，井筒直径 7.0m，表土段井筒支护为钢筋混凝土，基岩段为素混凝土支护，混凝土厚度 500～800mm。

井田主要含煤地层为石炭系上统太原组和二叠系下统山西组，含煤地层总厚 157.02m，共含煤 17 层，煤层总厚 19.42m，其中可采煤层总厚 15.4m。山西组可采煤层有 2、3、4、5 号煤层，太原组有 6、8、9、10 号煤层。主采层 4 号煤层，层理和节理较为发育。

根据地质报告提供的各煤层瓦斯含量资料和矿井瓦斯含量、涌出量的测试研究报告，该风井位置地质构造简单，为宽缓背斜一翼，倾角 7°～12°，倾向西南向。附近未发现断层构造。

根据检查孔采样分析成果，3＋4 号煤瓦斯含量为 7.86ml/g，其中 CH_4 成分占 83.86％；5 号煤瓦斯含量为 7.52ml/g，其中 CH4 成分占 85.55％，属沼气带。

根据相关文件的批复，该矿井绝对瓦斯涌出量为 225.15m³/min，矿井相对瓦斯涌出量为 52.12m³/t，为煤与瓦斯突出矿井，4 号煤层为突出煤层。5 号煤层瓦斯含量较大，瓦斯压力高，该矿将 5 号煤层按突出煤层管理。

2. 揭煤总体方案制定

该风井井筒揭煤从安全技术观点来看，主要特点是井筒揭穿的煤层层数多、煤层厚度相差大、煤与瓦斯突出危险性大、井壁淋水及钻孔涌水量大等。

总体方案制定主要考虑安全性原则和根除突出危险性原则。为确保井筒施工的安全，不允许直接采取诱导突出的技术措施。为了防止井口瓦斯超限，采用预先抽、排瓦斯技术，控制瓦斯涌出，自动检测，人工检查瓦斯浓度。加大送风量，尽量减少瓦斯相对含量。消除突出危险的范围，对于沙曲矿的 3＋4 号及 5 号煤层，井筒掘进断面外的宽度不得小于 5m。

在保证绝对安全的前提下，尽量缩短揭煤工期，我们根据各个煤层特点按如下方案进行揭煤管理。

(1) 1 号、2 号煤层揭煤方案

1 号、2 号煤层厚度分别预测为 0.2m、0.4m，两层煤间隔 9.68m，按突出煤层管理。本设计采取对该两组煤进行一次超前打钻联合探煤工序。在井筒施工距 1 号煤层法距 10m 时，打 2 个超前钻孔，1 号煤层和 2 号煤层应采用取芯钻，分别取样，探明煤层准确位置、厚度和地质构造，在确定无地质构造的情况下，采用远距离震动爆破揭穿各煤层。

（2）3＋4号、5号煤层揭煤方案

3＋4号煤层和5号煤层的煤厚分别为4.43m、4.38m，由于3＋4号煤层离5号煤层较近，间隔3.6m，因此将揭3＋4号、5号煤作为一次性设计，采取对该两组煤进行一次超前打钻联合探煤，分煤层超前打钻测定各煤层瓦斯压力的施工方案，但3＋4号煤层和5号煤层应分别采用取芯钻采取煤样，并采用综合指标瓦斯压力和D、K值法预测各煤层突出危险程度。以煤炭科学研究总院抚顺分院本次对煤层参数测定和分析结果为依据，决定是否采取瓦斯抽放或瓦斯排放措施，经措施效果检验符合要求后，分煤层采用放震动炮揭穿各煤层，在揭透3＋4号煤层后，再掘1.5m（保持与5号煤层岩柱厚度有大于2m），重新打炸药孔采用放震动炮揭穿5号煤层。

（3）6号上煤层揭煤方案

6号上煤层煤厚0.5m，按突出煤层管理，揭煤前需提前探煤和测定煤层压力。6号上煤层煤厚薄，将探煤孔兼作测压孔一同设计，经瓦斯排放各项指标符合要求后，采取震动炮一次揭穿煤层。

3. 瓦斯抽放施工

根据该矿瓦斯参数测定及分析结果，抽放钻孔范围应在煤层（底板位置）距井筒荒径以外5m范围，抽放有效半径为2.5～3.0m。按照抽放范围由各煤层距井筒荒径外5m处、钻孔终孔间距不大于4m的原则，合理均匀布置抽放孔，钻孔直径90mm。回风井井筒荒径8m，抽放钻孔具体设计要求及参数如下：

（1）5号煤抽放孔32个，终孔深度为穿过5号煤底板0.5m。

（2）3＋4号煤抽放孔49个，除上述32个钻孔穿过3＋4号煤与5号煤联合抽放瓦斯外，对3＋4号煤另增加1圈外圈孔，终孔深度为穿过4号煤底板0.5m；外圈孔终孔圈径18m，开孔圈径7.0m，孔数17个，终孔间距约3.3m。

钻孔施工采用DZ-100潜孔钻机，钻孔直径90mm，后改为ZWY62/90型矿用移动泵（两台，一台工作，一台备用），该泵的优点是性能稳定，使用方便。

该回风井从9月17日开始施工抽放孔，至11月6日止停止抽放，总抽、排瓦斯量52275m³，实际抽排放率约49.1%。

4. 防突措施效果检验

回风井10月22日停止抽放，施工效果检验孔，进行防突措施效果检验。用钻机分别对3＋4号煤、5号煤打效果检验孔，测定煤层瓦斯压力和Δh_2值，施工4个测压钻孔作为检验孔，打钻采用DZ-100型钻机，孔径为90mm，钻孔穿透煤层并进入煤层底板不小于500mm。检验孔位于抽放孔之间，为保证测压效果，测压孔距抽放孔之间距离不小于1m，其终孔位置距井筒荒断面轮廓线外2～4m处。

由防突措施效果检验结果显示：1）3＋4号和5号残存瓦斯压力$P_残$小于0.74MPa；2）钻屑瓦斯解吸指标法Δh_2（湿煤）小于160Pa；经效果检验两项指标均在临界值内，防突措施有效。

5. 煤体注浆加固封堵技术

当抽放达到规定要求后，为安全、尽快揭过煤层，合理解决煤体松软、煤层外围瓦斯压力影响的问题，利用注浆泵通过最外两圈抽放钻孔对3＋4号和5号煤层进行高压注浆。为提高封闭圈的强度，封孔、注浆前，在孔内预埋钢筋。

注浆后，发现抽放孔范围以外的校检孔显示的瓦斯压力比注浆前有所升高，而抽放孔范围以内的校检孔显示的瓦斯压力比注浆前则有所下降，说明注浆对封堵外围瓦斯有效，大大降低了外围瓦斯压力对揭煤的安全威胁程度。

6. 揭煤震动爆破

瓦斯抽放经效果检验确认防突措施有效后，先正常掘进一炮，当放炮掘进至 3＋4 号煤层上覆岩柱 2m 处，开始采取震动放炮，每循环爆破进尺 3.8m。第一次揭露 3＋4 号煤厚度为 1.8m，剩余部分（2.7m）仍采用震动放炮揭至 3＋4 号煤底板 1.1m 处。至此，工作面距 5 号煤层 2.5m，再按上述办法放震动炮揭过 5 号煤层。

自 3＋4 号煤层上覆岩柱 2m 起按上述放炮步骤至 5 号煤层底板处，累计深度 14.5m，按每循环爆破进尺 3.8m，分 4 个循环揭过 3＋4 号和 5 号煤层。

回风井于 2007 年 11 月 17 日中班揭 3＋4 号煤层，揭露煤层 1.3～2.0m，瓦斯传感器显示炮后井筒回风流中瓦斯浓度为 1.46％，放炮 30min 后，瓦斯浓度降到 0.5％；放炮 24h 后，经检查、分析确认安全后，清理出矸，采取临时支护和永久支护；揭露 5 号煤层时的瓦斯浓度为 1.58％；共通过 4 个循环震动爆破，至 11 月 26 日，安全揭过 5 号煤层。

通过对该回风井井筒 3＋4 号和 5 号煤层采取的联合瓦斯抽放、煤体注浆加固、震动爆破分层揭煤等防突手段，消除了煤层突出危险性，从而保证了两个井筒揭煤工作的进度和安全，按计划完成了本项目任务。

3.3.3 巷道施工揭露断层安全管理

1. 工程概况

某煤矿南翼胶带机大巷，2009 年揭露断层后，由于该断层地压大、地温高、岩性极为破碎，掘进和支护十分困难，施工前，矿方已对巷道进行了地面预注浆、超前导硐、注浆加固等施工。由于地面预注浆挤压以及本身上部松散岩体的自重产生以下变化：

（1）巷道内的岩体发生蠕动，而使巷道内的实体揭露的煤体与预想的剖面差异较大。从现已揭露的情况分析，未掘进段内的松散岩体已蠕动。

（2）由于注浆封堵和挤压作用，可能存在大量的煤包、瓦斯包、水包以及煤、瓦斯、水的混合包体。

根据实测资料、三维地震勘探资料、前探资料、钻孔资料分析，掘进过程中不会揭露大的地质构造，本次掘进段处于两个断层之间，小断层及构造异常发育。两个断层影响带内岩石破碎，泥化，崩解。遇水泥化，巷道变形大，巷道难以支护、变形、底鼓严重。水文地质条件、工程地质条件、瓦斯地质条件复杂。受断层影响，岩层产状变化较大，对掘进会产生很大影响。

为了顺利通过该断层，首先施工护棚开拓钻场，再采用跟管钻进全圆管棚施工方法来掩护掘进施工，随后架设全封闭 36U 型钢支架以及预制钢板高强度混凝土管片。

2. 巷道过断层破碎带安全管理

（1）巷道过断层破碎带施工的原则

1）首先探明断层是否含水。

2）根据工程类别、岩层条件和施工方法选择合理的临时支护形式，并在作业规程中规定。

3）确保巷道顶板自身的稳定性是巷道施工本质安全的关键。

4）掘进循环段长应能满足顶板岩石具有自稳能力；否则应缩小掘进段长。

5）采取缩短掘进段长措施顶板岩石仍没有自稳能力的，应采取超前支护措施。

6）采取超前支护无效的，应采取工作面预注浆进行加固处理。

（2）巷道过断层破碎带控制冒顶事故的安全管理措施

1）必须使用临时支护，临时支护必须安装牢固，材质和数量符合作业规程规定。

2）放炮后及时进行敲帮问顶，找净危岩、活矸的，在支护完成前安排专人随时对顶板进行观察。

3）有复合支护的巷道在复合支护完成前应进行变形监测并记录。

4）永久支护距工作面距离应符合规程、措施规定；支护失效立即采取有效控制措施。

5）架棚支护时应按设计使用拉杆，顶帮接实背紧。

3.3.4 巷道施工冒顶事故处理安全管理

1. 工程概况

某矿井按地质构造复杂程度属中等，矿井地质条件分类为Ⅱ类矿井。主采煤层为侏罗纪中统下段 2-1 煤和 2-3 煤，2-1 煤层厚 0～9.09m，2-3 煤层厚 0～25.16m，煤层硬度系数 f 为 1～2。2-1 煤和 2-3 煤直接顶为泥岩，底板为泥岩、砂岩及砂质泥岩。矿井为单一盘区集中生产，采用走向长壁倾斜分层后退式综合机械化采煤，自然垮落管理顶板。采面上下巷一分层均采用全断面锚网梁、锚索支护技术，已有近 8 年的煤巷锚网支护经验。

该矿井 2116 工作面为 21 盘区西翼自上而下的第 8 个工作面，上临 2114 采空区，下为 2118 未采区，西为以 F3 断层划分的井田边界，东为 21 盘区下山煤柱。该面走向长度 1755m，可采长度 1545m，倾斜长 161m。回采 2-3 煤一分层，2-3 煤在工作面中部分叉为 2-1 煤和 2-3 煤，工作面分叉区域采 2-1 煤，合并区采 2-3 煤一分层。2116 工作面上下巷均采用锚网梁（索）支护，沿顶板掘进。断面呈斜顶梯形，巷高 2.8m（巷中心高），巷宽 4.2m。顶铺金属网配 4.2m“W”钢带，每根钢带施工 6 根 $\phi22\times2250$mm 螺纹钢锚杆，每根锚杆配 CK2390 树脂药卷 1 卷，带距 0.7m。两帮施工 $\phi18\times2000$mm 钢筋锚杆，锚杆锚固端为麻花状，每根锚杆配 CK3550 药卷 1 卷，锚杆间排距 0.7m×0.7m。帮挂塑料网，上下帮各施工 6 根、5 根锚杆。锚索采用 $\phi15.24$mm 低松弛钢绞线，长 8m，外露 0.3m，配 1m 工字钢梁，锚索顺巷道布置 2 排，间排距为 1.5m×1.5m。该工作面 2003 年 11 月开始掘进，2004 年 9 月进行回采。

2. 巷道冒顶事故情况

2005 年 10 月该面回采至距切眼 670m 处，在 2116 下巷（转载机前）距工作面前 35m 处 987～1008 号钢带发生冒顶。随后自 990 号钢带下帮泵坑处开始由外向里顶板急剧下沉冒落，冒顶长度 18m，高 3.4～4m，宽 4～6m，巷道堵塞，无法过人，但仍能通风。所幸人员撤离及时，没有发生人员伤亡事故，详见图 3-10。

3. 巷道冒顶原因分析

冒顶事故处理后，经现场勘察巷道冒顶长度 18m（共 22 带），高 3.4～4m，宽 4～6m，呈长条形冒顶，冒顶高度超过顶锚杆锚固范围，但在锚索锚固范围之内，锚索多为拉断。经分析，冒顶发生有以下原因：

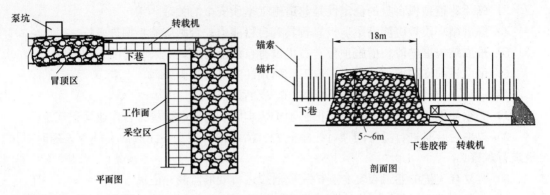

图 3-10　冒顶区示意图

（1）工作面推进至 2-1 煤与 2-3 煤合并带，顶板破碎、压力大，工作面推进慢，超前压力增大。

（2）该段巷道在掘进期间由于处于合并影响区巷道片帮严重，巷宽达 6m 左右（正常巷宽 4.2～4.5m）。工作面回采后该段巷道压力大，两帮变形严重，先后安排服务区队进行过两次扩帮，超宽处打木点柱加固。巷道顶板受多次修护及采动影响，完整性差。

（3）由于工作面积水，在巷道下帮 990 号带处开挖泵坑，泵坑开口十字头加固不牢，使巷道跨度进一步增大。

（4）超前支护长度不够，加强质量差。超宽处未加强支护。

（5）顶板有一弱含水层，受采动影响后顺顶板裂隙流下，影响了锚杆锚固力。

总体分析可知，巷道支护质量不符合要求，没有考虑到采动影响的严重性；同时支护质量差，不符合要求。

4. 巷道冒顶处理

（1）处理方案的选择

巷道冒顶事故发生后，矿方立即成立了抢险救灾指挥部，组织有关部门研究冒顶处理方案。经研究决定掐开下巷胶带，加铺 1 部 40t 输送机出矸，同时提出了两种处理冒顶方案。

方案Ⅰ，直接扒冒顶法。采用撞楔法处理冒顶，架设 4.0m×3.1m（梁腿）工字钢梯形棚，棚距 0.6m。边加固边处理，出矸架棚同时进行，强行通过冒顶区，见图 3-11。

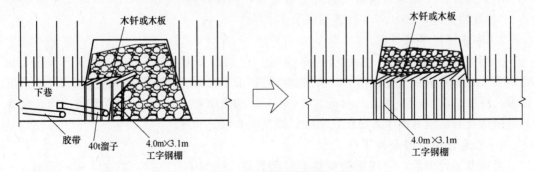

图 3-11　直接扒冒顶法

该方案优点是直接控制顶板，出矸量少；但缺点是冒顶区情况不明，冒落区没有有效控制，给冒顶处理及回采推进造成极大的隐患。

方案Ⅱ，控顶出矸架棚绞架法。首先分段扒冒顶出矸，离顶后打锚杆锚索控制顶板，并打木点柱加强，扒通后逐段自上而下锚帮出矸，后架 4.0m×3.1m 工字钢棚绞架背顶，见图 3-12。

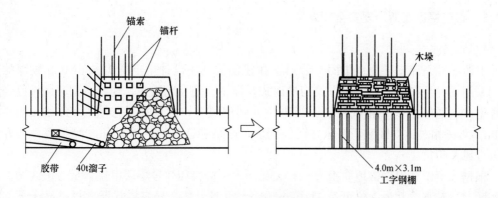

图 3-12　控顶出矸架棚绞架法

该方案优点是能有效控制顶板和煤墙，不影响回采安全；缺点是出矸量大，处理初期作业不安全。

最后经多方讨论及根据现场实际情况，决定采用方案Ⅱ。

（2）方案的实施

方案制定后，指挥部立即着手制定了施工安全技术措施和安排管理人员现场指挥抢险，并做了具体要求。

1）选择素质高、技术强的专业掘进队处理冒顶；

2）准备足够支护材料，保证处理连续性；

3）处理冒顶前先加固冒顶区两侧 20m 内巷道，采用 4.0m×3.1m 工字钢套棚加固，防止冒顶区扩大；

4）施工期间安排经验丰富的区队长跟班指挥施工；

5）加强自主保安意识，不安全坚决停工；

6）保证退路畅通；

7）严格控制施工质量。

5. 事故分析及教训

巷道冒顶事故处理结束后，矿方对事故进行了严肃认真的分析和追查，并对在用锚网巷道进行了排查和整改加固。总结和分析事故，有以下深刻教训：

（1）要加强锚网巷道的顶板离层监测工作，及时预报预测顶板离层情况，并安排处理；

（2）锚网巷道回采期间超前动压影响区要求加强支护，加固长度不低于 100m，加固抬棚不少于 3 道，并确保加固质量和效果；

（3）锚网巷道巷宽不得超过 4.5m，巷宽超过 4.5m 必须进行补强加固，如补打锚杆、锚索或点柱，必要时打木垛加固，禁止锚网巷道超挖施工；

（4）要加强锚网巷道后期维护工作，安排专业施工队伍维护巷道，对锚杆失效的地段

要重新补打锚杆进行加固;

（5）顶板含水区慎用锚网支护，为保证安全建议采用锚网架棚复合支护;

（6）根据现场冒顶情况，原设计锚索抗拉强度不够，建议采用 $\phi17.8mm$ 的锚索;

（7）加强自保意识，发现隐患及时撤人处理。

3.3.5 巷道掘进瓦斯治理安全管理

1. 工程概况

屯留矿井是潞安矿业（集团）公司正在建设的一座设计生产能力 6.0Mt/a 较深的矿井。采用立井开拓。矿井通风方式为抽出式，设主、副及北风井，现主、副井区域已经形成各生产、通风系统。北风井又分为进风井和回风井，北回风井净直径为 7.5m，井深590m，为一相对独立区域，两风井已经到底，联络巷已贯通。进风井改绞结束，提升运输由进风井担负。

根据《屯留井田勘探地质报告》有关瓦斯含量资料和 3 号煤层甲烷含量等值线图，煤层瓦斯含量较高，其最大值可达 21.05ml/g.r。并且上部 3 号煤层瓦斯含量略高于下部的15 号煤层。采用"分源计算法预测矿井瓦斯涌出量"的计算方法，经计算屯留矿井的相对瓦斯涌出量为 12m³/t。

进风井井底车场进车线（煤巷）及回车线（半煤巷）两掘进工作面，车场巷道净高设计为 4.2m，宽 6.0m，断面 22m²。开门点初期见 3 号煤层顶板，逐渐进入煤层，由于煤层坡度较小，掘进期间一直处于半煤岩状态，上部岩石下部为煤。正常掘进时工作面绝对瓦斯涌出量最大为 8m³/min。炮后瓦斯浓度最大为 1.33%。考虑冬期井筒结冰、有关设施没有到位等因素，没有形成矿井通风系统，工作面通风仍然由地面局扇供风。

2. 瓦斯涌出规律及原因分析

（1）现场瓦斯压力测定

为更深一步探索瓦斯的涌出特点，在车场巷道开掘前对煤层的瓦斯压力进行了测定。

1）测压钻孔的位置选择

由于屯留矿北回风井从顶板向下揭煤，煤层呈水平赋存。3 号煤层顶板属泥岩，岩石比较破碎，裂隙较多。为保证测到原始瓦斯压力，要求两个测压孔分别在井筒的两侧向下向外打。

2）实际瓦斯测压钻孔参数

通过向 3 号煤层打钻，测量岩孔和煤孔的参数，得到两个测压钻孔的实际情况如表3-4所示。

井筒测量 3 号煤层瓦斯压力 T1 钻孔参数　　　　　　　　表 3-4

垂深(m)	俯角(°)	终孔全长(m)	封孔长度(m)	打钻时间(h)	封孔时间(h)
573	45	14	7.5	7.22	7.23

3）瓦斯压力测定结果

测压钻孔打好后即进行了封孔测压。为了加快测压进度，减少钻孔期间瓦斯释放带来的影响，封孔后向瓦斯室注入了部分压力气体。T1 钻孔封孔测压进行了两次：第一次封孔测压，注入的二氧化碳气体较多，压力迅速稳定，压力从 1.5MPa 稳定下降到

1.36MPa；第二次充入到测压钻孔中的压力只有 0.18MPa，瓦斯压力最终稳定在 1.38MPa 的位置上。

T_1 钻孔第二次测压结束后，打开瓦斯压力表旁边的阀门，从钻孔中涌出大量瓦斯气体，说明测压钻孔中的压力为煤层的瓦斯压力，水压的影响可以忽略，故测压期间测得的压力 1.38MPa 为煤层的原始瓦斯压力。测定结果详见表 3-5、图 3-13。

各生产工序瓦斯涌出情况对比 表 3-5

生产工序	打眼	放炮	出煤（矸）	支护
瓦斯涌出量（m³/min）	4.3	8	5.6	2.9

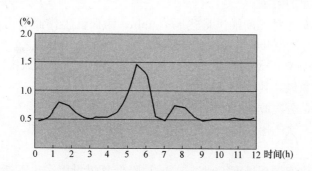

图 3-13　一个循环瓦斯涌出变化曲线

（2）瓦斯涌出特点及原因分析

根据现场对瓦斯的测试、监测分析，工作面瓦斯涌出有以下特点：

1）随着工作面揭露煤层多少，瓦斯涌出呈现不均匀的状态，初期小逐渐增大；

2）不同的生产工序瓦斯涌出的差别很大，放炮后和出矸、煤期间瓦斯浓度异常；

3）分次装药，分次放炮时瓦斯涌出瓦斯浓度的最大值下降。

瓦斯涌出原因分析：

1）综合瓦斯测试结果看，瓦斯压力较大，煤层瓦斯含量较高，其最大值可达 21.05ml/g.r。并且上部 3 号煤层瓦斯含量略高于下部的 15 号煤层。是瓦斯涌出大的主要原因。

造成的地质因素主要有：

① 煤层的伪顶为泥岩、炭质泥岩组成，直接顶多为泥岩、粉砂岩、局部为中、细砂岩。易赋存瓦斯。

② 褶曲：从 3、15-3 煤层甲烷含量等值线图来看，较高的甲烷含量点多分布在向斜两翼，推测向斜轴部瓦斯含量有可能进一步增大。较低的瓦斯含量点多分布在背斜部位，同时也受煤层顶板岩性变化的影响。

③ 断层：本井田断层较发育，大小断层多达 33 条，且以逆断层为主，断层落差在 8～27m 之间。主要分布在井田的中部。由 3、15-3 煤层甲烷含量图等值线来看，断层附近钻孔甲烷含量一般较低。

④ 陷落柱：由于陷落柱形成过程中，使陷落柱周围的煤、岩层因柱体向下塌陷，周围产生大量的张性节理，从而有利于煤层瓦斯向外运移排放。本区有 6 个查明的陷落柱，对煤层瓦斯含量的分布产生一定的影响。

2）巷道施工时，炮眼深度深（2.4m），装药量大，炮眼个数偏少，导致放炮震动大，相应增加了瓦斯的涌出量。

3）在煤层中或煤层附近进行施工时，煤岩的完整性受到破坏，压力的分布发生变化，一部分煤岩的透气性增加，游离瓦斯在其压力作用下，经暴露面渗透流出，涌向施工空间，这就破坏了原有的瓦斯动态平衡，一部分吸附瓦斯转化为游离瓦斯而涌出，随着施工的不断延伸，煤体和围岩受掘进工作的影响范围扩大，瓦斯动态平衡破坏的范围也在不断地扩展。

3. 治理措施及效果

（1）加大工作面的供风

由于巷道工作面绝对瓦斯涌出量达 8m³/min，为保证工作面能正常生产，其瓦斯浓度不得超过 1%，因此巷道风量 $Q=8\div1\%\times1.6=1280\text{m}^3/\text{min}$。

选用 2 台 2×45kW 局部通风机和 2 台 30kW 局部通风机（副风机）配直径 800mm 的风筒对工作面进行通风，其总供风量可达 1500m³/min。

（2）分次装药，分次放炮

其目的是减少一次的落煤量，减轻震动，从而减少瓦斯的涌出。

（3）控制进尺

循环进度每次放炮循环进度不超过 1.6m；降低落煤量以减少瓦斯的涌出；同时，应尽量减少工作面积煤量。

（4）提前施工炮眼；提前释放瓦斯，以减少放炮时的瓦斯涌出量。

（5）其他管理措施

1）树立"瓦斯为天"的思想，明确"一通三防"安全责任制，坚持"不安全不生产"。

2）双风筒供风、双风机双电源自动切换。

3）检测监控、及时调校、维修安全监测监控设备、瓦斯探头，每月至少调校一次安全监测监控设备，每七天必须使用标准气样和空气样调校瓦斯传感器；每七天对甲烷超限断电功能进行测试。保证安全监测设备的可靠运行。

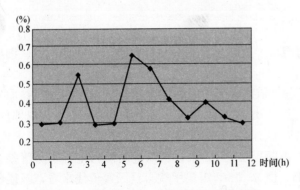

图 3-14　采取措施后一个循环瓦斯变化曲线

4）专职瓦斯检查员、严格执行"一炮三检"及"三人连锁"放炮制。

5）管理好进、回风井之间联络巷中的风门，防止出现风流紊乱。

采取措施后一个循环瓦斯变化曲线详见图 3-14。

基建矿井巷道掘进所揭露煤层大多为初次揭露，随着掘进工作面的延伸、地质条件的变化，工作面瓦斯涌出会呈现出较大的不均衡性和不确定性，特别是目前地质勘探精度不够，地质资料掌握不详的情况下，瓦斯涌出对巷道掘进安全风险更大。

采取上述措施，可以较好地控制住工作面瓦斯浓度，但要想从根本上降低基建矿井工作面瓦斯浓度，一是要尽快形成矿井通风系统，将局部扇风机由地面移至井下，减少通风距离，增加工作面的有效风量；二是考虑对煤层内瓦斯进行抽放，从根本上减少掘进期间煤层内瓦斯的含量，从而降低掘进期间工作面的瓦斯涌出，保证安全生产。

3.4 矿业地面建筑工程施工管理案例

3.4.1 炉窑工程施工质量管理

1. 工程背景

某单位拟建一座 120t 转炉生产连铸工程，通过竞标，A 承包单位与业主签订了该工程施工总承包合同，合同允许部分工程分包。A 承包单位实行的是以项目经理责任制的项目管理，建立了可靠的安全管理体系，按照"安全第一，预防为主"的原则，严格按安全、质量检查，以确保整个工程的安全进行，保证整个工程不发生任何重大质量、安全事故。

由于工期紧张、工种繁多、连铸机大包回转台的土建工程与安装工程分别分包给两家施工单位。大包回转台的地脚螺栓由设备制造厂提供并指导安装，在交付设备制造厂安装设备时，设备制造厂提出地脚螺栓在相对定位过程中采用点焊与固定架定位，认为地脚螺栓动焊后必须全部报废，直接损失 5 万（由设备制造厂与施工单位分摊），返工费 4 万（由施工单位承担），工期影响 25 天。

2. 分析

（1）项目经理部的质量管理部门指定专人对分包工程的质量工作进行管理

专业分包单位应成立质检机构，或按照公司规定配备足够的专职质检人员。分包队伍按照项目经理部制定的质量检验计划进行工程质量的检验评定。对于单位工程，分部工程的分包，分包单位要制定质量检验计划，质量检验计划包括：工程概况；检查工作程序及简要说明；A、B、C 三级质量控制点或检验计划表。质量检验计划由项目经理部质量管理部门审核，项目总工程师批准。项目经理部质量管理部门监督执行。质检计划批准前不得开工。

分包队伍按照向项目经理部上报工程质量表格和报表，项目经理部质量管理部门按照规定审查分包队伍的质量管理资料，根据需要可以对分包队伍的施工质量管理工作进行检查，有权对不符合公司质量管理要求的分包队伍按公司规定进行处罚。分包队伍在执行业主、监理或设计单位变更或其他质量技术要求时，必须经过项目经理部资料室发放，否则项目经理部质量部门不予计算。分包队伍如果发生质量事故，应及时采取措施，防止事故进一步扩大，并按照规定把事故情况在第一时间报告项目经理部。

（2）工程项目部项目经理的产生及项目经理的职责

该项目部项目经理应由 A 单位法定代表人任命。项目经理是该工程项目上的代理人，受该企业法定代表人的委托，对该项目实行全方位的管理，负责工程施工全过程的质量、工期、安全、成本、文明施工，确保合同的履行，负责组织编制施工组织设计，项目质量计划，相应的项目管理文件。项目经理是该工程项目质量安全的第一责任人。

（3）进行施工总体部署时应考虑的内容

1）项目的质量、安全、进度、成本等目标；

2）项目资源配置。包括拟投入的管理人员、作业队伍人员的最高人数和平均人数，投入的主要装备、材料等；

3）依据企业质量管理体系的要求，对工程项目的工程分包、劳务分包、劳动力的使用，机械设备及材料的采购供应等做出计划；

4）确定项目施工总顺序，包括各单位工程开工的先后顺序，土建工程开口或闭口施工方案，各专业间的平行和交叉作业的关系等；

5）施工总平面布置及大型临时设施的形成。

（4）A承包单位进行工程分包时选择分包单位的工作程序

1）根据总包合同中有关分包的约定，确定哪些项目是可以进行分包的。并根据自身队伍的能力，确定出需分包的项目；

2）根据分包工程的特点及内容，选择具备相应资质的分承包单位，并对其营业执照、资质等级等进行审查；

3）将拟分包的工程项目，拟选择的分承包商及相应的资质证明材料等资料书面报送业主或监理单位审查备案；

4）得到业主或监理单位的批复后，与分承包单位签订工程分包合同。

（5）总包单位与分包单位的安全生产责任的划分

根据《建设工程安全生产管理条例》规定，建设工程实行施工总承包的，由总承包单位对施工现场的安全生产负总责；

总承包单位依法将建设工程分包给其他单位的，分包合同中应当明确各自的安全生产方面的权力、义务。总承包单位和分承包单位对分包工程的安全生产承担连带责任；

分包单位应当接受总承包单位的安全生产管理，分包单位不服从管理导致生产安全事故的，由分包单位承担主要责任。

（6）本案例中质量事故的归类

按事故严重程度，事故可分为：

一般事故：通常指经济损失在5000元～10万元额度以内的质量事故。

重大事故：凡是有下列情况之一者可列为重大事故。超过规范规定或设计要求的基础严重不均匀下沉，建筑物倾斜、结构开裂或立体结构强度严重不足，影响结构寿命，造成不可补救的永久性质量缺陷或事故；影响建筑设备及相应系统的使用功能，造成永久性质量缺陷者；经济损失在10万元以上者。

本案例中因施工经验不足，设备制造厂指导不力的返工损失为40000元，属于一般事故。地脚螺栓直接采购费用由施工单位和制造厂分摊，施工单位损失合计40000＋25000＝65000元，也属于一般事故。

（7）质量事故的检查、鉴定和处理

检查和鉴定的结论可能有以下几种：

1）事故已处理，可继续施工；

2）隐患已消除，结构安全有保证；

3）经修补处理后，完全能够满足使用要求；

4）基本满足使用要求，但使用时应加附加的限制条件；

5）对耐久性的结论；

6）对短期难以做出结论者，可提出进一步观察检验的意见；

7）其他鉴定结论。

本案例的质量事故是因设备制造厂指导安装不细心，不认真，施工单位施工经验不足导致的大包回转台地脚螺栓全部返工，属于返工处理。

3.4.2 回转窑现场焊接质量管理

1. 事故描述

某公司承担了一座钢铁企业球团厂 $\phi4.7m \times 74m$ 回转窑的施工，回转窑筒体有 10 道焊缝采用现场手工焊，由于母材中含有锰的成分，故焊接采用 J507 焊条，直流电焊机反接施焊，这是该公司多年来成功的施焊方法。

然而投料试运行不到半个月，巡检工发现回转窑筒体冷却端的一道焊缝出现约 200mm 长的裂纹，遂立即停窑检查，发现相邻焊缝也有一处长约 50mm 的裂纹。在对问题焊缝采取了临时加固措施后，拆除窑体内全部耐火砖，并重新对所有焊缝进行探伤检查，其结果除出现问题这两道焊缝外，其余焊缝全部合格。然而这两道不合格焊缝却给业主造成停产 15 天的重大损失。直接经济损失也达 10 万元，并对该公司的社会信誉造成恶劣的影响。

2. 事故原因分析

经了解，这两道焊缝由同一名焊工采用同一台电焊机完成，焊缝抽查记录为合格。具体分析见图 3-15。

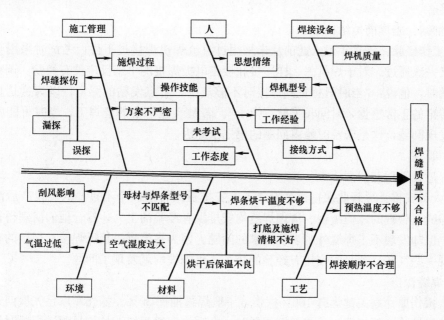

图 3-15 事故原因分析图

（1）环境

1）气温：记录记载焊接期间气温在 15～29℃之间，无问题。

2）空气湿度：除中间下雨一天湿度较大停焊，其余均无问题。

3）风：施焊期间风力均在 1～3 级，且均有挡风设施，无问题。

（2）材料

1）焊材：窑筒体母材采用 16Mn 钢，焊条采用 J507，不存在问题。

2）焊条烘干记录和保温记录均在规范之内。

（3）工艺

1）清根：施焊前及施焊过程中清理干净。

2）预热：统一采用火焰预热，随焊随预热，预热温度控制在规范范围内。

3）焊接方法：采用直流焊机反接法施焊。

（4）焊接设备

因四台焊机施焊，公司为保证焊接质量同时采购四台新的直流焊机，功率满足施焊需要。

1）设备质量：出厂前抽检了两台设备没有问题，出问题后全检设备质量也无问题，但发现出厂前出问题这道焊缝用的直流焊机标明的正、负极标志标反了。正极应为负极，负极应为正级。

2）接线方式：当时电工根据设备标识按规定接线，这台焊机同样按标识反接恰恰接错了，从而找到了问题的根本原因。

（5）人

1）技术：操作本道焊缝的是一名技术最出色的青年工人，本次施工焊前考试，各项试验合部合格，并名列第一。

2）工作态度：本焊工工作一直表现出色，并盼望早日能参加回转窑这一技术要求的高的焊接。

3）情绪：施焊前情绪稳定。

4）工作经验：该青年工人此前从未采用过直流焊机焊接过工件，考试时采用直流焊机焊接又一次通过。对于焊机怎么样连接和接错电极焊接的手感反应没有经验。调查他当时的感觉时，他说："当时只感觉到焊接时不够流畅，有点发粘的感觉，以为这是直流焊机焊回转窑的正常感觉，时间长了就习惯了"。若是经验丰富的老焊工，当时可能就能从手感上发现问题，这是未及时暴露问题的第二个原因。

（6）管理

施焊过程管理有漏洞。

1）人员安排：尽管此次把这名青年工人安排在回转窑两个不重要的、投产后温度不很高的焊缝是合理的，但清根、清理焊缝均安排没有经验的工人，尽管他们清理得很认真很干净，但却发现不了焊缝外观表现出来的问题。因为直流焊机接反焊接，焊接的表现就是能发现一些气孔。若当时安排有经验的焊工，可能提前就发现了问题。

2）焊缝探伤

此次探伤原计划关键焊缝 100％探伤，一般焊缝抽探 50％。探伤顺序是先探四道关键焊缝，然后抽检一般焊缝。检查关键焊缝时，全部为一级焊缝。抽检另两道焊缝时该焊缝由此次考试合格的但排名最后的一名焊工施焊，也同样达到了一级焊缝，当时由于点火日期逼近，并对这名焊工的技术深信无疑，工长临时决定免检。这是造成此次事故的第三个原因。

3. 事故处理

（1）立即停窑停火，在筒体外对这两道焊缝采取加固措施，等距离各焊接16块搭接板，以免焊缝裂纹继续，造成窑体断裂。

（2）窑体冷却后，拆除问题焊处耐火砖1～1.5m宽，并对相邻未拆除的耐火砖进行加加固，以免焊接转窑时松动。

（3）重新测量问题焊缝处的筒体同轴度，根据偏差确定问题焊缝的处理起始点。

（4）先筒体内后筒体外，由确定的起始点用碳弧气刨清理原焊肉，前边清理清除，后边施焊，直至窑体转动一圈，原焊肉清理完毕，第一遍焊接搭底完成，以后按规定完成内部及外部焊接。

（5）探伤抽检，全部合格。

（6）补镶耐火砖，重新点火，烘窑，投料。

（7）对相关责任人项目经理、探伤人员、技术负责人、质检员、施焊者、接线电工等进行了行政处理和经济处罚，并对电焊机制造厂商进行了索赔。

4. 经验教训

此次事故造成回转窑停产15天，给业主造成近500万元的经济损失，直接经济损失也达10万元。尤其是造成极坏的社会影响，也是回转窑安装史上所罕见的。

（1）施工方案编制一定要把可能影响施工质量的各个环节考虑详尽，从管理、操作人员、机械施工工艺及方法、材料、环境各个环节制定切实有效的预防措施。

（2）严格执行施工方案，施工过程中不得随意按管理者或操作者自己的意愿随便更改。

（3）严格每一个环节的过程质量控制，各个岗位要安排能够胜任担当的工人，施工过程中的质量也应随时抽检，做到心中有数。

（4）认真做好施工记录，尤其是真实记录施工各阶段的施工质量，真正起到可追溯的目的。

3.4.3 水泥厂粉磨站施工安全管理

1. 工程概况

某国外水泥厂粉磨站经中外几家公司投标，在激烈竞争中由中方有实力的专业公司中标承建。设计由一家国外公司承担，主要机电设备材料由一家国外公司采购供应。合同按FIDIC标准合同签订，合同中详细规定了场地、材料、开工、停工、延误、变更、索赔、风险、质量、支付、违约、争议、仲裁等，双方以及外方派驻工程师处理问题的职责和权利。该工程项目以国际工程管理模式进行管理，工期紧，质量要求高，安全要求严，验收程序复杂，技术标准不统一。

2. 适应国际工程接轨做法

为了适应国际工程接轨需要，具体做法如下：

（1）做好国际工程接轨准备

1）若在境内做国际工程，则工程前期除了解工程概况、工程范围、合同条款等常规内容外，还应了解学习国际常用的合同条款内容（如 FIDIC 条款），该工程所采用的技术标准、质量标准、规程规范，业主的习惯做法，以及工程使用文字等。若在境外做国际工程，除了解上述内容外，还要了解所在国的有关法律法规，各种税费，自然条件，政治环境，风土人情，劳动力材料机具的提供和价格情况，合同采用的币种，汇率及其变化情况，使用语言，出国入境手续，自带材料工机具的出入关的报关、集港、商检、发运等。

2）在全面了解各种情况的基础上，对工程的技术、工期、质量、安全、环境等方面，认真做出评估，最后比较准确地提出工程报价。

3）充分认识与外商签订合同的严肃性。知名外商或发达国家的企业，履行合同尤其是奖罚条款是非常认真和严肃的。我国企业一定要有充分的应对措施规避各种风险，否则将会给企业的经济效益和社会信誉带来不必要的损失。

（2）项目管理方法创新

1）转变管理理念，尽快融入国际化社会

国内施工企业步入海外市场，尤其涉足于比较发达国家或发达国家的投资商所建的工程项目，双方都会有一段"磨合期"，"磨合期"越短，工程步入正常的管理就越快，工期就会越短，尤其对于从国内带出的分包施工队伍，"磨合期"的长短甚至成为决定能否按期交付的关键。而"磨合期"重点又是管理及理念的"磨合"。当然国内也有许多先进的企业，出国后会很快适应，但大多数企业必须经过这个阶段。

重文字交流，强调工程中所有事件的可追溯性。工程初期来往函件较多，有些人就难以适应，感到烦琐，但这可为工程后期索赔与反索赔留下有力的证据。

重视质量标准的磨合，出国后注意对欧、美标准的执行。

重视施工过程中的细节管理，例如不论吊装大小物件都要文字的方案，实际吊装中稍有变动，建设单位的工程监理就会干涉，施工队伍起初很不适应。

强调落实"以人为本"，尤其是在现场的安全管理，几近苛刻的程度。例如无论职位多高，进现场必须经过安全培训、考试通过。无论是参观还是访问，进现场必须穿工作服、工作鞋，戴安全帽、防护镜、防护手套等，五大防护缺一不可。对于超时工作要罚款，不经批准的加班为侵犯人权等，这些只要抱着与国际接轨的理念，很快就会适应。

2）加强沟通是国际项目顺利实施的关键

① 加强与自有员工和分包商的沟通，尤其是在偏远、艰苦或欠发达的国家承接工程，这种沟通尤显重要。出国人员远离祖国和亲人，特别是部分农民工，昨天还是老婆孩子热炕头的农民，今天却在万里迢迢的异国他乡打工，一两年不得回家，这样的心情或出现一些不和谐的举动要理解，"动之以情，晓之以理"。

沟通的方式很多，如谈心走访、座谈、文体活动、聚餐、郊游等，总之使工地变成一个和谐团结的大家庭，使大家有一个安全感，归属感，幸福感，就会焕发出施工人员在工作中的积极性，就会冲淡他们恋家孤独的心情，从而维持项目稳定团结的局面。

② 加强与业主的沟通与交流。项目实施过程中，大量的摩擦和分歧出于互不了解，缺乏信任，因误会而产生。这就要求项目部一方面转变观念，按业主要求搞好施工，打几个漂亮仗的同时多与他们沟通，及时征求他们的意见，并在业余时间多与业主搞一些诸如联欢、球赛、聚餐之类的活动，关系融洽了，互相理解了，许多问题就会迎刃而解。

③ 若是境外工程，还要加强与驻在国我国使领馆的沟通与交流，以取得使领馆的支

持理解和帮助。并通过他们了解当地的民风、民情、民俗，以免步入误区。也要加强与当地政府的沟通，以避免当地居民的骚扰影响工程顺利实施。

3）加强教育培训，提高自身素质

① 管理人员应尽快过语言关，语言是沟通的主要途径，因语言障碍产生大量的误解和纠纷是不值得的。

② 管理人员应尽快适应国外项目管理。管理人员若不转变观念，总想按照自己的想法实施，甚至和业主对着干，施工人员就无所适从，工程就无法顺利进行。

③ 加强对全体施工人员的教育和培训，尤其是农民工的教育和培训。不仅从专业技能、安全意识、知识和技能方面进行培训，还应对他们进行出国人员礼仪、注意事项等方面知识的培训。

4）若在境外施工，尽量招聘当地华人专业技术人员加入管理团队工作

优越性有：

① 懂专业，易沟通，其管理当地分包商更是他们的优势。

② 容易融入我们的团队，有祖国来的亲人的亲近感，且无后顾之忧，稳定、认真、积极主动。

③ 为我们的团队输入新的理念，以自己的身体力行、言传身教带动管理及施工人员，并在我们与业主之间架起更多的沟通平台。

3. 工程综合风险的类别及应急处理

（1）综合风险的种类

安全生产事故包括：危险化学品事故、建筑施工事故、经营场所事故等；自然灾害事件包括：破坏性地震、洪汛灾害、气象灾害等；社会安全事件包括：战争、境外恐怖袭击事件及各类群体性事件；公共卫生事件包括：重大传染病疫情、突发重大食物中毒事件、饮用水污染事件，急性职业中毒事件及群体性不明原因疾病等。

（2）综合风险的分级

1）Ⅰ级

安全生产事故：境内发生一次死亡 3 人以上，境外发生一次死亡 1 人以上的安全生产事故或直接经济损失 1000 万元以上的事故；

公共卫生事件：发生死亡 3 人以上或影响人员在 30 人以上者；

自然灾害事件：境内发生一次死亡 3 人以上或 30 人以上受困影响。境外发生人员死亡或 15 人以上受困者；

群体性事件：境内发生 50 人以上，境外发生 20 人以上群体事件者；

正在发生对社会安全、环境造成重大影响需紧急转移 10000 人以上的事件；

较长时间未能控制，可能引起重大灾害的事件。

2）Ⅱ级

安全生产事故：境内发生 2 人以上死亡的，境外发生一次 2 人以上重伤者，或直接经济损失在 100 万元～1000 万元的事故；

公共卫生事件：发生死亡 1 人或影响人员在 20 人以上，30 人以下者；

自然灾害事件：境内发生死亡 1 人或 20～30 人受困，境外发生重伤 2 人以上或 15～20 人受困者；

群体性事件：境内发生 30～50 人，境外发生 15～20 人的群体性事件；

企业确认为Ⅱ级的事件。

3) Ⅲ级

安全生产事故：发生重伤 1 人或直接经济损失在 5～100 万元的事故；

公共卫生事件：发生影响人员在 10～20 人的事件；

自然灾害事件：发生人员重伤或 10～20 人受困事件；

群体性事件：境内发生 20 人以上，境外发生 10 人以上的群体性事件；

企业确认为Ⅲ级的事件。

4) Ⅳ级：项目经理部分析评估确认为Ⅳ级的事件。

（3）应急处理

公司、项目部分级建立综合应急预案体系，包括综合应急预案，专项应急救援预案，现场应急处置预案。项目部编制的现场应急处置预案框架内容参考《生产经营单位安全生产事故应急预案编制导则》AQ/T 9002～2006。

各专项应急预案编制应包括下列内容：编制依据、事件类型及危害分析、事件分级、应急处置原则、组织机构及职责、预防及预警、信息报告、应急准备、应急处理（包括响应分级、响应程序及处置措施）、应急终止、物资与装备保证、附则等。

应急工作原则：以人为本，把人员伤亡及危害降到最低程度；预防为主，事件源评估准确到位，预防与控制措施得力。企业及项目部要对所在国的政治、经济、法律、治安、民风、民俗、信仰、自然条件、气候条件、水资源，流行病情况，医疗、卫生情况做详细的了解，并对项目施工及管理过程中的事件源、危险源做详尽的分析，只有这样才能心中有数，把各类事件降到最低程度，并制定出有效实用的应急预案。

应急预案的保证包括：

组织保证：各级成立以主要领导负责的应急领导小组。

资源保证：人力，包括医务、急救、抢险、消防运输、保卫、善后处理等人员；财力，要有足够的准备资金；物力，包括消防器材、急救器材、车辆、通信器材、防护等。

宣传培训演练：对相关人员进行专业知识的培训及演练，尤其是消防及急救演练，应定期演练，掌握的人员越多越好。

4. 项目的安全管理

"安全第一、预防为主"，这不仅是口号，在当今以人为本的社会里更要在工程中一步步地落到实处，尤其是在境外施工，安全管理更显得特别重要。

首先，业主或监理对安全管理要求就非常严格，每一个环节每一个部位的施工几乎都要文字的方案并亲自现场把关，不允许产生丝毫的松懈和漏洞。

第二，承包商自身也格外重视，任何一家承包商也不愿自己带出的施工人员因安全事故留在异国他乡，企业也不好给家人交代。另外处理事故非常麻烦，耗费大量财力、人力，给企业效益和信誉都会造成较大损害。

然而由于人员构成素质参差不齐，尤其是分包商的队伍，因之境外施工，除采取得力的安全防范措施外，应重点加强对有关人员的安全意识、安全知识、安全技能、自我保护技能的教育和培训。

为把安全事故造成的损失降低最低，承包商应主动办理工程保险和人身保险。

5. 经验与启示

该公司承担的法国水泥粉磨站工程，由于施工组织得当，工程工期、质量和施工管理均得到法国业主好评，从而进一步拓宽了海外市场。其施工组织在我国传统做法的基础上还做了以下工作：

(1) 组织机构及职能分工与业主对接

项目经理部设项目经理、现场经理（该公司项目经理部的领导层）。增加与业主对应的商务经理、技术经理、安全经理、行政经理（实际是业务主管）等，有的大项目行政经理、技术经理属项目领导班子。这样对接分工更显清晰，责任更加明确，有利于现场的配合与沟通。

(2) 生产要素的调整

1) 管理理念及技术标准与业主对接

管理理念始终贯彻"以人为本"，突出一个"团队和谐"，最终落实到"工作卓越"，改以往下达命令式为协商沟通式，改"权威"说了算为"标准"说了算。不同版本的技术标准与业主对接，统一为业主认可的同一版本。

2) 管理程序和方法与业主对接

现场管理统一按 ISO 9000、ISO 14000、OHSAS18000 三个体系运行操作。

3) 管理资源的调整

吊装机具当地租用，材料当地采购，主要施工力量由国内带队伍，另外招聘少量当地技工和零工。因之管理加大人力资源管理的力度，减少设备管理的投入。

首先，加强对分包队伍人员的教育和培训，以使尽快适应国情及新的管理方法，尤其是出国人员注意事项和三个"标准"热身。

第二，特殊岗位的工人，通过培训考试尽快取得所在国的上岗证。

第三，由国内带入工地的设备、工具材料，出国前要取得 CE 认证（欧盟安全认证）。

(3) 加强与业主的交流与沟通，使业主与项目部融为一体

1) 提高沟通能力，尤其是语言沟通能力。

2) 提高自身的综合素质，尤其是诚信、技术、管理素质，让业主信得过。

3) 认真组织好第一项工程，开好头，打响第一炮，让业主满意。这样业主就会逐渐亲近我们，关系处好了，一切事情都容易沟通，现场即使出现一些问题也容易得到业主的谅解，从而使工程得以顺利实施。

3.4.4 炼油厂焦化设备扩能改造施工安全管理

1. 工程概况

某炼油厂140万 t/年延迟焦化设备扩能改造项目发布公开招标信息后，由三家工程建设公司报名参加投标。开标后，经评标委员会评审，确定由其中一家工程建设公司（简称 B 公司）中标，市建设工程招标投标管理办公室于××年1月28日向 B 公司发出了工程中标通知书，××年2月28日双方签订了安装工程合同，工程预算造价为 7668.39 万元，合同工期为8个月。该工程为厂内技改项目，工程未办理规划许可手续，同时，因报建手续补不全，施工许可及质量、安全监督手续未全部办妥。

工程施工过程中，B 公司因暂时缺少大型吊装设备，便以租赁形式使用某安装检修工

程公司机械化施工处的一台 680t 环轨起重吊机，双方于××年 6 月 13 日签订了起重吊机租赁合同，合同价为 98 万元。经业主方推荐，由某工程建设集团工程部（C 公司）负责起重吊机的环轨基础施工。B 公司还与某建设防腐总公司签订了该项目的钢结构非标制作安装分包合同，合同价为 90 万元；与市政建设工程公司签订了塔体容器区、机泵区及管廊吊装、管道施工分包合同，合同总价为 98 万元。

2. 事故描述

该焦碳塔罐的吊装施工方案由 B 公司编制，但其中 680t 起重吊机环轨基础施工方案由安装检修工程公司机械化施工处现场施工人员提供。C 公司依据 B 公司提供的图纸，于××年 6 月 7 日浇筑了起重吊机环轨基础混凝土。该环轨基础外径 20m、内径 16m、深 1.5m，下部为大石块，上部毛石找平，顶端为 10cm 厚钢筋混凝土。××年 6 月 9 日，安装检修工程公司机械化施工处现场施工人员发现起重吊机环轨基础混凝土有下沉现象，便由该施工处现场施工人员开会商讨后，自行决定用 6 组路基箱板代替位于环轨混凝土基础上方的起重吊机自备的铁墩。

××年 6 月 15 日上午开始吊装焦碳塔罐，吊装采用 680t 起重吊机作为主吊，225t 和 200t 的 2 台液压汽车吊作为辅吊三机共同吊装。主吊机作业时回转半径实际为 29m，抬吊时，主吊机吊塔顶，两台汽车吊抬塔尾。三台吊机同时提升，提升至一定高度后，塔尾两台汽车吊配合主吊机，使焦碳塔呈垂直状态，主吊机停止提升并松下。便于拆除塔尾吊具后停止，然后两台汽车吊拆除塔尾吊具，平板车离开现场，主吊机开始提升至塔底部超过厂房栏杆高度，塔底高度约为 18m，停止提升，主吊机开始向左逆时针回转，旋转约 2m，主吊机主臂及塔罐从空中坠落倒向塔罐左侧，砸在邻近的钢塔架上，钢塔架解体倒塌，正在钢塔架上施工的 30 名作业人员被砸落，造成 5 人死亡、2 人重伤、8 人轻伤。

3. 事故原因分析

经事故调查组调查分析认定：该事故是由于未根据地质条件，仅凭施工经验组织基础施工，导致环轨梁下地基承载力不足，吊装过程严重违反安全规程，现场管理不严而导致的重大责任事故。造成事故的原因是：

（1）造成事故的直接原因：没有进行按场地地质条件、吊机基础压力与基础平整度要求进行完整的地基基础设计和施工，使环轨梁下地基承载力严重不足，导致了事故的发生。

（2）缺乏完整的吊机环轨梁基础设计和计算，基础下沉后采取错误的处理方法，是造成这起事故的主要原因。

（3）施工现场违反吊装安全规定，安全措施不到位是事故发生的重要原因。

（4）合同管理不规范。事故在进行调查时还发现：《安装工程合同》中合同安装单位名称与单位章不一致，合同签订日期迟于工程开工日期；部分合同中发包单位的法人委托人无委托书；《监理合同》无合同签订日期。

（5）安全协议签订不符合要求。《安装分包合同》用协议专用章、合同专用章代替单位公章。现场监理记录不齐全，未严格按照监理工程范围和监理工作内容要求实施有效监理。建设单位和该项目的参建单位没有正确处理安全生产与施工进度的关系，安全意识薄弱。

4. 事故责任

事故发生后，对造成该事故的主要责任人和单位分别给以司法和行政处分。主要处分情况如下：

（1）安装检修工程公司机械化施工处主任，作为吊机单位的现场主要负责人，凭以往的施工经验，口头提出了错误的施工建议，对特殊的吊装设备缺乏详细的技术交底，在吊机基础出现问题后，自行采取不恰当的加固措施，对事故负有主要责任；安装检修工程公司总经理，作为公司的主要责任人，对事故负有领导责任；安装检修工程公司机械化施工处副科长，作为吊机技术负责人和现场调度，对事故负有重要责任；安装检修工程公司机械化施工处工人，在本项目中任680t吊机主驾驶，违反"起重"十不吊的安全规定，对事故负有一定责任。

（2）B公司炼油厂项目部项目经理，没有正确处理好施工进度与安全生产的关系，采纳了错误的口头建议，对施工协调组织和安全管理不力，对事故负有主要责任；B公司副总工程师，负责公司技术管理工作，批准了缺乏技术依据的施工方案，对事故负有技术管理的领导责任；B公司副总经理，负责公司生产安全管理工作，对工程项目的承发包管理、施工组织和安全生产管理不力，对事故负有领导责任；B公司安全员，对吊装区域内同时有非吊装人员在钢结构上进行施工未有效制止，对事故发生负有一定责任。

（3）市政建设公司副经理，负责工程的吊装工作，但吊装区域有非吊装人员在钢结构上进行施工，没有果断采取措施，对本事故的扩大负有重要责任；市政建设公司起重工，负责焦碳塔的吊装指挥，当吊装区域有非吊装人员作业时，没有采取停吊措施，对施工的扩大负有责任。

（4）炼油厂现场安全员，违反起重"十不吊"的安全规定，对事故负有一定责任；炼油厂指挥部副总指挥，对施工现场的安全管理负有一定的领导责任。

（5）监理公司现场监理员，对现场施工单位的状况掌握不完全，施工现场监督不力，施工记录不齐全，对事故负有一定责任。

5. 经验教训

（1）编制详细的施工方案，把好制定施工方案和安全技术措施两道关口，并由项目总工组织相关技术人员审定，待项目经理批准后方能实施。确定合理的吊装方案，特别要考虑好吊装设备占位和其他作业区的作业人员的防护。

（2）工程项目实施时要认真做好人的不安全行为与物的不安全状态的控制，落实安全管理决策和目标。

落实安全责任、实施责任管理。

具体措施到位，长期坚持监督检查，及时发现事故隐患，当场进行处理，做到本质安全。

（3）应建立以项目经理为第一责任人的安全组织机构并制定安全管理体系文件。

建立安全检查制度和安全教育培训制度。

编制安全操作规程和安全技术标准。

制定安全应急预案和组织应急队伍。